电化学储能材料

刘金云　方　臻　黄家锐　王正华　编著

科学出版社

北京

内 容 简 介

电化学储能材料作为一类新能源材料，可广泛应用于可充电电池等诸多领域。本书以常见的电化学储能材料，如锂离子电池储能材料、锂硫电池储能材料、钠离子电池储能材料、铝离子电池储能材料等为对象进行系统而深入的介绍；对关键电极储能材料的制备技术、工作原理、最新研究进展与发展趋势等进行了详细阐述；同时，也对近年来新兴发展的一些储能系统做了介绍，如钠硫电池、钾离子电池、锂空气电池、双离子电池及其储能材料等。

本书既适合作为新能源及相关专业的大中专学生及研究生的教材，又可以作为广大新能源领域爱好者的科普读物。

图书在版编目(CIP)数据

电化学储能材料 / 刘金云等编著. —北京：科学出版社，2022.9

ISBN 978-7-03-073057-2

Ⅰ. ①电… Ⅱ. ①刘… Ⅲ. ①电化学-储能-功能材料-高等学校-教材 Ⅳ. ①TB34

中国版本图书馆 CIP 数据核字(2022)第160037号

责任编辑：万群霞 / 责任校对：王萌萌
责任印制：赵 博 / 封面设计：无极书装

科学出版社 出版
北京东黄城根北街 16 号
邮政编码：100717
http://www.sciencep.com
天津市新科印刷有限公司印刷
科学出版社发行 各地新华书店经销
*
2022 年 9 月第 一 版 开本：720×1000 1/16
2025 年 2 月第三次印刷 印张：15
字数：302 000
定价：98.00 元
(如有印装质量问题，我社负责调换)

前　　言

　　能源是人类社会赖以生存和发展的物质基础，对社会和经济发展具有重要的作用。近年来，我国经济进入高速增长阶段，对能源的需求也相应大幅提高。而我国的传统能源(煤、石油、天然气等)的储量难以满足当前社会和经济高速发展的需求，因而能源(特别是石油和天然气)的对外依存度不断提高。此外，传统化石能源的大规模使用会给环境造成严重的负担，如大气污染、温室效应等。发展清洁和可再生的新能源对增强我国能源的自主性与安全性，以及减轻传统能源给环境带来的负面影响，具有十分重要的意义。

　　新能源的"新"是相对于传统的化石能源而言，新能源通常是指在新技术基础上加以开发利用的可再生能源，如风能、太阳能、氢能、生物质能、地热能和潮汐能等。虽然新能源具有清洁、可再生及对环境影响小的诸多优点，但是其开发和利用的成熟度依然较低，这是由这些能源形式自身的缺陷所致。发展电化学储能系统是解决上述问题的有效手段之一。例如，使用太阳能和风能等发电时，配合电化学储能设备可以实现对外供电的稳定性和连续性。

　　电化学储能系统包括二次电池和超级电容器等，利用电化学原理储存电能。我国在电化学储能领域的发展十分迅速，在锂离子电池领域，我国的动力锂离子电池产量已居于世界第一位，每年在电化学储能领域发表的论文和申请的专利数量也居世界前列。但是，在我国高等教育领域，新能源相关专业数量很少，相关的教材和参考书的数量也十分有限。这样的现状显然不利于我国新能源产业的发展和人才的培养。此外，面向广大新能源领域爱好者的相关科普读物也较少，难以满足读者需求。基于此，我们编写了本书。

　　本书以当前在科学研究和实际应用方面具有代表性的电化学储能系统为对象，对相关电极材料的制备技术、工作原理、最新研究进展与发展趋势等进行了系统而深入的介绍。所涉及的电化学储能器件包括锂离子电池、锂硫电池、钠离子电池、铝离子电池、锌离子电池及超级电容器等。此外对于近年来新兴发展的钠硫电池、钾离子电池、锂空气电池、双离子电池及其储能材料也进行了简要的介绍。

　　全书共7章，具体分工如下：刘金云编写第2、7章，并负责全书的统稿工作；黄家锐编写第1、5章；方臻编写第3、4章；王正华编写第6章。

　　本书由安徽师范大学学术著作出版基金资助出版，在编写过程中也参考了大量的文献资料，受益良多。在此，一并表示最诚挚的感谢。

　　电化学储能材料涉及面很广，由于学识水平有限，书中难免有不足之处，恳请读者给予批评指正。

作　者
2022 年 3 月

目 录

第1章　锂离子电池

1.1　概　　述

1.1.1　锂离子电池发展史

化学电源，俗称电池(battery/cell)，是一种将物质的化学反应所释放出来的能量直接转化为电能的装置。1800 年，意大利科学家伏打(Volta)首次报道了将锌板和铜板用布片隔开，浸入酸液中，以导线连接就会产生电流，发明了第一个意义上的电池——"伏打电堆"；它标志着电池这种简易、方便的储能装置进入人类社会并推动社会的发展。其后，从丹尼尔电池、铅酸蓄电池、锌-碳干电池的出现到1888 年实现电池商品化，电池技术进入快速发展时期。在此之后，出于对能源危机、环境保护等实际问题更多的关注，二次电池研究和开发引起了人们的兴趣，并取得了很多重要的进展，其中金属锂引起了科研人员的广泛关注。

金属锂在所有金属中密度最小($\rho=0.53g/cm^3$)，电极电位很低(相对标准氢电极为–3.04V)，因此组成电池时具有的能量密度，锂离子电池成为一种新型的储能装置。1975 年，日本三洋(Sanyo)公司首先将 Li/MnO_2 电池商业化。20 世纪 70年代末，Whittingham 在 *Science* 上介绍了 TiS_2-Li 电池，工作电压达到了 2.2V，插层化合物和嵌层电极的研究取得重大突破。1980 年，Armand 提出了摇椅式锂二次电池的想法，其后 Goodenough 等提出 $LiCoO_2$ 作为锂充电电池的正极材料，揭开了锂离子电池(LIBs)的雏形，其后发现了碳材料可作为锂充电电池的负极材料[1]。1985 年，吉野彰(Akira Yoshino)开发了首个接近商用的锂离子电池。"千呼万唤始出来"，终于在 90 年代初，日本旭代成(Asahi Kasei)公司设计开发了锂离子电池并由索尼(SONY)公司和日本 A&T 株式会社先后在 1991 年、1992 年将其商业化，工作电压达到 3.6V，被认为是锂离子电池发展史上的第二个里程碑。基于此，2019 年诺贝尔化学奖颁给了美国科学家 Goodenough、Whittingham 和日本科学家 Akira Yoshino，以表彰他们在锂离子电池研究领域的贡献，如图 1.1 所示。

按照一般电化学命名规则命名这种电池体系不易记住，又因其充放电过程是通过 Li^+ 移动实现的，日本人便以此将其命名为 "lithium ion battery"，我国称其为"锂离子电池"(或者简称"锂电电池")。目前已广泛应用在小型便携式电子商品上，包括手机、笔记本电脑等，还在电动工具(电动汽车)及电网储能等领域开始应用。

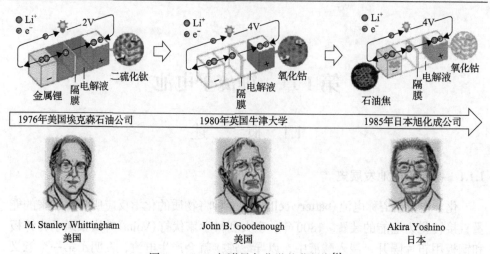

图 1.1　2019 年诺贝尔化学奖获得者[1]

图片来源：诺贝尔委员会发布的 2019 年诺贝尔化学奖科学背景介绍资料

1.1.2　锂离子电池相关概念与特点

要想对锂离子电池有更深入的认识和了解，对电池行业相关概念与特点的熟知是必不可少的。

(1) 正极 (positive electrode)：在物理学中，电源电位 (电势) 较高的一端的电极，电化学中仍沿用了这个定义。放电时，该电极上发生还原反应，称为阴极 (cathode)；在充电时，以所连接的电源为准，与电源正极相连的电极上发生氧化反应，此时称为阳极 (anode)。

(2) 负极 (negative electrode)：电源中电位 (电势) 较低的一端的电极。是电路中电子流出的一极。在放电时，发生氧化反应，称为阳极；充电时，与电源负极相连的电极起还原作用，称为阴极。

(3) 电解质 (electrolyte)：在水溶液中或熔融状态下能够导电的化合物。化学电源的电解质包括水溶液电解质和非水电解质。电解质在电池正负极之间起着输送和传导电流的作用，是连接正负极材料的桥梁。

(4) 隔膜 (separator)：电解反应时，用以将正负两极分开防止内部短路且允许电解质通过的一层薄膜。

(5) 能量密度 (energy density)：单位质量或单位体积所存储的能量。一般用 W·h/L 或 W·h/kg 表示，是衡量电池性能的一个重要参数，又称比能量。

(6) 比容量 (specific capacity)：单位质量或体积所释放的电量。一般用 mA·h/L 或 mA·h/kg 表示。

(7) 循环寿命 (cycle life)：在一定条件下，将充电电池进行反复充放电，在电池容量耗尽前所能完成的充电和放电循环次数。在一定放电条件下，电池容量降至某一规定值之前，电池所能承受的循环次数，称为二次电池的循环寿命。高性能电池可在多次充放电循环后保持一定容量。循环寿命可通过循环测试来体现：一般是在恒温[一般在(20±5)℃条件]下，以恒定的充放电电流对电池在一定充放电范围内反复充放电，观察容量或能量随循环次数的变化。

(8) 自放电(self-discharge)：通俗地说就是电池一直闲置不用，在这个过程中电容量自行损失的速率。例如，锂离子电池每月损失容量的 2%～3%。

(9) 库仑效率(Coulombic efficiency, CE)：又称放电效率，指电池放电容量与同循环过程中充电容量之比，即 $CE = \dfrac{Q_{放电}}{Q_{充电}}$。

(10) 嵌入、脱嵌(intercalate/insert, deintercalate/extract)：在锂离子电池中，Li^+ 进入正极材料和从正极材料中出来的过程，简称嵌脱过程。

锂离子电池自诞生被使用以来，随着科技的不断发展，其在性能、外观等方面较之前有很大的改观。目前看来，锂离子电池仍具有不可完全替代的作用。锂离子电池优点体现在：①具有高能量密度和输出功率：其体积能量密度和质量能量密度分别可达 450W·h/L 和 150W·h/kg。从图 1.2 可以看出，其能量密度明显高于镍镉电池、镍氢电池等且还有进一步提高的可能性。②工作电压高(三元锂离子电池单体标称电压 3.6V，有些可达 4V 以上)，自放电小。③无记忆效应，工作温度范围宽，循环性能好，寿命长。④可快速充放电，充电效率高：一般锂离子电池充电倍率设定在 0.2～1C，电流越大，充电越快，但电池发热也多。若充电电流过大，会造成容量不够满(电池内部反应也需时间)。就好比倒啤酒时，倒太快的话会产生泡沫，反而会不满。⑤对环境友好，基本不会造成污染。

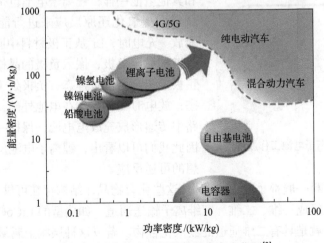

图 1.2　电池技术发展的能量密度变化图[2]

任何事物都有两面性，既然有好的一面，必然有不足之处；锂离子电池也不例外。总结有以下几个方面：①成本较高：现行商业化常用材料 $LiCoO_2$ 价格较高；但随着研究的不断深入，$LiFePO_4$、$LiMn_2O_4$ 及一些三元材料的出现有望降低成本。②不耐受过充、过放：过充电时，过量嵌入的 Li^+ 会永久固定于晶格中，无法再释放；过放电时，会脱嵌过多的 Li^+，导致晶格坍塌，过充过放电都可导致寿命缩短。因此必须有特殊的保护电路，以防止过充或过放情况。③与普通电池相容性差，一般在使用 3 节电池(3.6V)情况下才用锂离子电池替代。

由此我们可以看出，与其优点相比，存在的不足不会成为主要的问题。随着科技的发展与应用领域的不断拓宽，锂离子电池的前景会非常乐观。

1.1.3 锂离子电池工作原理

锂离子电池是指以两种不同的能够可逆嵌入和脱嵌 Li^+ 的化合物分别作为电池的正极和负极的二次电池体系。锂离子电池实际上是一种浓差电池(并不是简单的浓差变化，因 Li^+ 脱嵌过程会引起材料中其他元素发生氧化还原反应，也正是通过这种电势差提供了两极间电压)，正负极的活性物质都能发生 Li^+ 嵌脱反应。嵌脱反应是一类特殊的固态反应，客体物质(Li^+)可以在主体(如 C)中可逆地嵌入和脱嵌，且反应不涉及结构的破坏和生成，反应过程中主体的晶体结构基本保持不变，有足够的空隙便于客体的进入和离开，如八面体、层状结构物质存在的间隙位置等。这对于固态化学反应来说，使反应以较快的速度进行。当然诸多因素如阳离子的有序性、嵌脱过程中物质的相变和材料的颗粒尺寸等都会影响嵌脱反应。

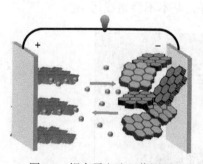

图 1.3　锂离子电池工作原理

锂离子电池充放电工作原理如图 1.3 所示。和其他电池一样，锂离子电池也是通过正负极材料发生氧化还原反应来进行能量的存储与释放。充电时，Li^+从正极材料中脱出，通过电解液扩散至负极，嵌入负极的晶格中，此时，正极处于高电位贫锂态，负极处于低电位富锂态；放电时则相反。在电池外部，电子在外电路中传递形成充放电电流，保持一定的电位。因此我们可以看出，锂离子电池反应是一种理想的可逆反应。

正负极材料一般都是嵌入化合物，这些化合物晶体结构存在可供 Li^+ 占据的空位，这些空位组成一维、二维、三维离子输送通道。如典型的 $LiCoO_2$/石墨电池，其中两种材料就是具有二维通道的嵌入化合物。若以这种层状金属氧化物 $LiMO_2$ (M=Co、Ni、Mn 等)为正极材料，石墨为负极材料，一般的电池反应如下。

正极反应：　　　　$LiMO_2 \rightleftharpoons Li_{1-x}MO_2 + xLi^+ + xe^-$

负极反应：　　　　$6C + xLi^+ + xe^- \rightleftharpoons Li_xC_6$

电池反应：　　　　$LiMO_2 + 6C \rightleftharpoons Li_{1-x}MO_2 + Li_xC_6$

1.1.4　锂离子电池电化学测试

循环伏安测试：循环伏安法(cyclic voltammetry，CV)是一种常用的电化学研究方法。该法控制电极电势以不同的速率，随时间以三角波形一次或多次反复扫描，使电极上能交替发生不同的还原和氧化反应，并记录电流-电势(I-E)曲线。CV 中电压扫描速度可从每秒数毫伏到 1V，一般在 0.05~0.25mV/s。典型的 CV 过程：电势向阴极方向扫描时，电极活性物质被还原，产生还原峰；向阳极扫描时，还原产物重新在电极上氧化，产生氧化峰。因此，一次 CV 扫描，完成一个氧化和还原过程的循环。该法使用的仪器简单，操作方便，图谱解析直观，在电化学领域尤其是锂离子电池的研究中有着广泛的应用。对测试所得曲线进行分析可得到关于锂离子电池体系的一些重要信息，如电化学反应机理、氧化还原电位及平衡电位、极化现象、表观扩散系数、参与电化学反应的电子数等。锂离子电池体系中的电极反应过程是一个复杂过程，电极反应过程中，离子传输、电荷转移、界面反应等方面都会对电池性能产生很大影响，CV 测试可以得到相关电极反应过程中的重要参数，因此 CV 作为重要的电化学分析方法在锂离子电池研究中起着非常重要的作用。

阻抗测试：电化学阻抗谱(electrochemical impedance spectroscopy，EIS)技术是给电化学系统施加一个频率不同的小振幅交流信号，测量交流信号电压与电流的比值(此比值即为系统的阻抗)随正弦波频率的变化。常用来分析电极过程动力学、双电层和扩散等，研究电极材料、固体电解质及腐蚀防护等机理。EIS 有许多种类，最常用的是阻抗复数平面图和阻抗波特图。阻抗复数平面图(又称 Nyquist 图)是以阻抗实部为横坐标，虚部为纵坐标绘制的曲线。而阻抗波特图是由两条曲线组成，一条描述阻抗模随频率变化关系，即 $\lg|Z|$-$\lg f$ 曲线(Bode 模图)；另一条曲线描述阻抗相位角随频率变化关系，即 ϕ-$\lg f$ 曲线(Bode 相图)。一般情况，两条曲线需要同时给出才能完整描述阻抗特征。在锂离子电池电极反应过程中，各反应步骤的动力学参数及时间常数不同，而 EIS 可以在较宽的频率范围内对体系施加小幅正弦信号，使在特定频率下突出特定时间常数的电极过程，从技术手段将复杂的电极过程分离，实现对单一电极过程动力学进行分析，还可以根据相应的电池体系选取对应的等效电路并进行拟合，等效电路可以很好地研究体系中的具体过程，具有确定的物理意义。

倍率测试：倍率其实是一个电流值，即在规定时间内充入或放出完全额定容量所对应的电流大小。它直接决定了电池的功率特性，即电池大电流充放电能力。

规定 1h 完全充满或完全放出材料的额定容量时所对应电流大小是 1 倍率(1C)，则需要 nh 才能充满或放完所有容量的电流值为 $1/n$C。对于锂离子电池倍率来说，就是不同电流下的放电性能。倍率的大小对嵌入式电极材料容量有明显的影响。一切影响锂离子迁移速度的因素都会影响锂离子电池的倍率性能。此外，电池内部的散热速率，也是影响倍率性能的一个重要因素，严重时还会影响锂离子电池的安全性和寿命。因此，高倍率能放出多少容量，就成了电池性能的一个指标，高倍率放出的容量越大，电池性能越好。

1.1.5 锂离子电池构造及回收

锂离子电池的结构和其他电池一样，一般包括正极、负极、电解质、隔膜、引线、安全阀、绝缘材料、电池壳等。电池的不同形式有圆柱形电池、方形电池、纽扣式电池、软包式电池(外用铝塑软包装)，如图 1.4 所示。

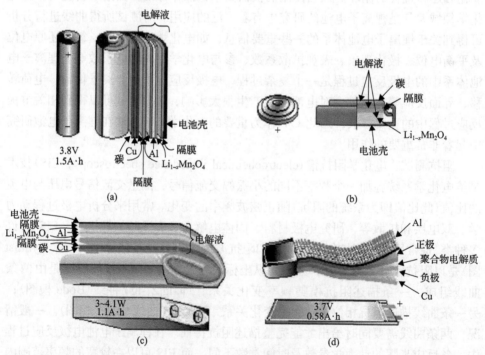

图 1.4 不同形状的电池[3]

(a)圆柱形；(b)纽扣式；(c)方形；(d)软包式

近年来，随着环境保护要求的提高，清洁能源的储存和使用大大提高了对电池这类设备的要求。一般锂离子动力电池使用寿命在 3~5 年。预计到 2025 年，将有近 500 万 t 锂离子电池用于电动汽车；到 2030 年，将有 1.25 亿辆电动汽车在路上行驶，动力电池报废量将进一步增长，超 1100 万 t 的已用锂离子电池被丢弃[4]。

总部位于伦敦的存储回收研究组织(Circular Energy Storage)发布的数据显示,到 2030 年,回收设施可以回收 125000t 锂、35000t 钴和 86000t 镍;根据这些材料的当前价格,这将增加一个近 60 亿美元的市场。因此探索合理回收废旧锂离子电池的方法,实现对废旧锂离子电池中贵重金属资源的合理利用已经迫在眉睫。

目前市场上常见的废旧锂离子电池回收方案主要有三种:一是火法冶金,不管什么电池,都可以放进炉子里熔融焙烧,其金属外壳钢、铜、铝等全部融在一块,电解液和石墨都会燃烧;优点是什么电池都可以,兼容性强;缺点是能耗高、污染大、金属分离难度大。二是直接回收,这个处理过程相对简单,污染少,但风险程度要求很高,产品均一性较低,品质难以控制。三是湿法冶金,把镍、钴、锰等金属全部用酸溶解,把镍、钴等成分萃取出来,做成硫酸镍钴等,又能回收成为电池材料或化工原料,回收率高、产品纯度高;不过湿法冶金需要有较大场地,且产生的废水量太大,治理成本高,对环保要求也很高,但其仍是当前主要的回收方式。有研究表明,废旧锂离子电池中的石墨负极材料仍能保持较完整的层状结构,并且石墨中的杂质主要为有机黏结剂和锂、铜等金属,因此对于石墨材料的回收可通过酸浸去除杂质金属、高温去除残留的黏结剂并纯化来回收制备新的石墨材料。对于小型废旧锂离子电池,电解液大多采用火法将其烧掉;而作为动力电源的锂离子电池,其电解液占电池成本的 15%左右,回收价值较高,现报道的回收方法有溶剂提取法、机械法、超临界萃取法等。

总之,实现锂离子电池的可持续发展与缓解能源危机、生态环境、节能减排等关系密切,利国利民,对工业发展具有巨大的推动作用。

1.1.6 锂离子电池发展与未来

目前来看,锂离子电池从应用上可大致分为三大领域:3C 类电子产品(计算机类、通信类和消费类电子)、电动交通工具及规模静态储能。由于应用场景不同,其对锂离子电池综合性能指标要求也存在较大差异,因此在不同应用领域的成熟度和市场占有率也不尽相同。

总体而言,在 3C 电子产品领域锂离子电池几乎占据了全部市场,且随着 5G 手机、折叠屏等发展,手机续航能力可能也需随之升级,充电宝成为另一个隐形的、巨大的锂离子电池需求市场。在电动车交通工具方面,锂离子电池主导的动力电池市场不断扩大,目前在电动汽车应用领域已处于主导地位,未来随着锂离子电池成本持续下降和性能不断提高,电动汽车的性价比有望在 2024 年超越燃油汽车,从而实现汽车的全面电动化。在世界汽车电动化的浪潮下,我国一些车企也依据国内外发展形势制定了一系列新能源汽车的发展规划(表 1.1)。尽管目前电动交通工具在经济上并没有凸显出优势,但在节能减排、绿色环保等方面优势突出，一些国家在某些特殊领域开始有了示范。

2018 年 11 月，由广船国际建造的全球首艘 2000t 级纯电动船在广州广船国际龙穴造船基地吊装下水，该船安装有重达 26t 的超级电容和超大功率的锂离子电池，整船电池容量约为 2.4MW·h，航速最高可达 12.8km/h，续航力可达 80km。2020 年 3 月，日本苍龙级潜艇 SS-511 "凰龙" 号在三菱重工神户造船厂举行交付服役仪式，其特殊之处在于它是世界首艘完全用锂离子电池取代传统铅酸电池的常规潜艇，锂离子电池可以让它的水下 "憋气" 时间更久。

表 1.1　国内部分车企新能源汽车发展规划[4]

车企	战略	未来电动车在中国规划
江淮汽车	2020~2025 计划	2020 年，推出第三代采用全固态锂金属电池的新能源车，续航里程达 400km；到 2025 年，新能源车产销目标 30 万辆
长安汽车	香格里拉计划	2025 年，开始全面停止销售传统意义的燃油车，实现产品电气化
比亚迪汽车	2022 计划	2022 年新能源汽车目标销量 120 万辆，其中纯电动汽车目标销量为 60 万辆
奇瑞汽车	2030 奇瑞能源战略	到 2030 年，新能源汽车销量占比超 40%
东风汽车	东风 "十四五" 规划	新能源汽车销量达 100 万辆规模
上汽集团	2025 计划	到 2025 年，上汽集团规划在全球实现新能源销量超过 270 万辆台整体与销量的比重不低于 32%

现如今，以人工智能、数字化、5G 技术和大数据为主导技术的第四次工业革命已经拉开序幕。工业 4.0 时代的到来，将会给各行各业带来巨大的影响。纵观每次工业革命，都与能源革命有着密不可分的联系，第四次工业革命将为能源行业的发展带来无限机遇与挑战，锂离子电池就是当前移动式供电最重要的能源设备之一。从主要的锂离子电池产业国中国、日本、韩国三国来看，目前锂离子电池行业仅处于工业 4.0 的起步阶段，尤其是我国的锂电材料行业生产很多才处于工业 2.0 或 3.0 阶段，距离工业 4.0 还有很长一段距离。我国想要踏上时代的浪潮，抓住机遇，克服挑战，就必须找准适合自己的能源发展路径。预计未来 15 年将会在规模储能领域出现一个 100GW·h 级的锂离子电池市场，届时借助先进的 5G 技术、人工智能、大数据及区块链技术在能源方面的促进作用，我国将初步形成先进的智能电网，电动车将逐步形成从现有的无序充电到有序充电再到智能充电 V2G（vehicle-to-grid，车辆到电网）的新能源供给模式。因此如何开发出下一代安全、低成本、大规模和长寿命的储能电池及安全、高能量密度和长寿命的动力电池将是决定锂离子电池在相关动力电池和储能市场成功与否的关键。

1.2　正极材料

从锂离子电池的发展历程来看,衡量锂离子电池性能的高低一直都是以比容量作为一个重要指标。然而出于安全考虑,锂离子电池一般使用碳材料(如石墨)做负极,所以锂离子电池的工作电压和能量密度很大程度上取决于正极材料,也就是在锂离子电池的正负极总的占比中,正极材料的嵌锂式化合物达到了负极材料的 3 倍之多,这就造成了正极材料主要影响所合成的锂离子电池的电化学性能和其商业造价,也就使正极材料成为锂离子电池研究的主要关键部分。这种正极材料通常应该满足以下几点要求:①拥有较高的比容量和工作电压;②材料应有充分的离子通道和足够多的位置,允许足够多的 Li^+ 可逆嵌入和脱嵌,且在这个过程中,对正极材料结构影响应尽可能小,保证电极过程的可逆性和电池的长循环寿命;③应当具有电化学和热稳定性,防止与电解液发生反应;④具有较高的电子电导率和离子电导率,以减小极化和提高充放电电流;⑤从实用角度看,正极材料还应具有资源丰富、成本低、易合成、工作电压范围宽和对环境友好等特点。

锂离子电池正极材料研究已有 40 多年历史,到目前为止,已商品化和在研的正极材料主要包括钴酸锂、锰酸锂、磷酸铁锂、三元复合材料和一些其他正极材料。表 1.2 是几种主要的正极材料的相关信息。该部分将对几种主要材料的结构、性能等方面进行介绍。

表 1.2　几种主要锂离子电池正极材料的特性

正极材料	$LiCoO_2$	$LiNiO_2$	$LiMn_2O_4$	$LiNi_{1/3}Co_{1/3}Mn_{1/3}O_2$	$LiFePO_4$
晶体类型	层状型	层状型	尖晶石型	层状型	橄榄石型
空间群类型	$R\bar{3}m$	$R\bar{3}m$	Fd3m	$R\bar{3}m$	Pnma
理论比容量/(mA·h/g)	274	274	148	278	170
实际比容量/(mA·h/g)	约140	约215	约120	约160	约160
平均电压/V (vs. Li^+/Li)	3.9	3.7	4.0	3.7	3.4
放电曲线形状	平缓	倾斜	平缓	倾斜	平缓
安全性	一般	差	好	好	好
成本	很高	高	低	低	较低
备注	污染大,已商品化	用途较少	无毒,商品化,可用于电动汽车	低污染,已商品化	无毒,导电性差,已商品化

1.2.1　层状结构材料

理想的层状 $LiMO_2$ 结构中，氧原子按 ABC 立方密堆积排列，氧的八面体间隙被 Li^+ 和过渡金属离子占据，这种 MO_2^- 层不仅可以允许 Li^+ 可逆地嵌脱，同时还提供了二维通道。因此，层状结构化合物是目前最理想的正极材料，主要有 $LiCoO_2$、$LiNiO_2$、$LiMnO_2$ 等。

1. 钴酸锂

钴酸锂($LiCoO_2$，LCO)，也称氧化钴锂。1958 年 Johnston 等首先合成了 $LiCoO_2$ 材料，Mizushima 等在 1980 年率先报道了 $LiCoO_2$ 的电化学性能和可能的实际应用，1991 年 SONY 公司以 $LiCoO_2$/C 电池系统率先实现商业化。虽然在几十年发展历程中有新型正极材料诞生，但目前来看，基本上可以认为 $LiCoO_2$ 是最成熟的锂离子电池正极材料，特别是小型锂离子电池的最佳选择。相比其他正极材料，$LiCoO_2$ 具有输出电压高(达 4V 左右)、合成工艺简单、比容量高、循环寿命长、倍率性能好等优势；但钴资源有限、价格昂贵、毒性较大等因素严重限制了它的广泛应用，尤其是制作大型动力电池时，安全性难以得到保障。

$LiCoO_2$ 是 α-$NaFeO_2$ 型层状结构的晶体(图 1.5)，属于六方晶系，其层状结构很适合 Li^+ 在其中嵌脱，晶格参数为 a=0.283nm，b=0.2805nm，c=1.406nm。在层状结构的 $LiCoO_2$ 中，氧原子形成了扭曲的立方密堆积结构，钴层和锂层交替排列在氧原子层的两侧，即锂占据立方密堆积中的 $3b$ 位置，钴占据 $3a$ 位置。O-Co-O 层内原子(离子)以化学键结合，而层间靠范德瓦耳斯力维持，由于范德瓦耳斯力较弱，Li^+ 的存在恰好可以通过静电作用来维持层状结构的稳定。

$LiCoO_2$ 中的 Li^+ 脱出的数量达到一定数目时，就会导致 Li^+ 的嵌脱可逆性减小。$LiCoO_2$ 脱 Li^+ 后的状态可表示为 $Li_{1-x}CoO_2$，以 x=0.5 为衡量标准，即 Li^+ 脱出量为 0.5，此时恰好会导致相变；如果 Li^+ 脱出量大于 0.5，$Li_{1-x}CoO_2$ 不能在有机溶剂中稳定地存在，导致电池极化增加，从而减小了正极的有效比容量，使其实际比容量仅为 140mA·h/g 左右。在提高充电电压(>4.2V)后，由于 Li^+ 深度脱出，贫锂六方相结构很容易遭到破坏，Co^{3+} 被氧化成 Co^{4+}，加速了电解液的分解，材料比容量衰减，电池循环性和安全性变差。为了改善 $LiCoO_2$ 结构的稳定性，提升材料的电化学性能，主要通过掺杂和包覆两种方法对材料进行改性。

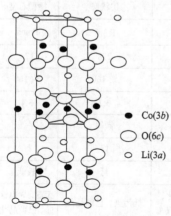

Co($3b$)
O($6c$)
Li($3a$)

图 1.5　$LiCoO_2$ 的晶体结构示意图

　　通过向 $LiCoO_2$ 中掺杂一定量的 Fe、Al、Mn、Ni、Ti、Mg 等金属元素或 B 这样的非金属元素，可以提高正极材料的循环稳定性能。虽然掺杂的机理未能得到确切的解释，但发现掺杂方式不同、掺杂元素不同，材料的性能存在很大差异。掺杂 Mg^{2+} 会让结构更稳定，循环性能得到改善；Valanarasu 等[5]采用淀粉辅助燃烧法合成出 Mg 掺杂的 $LiCo_{1-x}Mg_xO_2$（$x=0\sim0.1$）正极材料，该材料是由高度有序的球形单晶粒子组成，在 0.1C 下，$LiCo_{0.95}Mg_{0.05}O_2$ 材料具有高的可逆容量和容量保持率（图 1.6），结构稳定性也得到了提高。掺杂适量的 Al 可以提高热稳定性且具有较高的充放电电压；Hu 等[6]通过水热法合成 Al^{3+} 掺杂的 $LiCoO_2$ 纳米复合材料，发现在 1C 倍率下放电比容量达 $131.8mA\cdot h/g$，100 次循环后容量保持率为 90%。掺杂 B 可以使晶胞参数降低，稳定了 $LiCoO_2$ 的层状结构。掺杂稀土元素离子也可以起到一定的效果。Farid 等[7]采用溶胶-凝胶技术制备 La^{3+} 掺杂的 $LiCoO_2$ 富锂正极材料，产物在 3.0～4.3V 充放电，0.1C 和 5.0C 倍率时的最大放电比容量分别为 $182.4mA\cdot h/g$ 和 $56.2mA\cdot h/g$，比 $LiCoO_2$ 高 5%以上。La^{3+} 掺杂后，有利于正极材料中 Li^+ 的扩散，还可降低电解液的阻抗，提高了性能。$LiCoO_2$ 的包覆材料也有很多，大致有无机氧化物和导电材料两大类。其中无机氧化物主要有 Al_2O_3、ZrO_2、SiO_2、MgO 等；导电材料主要是导电碳材料和导电聚合物等。Li 等[8]使用原子层沉积技术在 $LiCoO_2$ 材料表面沉积了厚度可控的不同金属氧化物（TiO_2、ZrO_2 和 Al_2O_3）原子层，对 $LiCoO_2$ 材料进行修饰，以提高电池的高压循环性能。研究表明，在 $LiCoO_2$ 表面形成的均一致密的金属氧化物原子层，会降低电池的电化学性能；主要是由于金属氧化物原子层的存在降低了 Li^+ 和电子的扩散速率。在三种包覆材料中，Al_2O_3 包覆展现出了最好的循环性能，ZrO_2 包覆展现出了最好的倍率性能。除此之外，无机物的包覆过程通常很复杂且成本很高；为了克服这

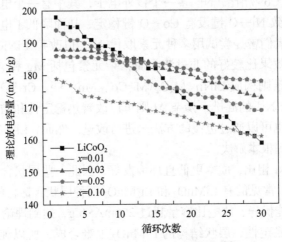

图 1.6　$LiCo_{1-x}Mg_xO_2$ 循环性能图[5]

些缺点，有一些研究者在 $LiCoO_2$ 表面包覆一些导电材料来改善其在高截止电压条件下的电化学性能。Cao 等[9]使用简单的化学聚合方法在 $LiCoO_2$ 表面成功地形成了一层导电聚吡咯(PPy)薄膜。实验结果表明，这种 PPy 薄膜可以明显地降低 $LiCoO_2$ 的传荷电阻。PPy 包覆的 $LiCoO_2$ 材料展现出了良好的电化学性能，首次放电效率达 $182mA \cdot h/g$，在经过 170 次循环之后，容量保持率为 94.3%。相比之下，原始 $LiCoO_2$ 的容量保持率仅有 83.5%。此外，碳材料也是一种优良的包覆导电材料，值得一提的是，碳包覆与添加导电炭黑作用不一样：添加导电炭黑不会增加电极的容量，而碳包覆可以显著提升电极的可逆容量，尤其是在大倍率下的放电容量。

智能手机的发展对锂离子电池的容量提出了更高的要求。目前高电压钴酸锂产品主要有 4.35V 和 4.4V 两种规格，比容量则可以提高到 $155 \sim 160mA \cdot h/g$；未来产品电压有可能提高至 4.6V，比容量可达 $215mA \cdot h/g$。正是由于高电压钴酸锂材料的发展才延缓了其被其他材料代替的速度。

2. 其他层状结构材料

由于 Co 的资源匮乏且价格昂贵，人们最初开始尝试用镍酸锂($LiNiO_2$)来替代钴酸锂。与钴酸锂相比，镍酸锂的实际比容量高(可达 $180 \sim 210mA \cdot h/g$)，原材料价格较低且来源广泛，毒性也比 Co 小。从结构上来看，$LiNiO_2$ 的晶体结构与 $LiCoO_2$ 基本相同，同属 α-$NaFeO_2$ 结构。但 $LiNiO_2$ 合成困难，材料性能重现性差，至今纯 $LiNiO_2$ 没有商业化。一般认为 $LiNiO_2$ 存在循环性能和热稳定性两个潜在问题。在充电过程中(尤其是首次)会发生 Ni 向 Li 层的迁移现象，混在 Li 层中的 Ni^{3+}将阻止周围的 Li^+回到充电前的位置，导致该材料的首次效率较低且以后的循环性也不好。与 Co^{3+}相比，Ni^{3+}多一个核外电子，其中有一个电子要占据能量较高的 e_g 轨道，导致 Ni—O 键没有 Co—O 键稳定，从而降低了电化学和热稳定性能。因此，研究者们曾经尝试用多种元素取代 Ni，以改善 $LiNiO_2$ 的结构稳定性和安全性，其中效果比较好的非过渡金属掺杂元素包括 Mg 和 Al，向 $LiNiO_2$ 中掺入过渡金属元素则构成 $LiNi_{1-x}M_xO_2$(M=Co、Mn、Fe、Cr 等)。通过 Co 的掺杂可以抑制 Li^+与 Ni^{3+}的混排；掺杂 Al 则可以改善热稳定性和循环性能。除了掺杂之外，$LiNiO_2$ 也可以通过包覆的方法来进行改进。然而，$LiNiO_2$ 结构稳定性差的问题并没有得到根本解决。

Mn 与 Co、Ni 相比，成本更低且环境友好，因此一些层状含锰材料也是一类潜在的正极材料。常见的有 $LiMnO_2$ 和 Li_2MnO_3 两种层状含锰材料。$LiMnO_2$ 正极材料的电化学性能优良，放电比容量超过 $270mA \cdot h/g$，达到理论值的 95%，但由于热力学上的不稳定性，层状结构的 $LiMnO_2$ 很难合成，所以纯 $LiMnO_2$ 也没有实现商业化。即使通过离子交换法制得层状 $LiMnO_2$，但该材料容易在充放电循环过程中发生相转变(由层状转变为尖晶石结构)，材料循环稳定性方面性能较差，容量大幅下降。虽然也可以通过常用的掺杂、包覆等手段来对材料改性，但合成困难和电化学性能不好等问题，使对纯相 $LiMnO_2$ 的研究很少。Li_2MnO_3 也可表示成 $Li[Li_{1/3}Mn_{2/3}]O_2$，其由单独锂层、1/3 锂和 2/3 锰混合层及氧层构成。因为在脱锂过程中，Mn^{4+} 不能被氧化成高于四价的氧化态，因此 Li_2MnO_3 是非活性物质，当它和 $LiMO_2$ 合成固溶体时，形成 $xLi_2MnO_3 \cdot (1-x) LiMO_2$(常称为富锂正极材料)，可以稳定 $LiMO_2$ 的结构，具有较理想的电化学性能。

还有一些层状结构的金属化合物，像 $LiVO_2$、$LiCrO_2$、$LiFeO_2$ 等材料，要么是表现出欠佳的电化学性能，要么是结构稳定性差，表现不佳也难以应用于实际。

1.2.2　尖晶石结构材料

在理想的尖晶石结构中，氧按照 ABC 立方密堆积排列形成骨架，与层状结构不同的是，Li^+ 占据的是四面体的空隙，其中四面体晶格与八面体晶格共面形成三维互通的网状结构，比层状结构更有利于 Li^+ 的扩散、嵌脱；尖晶石结构典型的化合物是锰酸锂($LiMn_2O_4$)。

1. 锰酸锂

$LiMn_2O_4$ 为标准的立方尖晶石结构(图 1.7)，具有四方对称性，其中锂和锰分别占据立方密堆积氧分布中的四面体 8a 位置和八面体 16d 位置，在立方紧密堆积氧平面之间的交替层中，Mn^{3+} 层与不含 Mn^{3+} 层的分布比例为 3∶1，由于每一层中均有足够的 Mn^{3+}，当 Li^+ 发生嵌脱时，可以稳定立方紧密堆积氧的分布。从图 1.7 中看出，结构中具有立体的离子通道，其为三维结构(由于四面体间隙 8a 与 16c、48f 位置共面而构成的)，而这种特殊通道更有利于 Li^+ 在晶格结构中更自

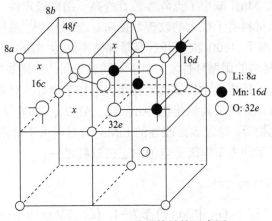

图 1.7　$LiMn_2O_4$ 的晶体结构示意图

由地活动，这就使这种结构的正极材料具有比较好的充放电循环性能；且这种结构中 Mn^{3+} 存在于每一层中，所以 Li^+ 从晶格结构中脱出的时候不会造成结构崩塌或者改变，这就保持了材料结构的完整性。因此尖晶石结构的含锰氧化物正极材料越来越得到人们的注意。

尖晶石结构 $LiMn_2O_4$ 材料理论比容量为 $148mA \cdot h/g$，实际比容量在 $120mA \cdot h/g$；主要在两个位置放电，一个大约在 4V，另一个在 3V 左右。长期以来困扰 $LiMn_2O_4$ 正极材料广泛应用的问题是严重的容量衰减、高温循环性能差等，主要原因有两点：①在充放电过程中，Mn^{3+} 容易发生姜-泰勒(Jahn-Teller)效应(一般认为在 3V 放电平台内)，从而导致了结构的变化与扭曲；②由于过高的充电电压(电解液分解产生酸性物质)、材料的结构缺陷和复合电极中的碳含量等因素，导致了 Mn^{3+} 发生歧化反应生成了低价的 Mn^{2+} 和高氧化性的 Mn^{4+}，而 Mn^{2+} 易溶于电解液中，Mn^{4+} 易与有机溶剂反应，造成了锰的流失，出现较严重的容量衰减。因此，$LiMn_2O_4$ 的应用研究主要在 4V 区域内。

为改善 $LiMn_2O_4$ 的高温循环性能与储存性能，人们尝试了多种元素的掺杂和包覆，通过掺杂的方法可以改进 $LiMn_2O_4$ 的高温循环性能和倍率性能，通过包覆的方法可以提升电池的高温循环性能和倍率性能。掺杂主要还是集中在一些价态较低的阳离子(Li^+、Cr^{3+}、Al^{3+}、Co^{3+}、Ni^{2+}等)、一些稀土元素(Ce、La、Gd、Sm等)和少量的阴离子(F^-、S^{2-}、I^-等)。元素周期表中的大部分阳离子掺杂都可以较好地改善材料的性能，如 $LiNi_{0.5}Mn_{1.5}O_4$ 材料(可看作 Ni 掺杂的 $LiMn_2O_4$)，相关报道[10]集中在与 $Li_4Ti_5O_{12}$ 负极组成的 3V 锂离子电池及与石墨负极组成的 5V 锂离子电池，电化学性能都得到较明显提高；只有少数如 Zn、Fe 掺杂会造成离子混排，材料性能不增反降的现象。Sun 等[11]采用固相反应法，通过稀土元素掺杂制备了 $LiMn_{2-x}R_xO_4$(R = La、Ce、Nd、Sm；$0 \leqslant x \leqslant 0.1$)尖晶石粉末。研究表明，稀土元素部分替代 Mn，减小了点阵参数，提高了结构稳定性，其循环性能和倍率性能都较无掺杂材料有了很大的改善和提高。Zhang 等[12]采用 Al^{3+} 对 $LiMn_2O_4$ 进行修饰，2C 倍率下 1000 次循环后容量保持率高达 81.6%，而未掺杂的仅为 32.2%，有效提高材料的耐循环性能。由于不同离子间的协同效应，采用阴阳离子复合掺杂对 $LiMn_2O_4$ 的电化学性能改善比单元素掺杂更好。对 $LiMn_2O_4$ 的表面包覆物报道较多的有：金属及其氧化物(Au、Ag、Al_2O_3、CeO_2 等)、磷酸盐($AlPO_4$ 等)、碳材料、氟化物等。经过表面改性的 $LiMn_2O_4$ 材料由于价格低廉、性能优越，将是最有希望应用于动力型锂离子电池的正极材料之一。

2. 其他尖晶石结构材料

尖晶石结构的 $Li_4Mn_5O_{12}$ 中 Mn 价态为+4，仅在 3V 电压平台锂可以从中脱出，因此该材料可以作为 3V 锂离子电池的正极材料。具有尖晶石结构的 $LiM_xMn_{2-x}O_4$

(M=Ni、Co、V 等)体系，放电平台可达 5V 左右，尤其是上述提到的 $LiNi_{0.5}Mn_{1.5}O_4$ 材料，因合成简单，成为目前研究最多的 5V 正极材料之一；但在高电压下的电池体系，电解质稳定性、容量衰减、安全性等问题仍需进一步探究。$LiTi_2O_4$ 和 $LiMn_2O_4$ 结构类似，也可以再容纳一个 Li^+ 得到 $Li_2Ti_2O_4$，理论比容量为 $175mA \cdot h/g$，实际比容量可达 $165mA \cdot h/g$，在 Li^+ 嵌脱过程中几乎无体积变化，循环稳定性非常好。但是该过程放电平台低，只有 1.5V，并不适合作正极材料；在对 $LiTi_2O_4$ 进行掺杂时发现，由于 Ti 在高价态时很稳定，阳离子掺杂相对容易，却是一种潜在的负极材料。LiV_2O_4 也可以允许 Li^+ 的嵌脱过程，但过程中钒离子容易迁移到 Li^+ 的位置，导致结构不稳定，循环稳定性不好。同样，Co 和 Ni 也可以形成类似尖晶石结构，但结构不稳定或者温度过高时易分解，都不适合作正极材料。

1.2.3　橄榄石结构材料

1. 磷酸铁锂

铁是一种地壳储量丰富的金属，与 Co、Ni、Mn 相比，成本更低、更环保，因此人们把目光投向了含铁正极材料。层状 $LiFeO_2$ 由于较差的电化学性能和不稳定的结构难以应用到锂电池中，后来发现可以将 $LiFeO_2$ 中的氧用 PO_4^{3-} 取代得到磷酸铁锂($LiFePO_4$)，电压可提高至 3.4V；1997 年，Goodenough 小组[13]对橄榄石结构的 $LiMPO_4$(M = Fe、Ni、Mn、Co 等)型锂离子电池正极材料开展研究工作，发现橄榄石型的 $LiFePO_4$(LFP) 具有嵌脱 Li^+ 的可逆性(1mol $LiFePO_4$ 仅有 0.6mol Li^+发生嵌脱)，有效地和碳负极组装成全电池，展现出良好的性能。由于 $LiFePO_4$ 具有较稳定的氧化状态(可以天然存在)、安全性能好、高温性能好，同时又无污染、原材料来源广泛、价格便宜等优点，被认为是极有可能替代现有材料的新一代正极材料，因此备受关注，成为目前电池界研究开发的热点材料之一。

$LiFePO_4$ 具有规整的橄榄石结构(图 1.8)，属于正交晶系，晶胞参数 a=0.469nm，b=1.033nm，c=0.601nm。氧原子以近似六方密堆积的方式排列，铁原子和锂原子占据八面体空隙，磷原子占据四面体空隙，每一个 FeO_6 八面体与周围 4 个 FeO_6 八面体通过公共顶点连接起来，形成锯齿形的平面，这个过渡金属层能够传输电子。氧与磷形成的 PO_4^{3-} 聚合四面体稳定了整个三维结构，PO_4^{3-} 四面体之间彼此没有任何连接，强的 P—O 共价键形成离域的三维化学键使 $LiFePO_4$ 具有很强的热力学和动力学稳定性。在充电时，Li^+ 从 FeO_6 层间迁移出来，经电解质流向负极，Fe^{2+} 被氧化成 Fe^{3+}，放电过程则发生还原反应，反应式如下。

充电：$LiFePO_4 - xLi^+ - xe^- \longrightarrow xFePO_4 + (1-x)LiFePO_4$

放电：$FePO_4 + xLi^+ + xe^- \longrightarrow (1-x)FePO_4 + xLiFePO_4$

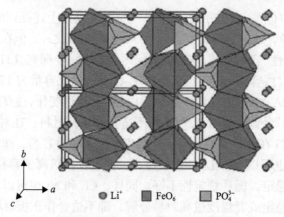

图 1.8 $LiFePO_4$ 的晶体结构示意图

　　虽然这种结构十分稳定，但也导致 $LiFePO_4$ 中的 Li^+ 仅有一维扩散通道，使其界面之间扩散困难，离子扩散速率及电子电导率下降，进而影响倍率性能，严重影响了其应用。因此，研究者们采用掺杂、包覆和纳米化等方法对其改性，并取得了很好的效果。

　　掺杂主要是在 $LiFePO_4$ 晶格中的阳离子位置掺杂一些导电性较好的金属离子，改变晶粒的大小，造成材料的晶格缺陷，从而提高电子的电导率及 Li^+ 的扩散速率，进而达到提高 $LiFePO_4$ 材料性能的目的。第一性原理计算的结果[14]也表明 $LiFePO_4$ 是一种半导体化合物，未掺杂的 $LiFePO_4$ 是 n 型半导体，而掺杂的 $LiFePO_4$ 是 p 型半导体，其活化能降低了 400eV 左右；充放电过程中，随着 Li^+ 浓度的变化，晶体在 p 型和 n 型之间转变，掺杂后形成的 Fe^{3+}/Fe^{2+} 混合价态，可以有效增强 $LiFePO_4$ 的导电性。目前，掺杂的金属离子主要有 Ti^{4+}、Co^{2+}、Mn^{2+}、La^{2+}、V^{3+}、Mg^{2+} 等，也可用 F^-、Cl^- 等阴离子或者碳材料进行掺杂；在晶格中掺杂取代的位置主要是 Li 位、Fe 位和 O 位，从能量角度考虑，在 Li 位和 Fe 位，$LiFePO_4$ 都不适合非等价阳离子的掺杂。Chung 等[15]通过合成阳离子缺陷空位的 $LiFePO_4$，再掺杂少量的不同类型金属离子（Mg^{2+}、Al^{3+}、Ti^{4+}、Zr^{4+} 等），结果使掺杂后的 $LiFePO_4$ 的电导率提高了 8 个数量级，超过了传统的 $LiCoO_2$ 和 $LiMn_2O_4$，在当时引起了极大的轰动；在电流密度高达 6000mA/g 时，仍然保持着可观的容量，只有微小的极化发生。另外，掺杂既可用单一元素掺杂，也可用两种或三种元素进行共掺杂。量子点材料因尺寸极小（一般小于 10nm）表现出许多不寻常的物理效应与化学性质，吸引了一些研究者的兴趣。Wang 等[16]报道了关于 $LiFePO_4$ 量子点复合材料 G/LFP-QDs@C 的研究，通过有效的微反应器方法合成尺寸约为 6.5nm 的 LFP 量子点（LFP-QDs），该量子点由无定型碳层及高石墨化的导电石墨烯层包覆，其在 200C 下的放电比容量依然达到 78mA·h/g，且该材料在 20C 下循环 1000 次后，容量保持率为 99%，这也是目前报道的具有优异性能的 $LiFePO_4$ 正极材料之一。但也有一些研究者认为掺杂效果与掺杂离子、浓度的关系不大。从众多研究成果来看，掺杂可能改变了材料的可逆循环特性，但至今还没有见到掺杂能改善磷酸铁锂本征电导率的严格实验证据，在掺杂机理方面还需实验进一步来证实一些问题。

表面包覆提高 $LiFePO_4$ 导电性的方式主要有三种：①碳包覆制 $LiFePO_4/C$ 复合材料，碳的原料常用糖类、草酸、石墨烯、碳纳米管、聚芳环物等，碳包覆是提升材料性能的有效方法，但其只能促进电荷在颗粒表面上的传输，无法改善内部 Li^+ 的运动特性；②添加金属粉体(Cu、Pt、Au 等)诱导成核提高材料导电性，由于某些金属粉体易被氧化，因此实际起导电作用的是这些金属的氧化物或者亚氧化物，与碳包覆相比，该法增加了成本，窄化了材料使用的电压窗口；③包覆具有金属导电能力的磷化物，如 Fe_2P、NiP 和 Co_2P 等，它的存在提高了电导率，但其生成和存在的条件比较苛刻。

结构纳米化作为众多电极材料优化改性的一个基础性策略，对于只有一维扩散通道的 $LiFePO_4$ 来说显得极为重要。细化晶粒可以通过共沉淀法、水热法、溶胶-凝胶法等来制备亚微米级或纳米级的 $LiFePO_4$。通过细化材料的晶粒可以增加电极材料和电解液的接触面积，缩短 Li^+ 的扩散路径，提高锂离子扩散系数。结合纳米化与微球结构的优势，制备由纳米颗粒自组装形成的多孔微球结构的 $LiFePO_4$ 电极材料则成为有效的解决方案，此种结构既能保证电极材料与电解液充分接触，缩短 Li^+ 的扩散距离，又能增加活性位点，提升可逆容量。因此，纳米化的方法是一种有效改进 $LiFePO_4$ 电化学性能的方法。除了单独对材料纳米化之外，很多研究者也进行了材料纳米化与碳包覆、离子掺杂相结合的方法进行改性研究，也取得了很好的成果。

5G 信息传输在通信领域给人们带来了极大期待，将提供智慧城市、智慧生活和智慧交通，赋予市民比 4G 时代更多的生活便利。目前，锂离子电池被认为是 5G 微型基站的最佳后备电源，与其他锂离子电池(钴酸锂离子电池、锰酸锂离子电池等)相比，磷酸铁锂离子电池安全性、环境友好性和低温循环稳定性更优，在质量、体积和电化学性能方面优势明显，且磷酸铁锂离子电池符合 5G 通信后备电源小型化的发展方向。此外，磷酸铁锂离子电池已经在电动汽车上成功应用，完全可以胜任 5G 通信后备电源的应用要求，其未来的发展前景还是很被看好的。

2. 其他橄榄石结构材料

除 $LiFePO_4$ 外，$LiMPO_4$ 系列的正极材料还包括 $LiCoPO_4$、$LiMnPO_4$、$LiMn_xFe_{1-x}PO_4$、$LiNiPO_4$ 等。因为锰对环境友好，$LiMnPO_4$ 的工作电压也比较理想(可达 4.1V)，与现有电解液体系工作窗口相匹配，受到很多关注。与 $LiFePO_4$

类似，牢固的 P—O 键保证了结构的稳定性，但是由于 Mn^{3+} 的存在，脱锂相的 $MnPO_4$ 存在 Jahn-Teller 效应，存在不利于结构稳定的因素。同时，$LiMnPO_4$ 的安全性也存在疑问：研究发现，$MnPO_4$ 分解会放出氧气（$2MnPO_4 \longrightarrow Mn_2P_2O_7 + 1/2O_2$），存在点燃有机溶剂的可能性；然而与其他材料充电态相比，$LiMnPO_4$ 放出的热量较少，安全性又优于氧化物正极材料。此外，它的充电截止电压较高，采用常规电解液体系易发生副反应，库仑效率也有待提高。因此，研发一种稳定的电解质体系是加快开发 $LiMnPO_4$ 应用的关键。$LiCoPO_4$ 在 4.8V 时有很宽的放电平台，但其实际容量远低于理论容量，且在常规电解液体系中，循环稳定性较差。$LiNiPO_4$ 的电压平台为 5.1V，远超出目前常规碳酸酯类电解液稳定的电化学窗口，其相关报道极少。对这些材料性能的优化同 $LiFePO_4$ 一样，也都可以通过掺杂、包覆和纳米化等方法来实现。

1.2.4　三元复合材料

1. 镍钴锰酸锂（NCM）三元复合材料

由上述相关内容得知，Co 的储量有限且价格较贵，Ni 和 Mn 的价格相对较低且对环境造成影响比 Co 小，结合以 Ni、Mn 为材料电极的性质，合成出了具有稳定层状结构的 $LiNi_{0.5}Mn_{0.5}O_2$。该种材料比单独的 $LiNiO_2$ 和 $LiMnO_2$ 性能更优异，可逆容量更高，循环性能更好。但 $LiNi_{0.5}Mn_{0.5}O_2$ 存在电子电导率差、倍率性能不好等缺陷，而 $LiCoO_2$ 可以表现良好的导电性，人们期望引入 Co 来优化改善材料性能。因此，镍钴锰酸锂三元复合材料开始登上舞台。这种材料的主体实际上是 $LiNiO_2$，如前所述，其虽具有高的比容量但合成困难，影响材料容量性能，因此希望引入 Co 和 Mn 来改善。目前 NCM 材料制备的方法主要有高温固相合成法、化学共沉淀法、溶胶-凝胶法、水热法、燃烧法等，在这些方法生产工艺中，烧结工序是三元材料生产的最核心工序，是最关键的控制点。为了烧结后保持良好的形貌，一般采用氢氧化镍钴锰作为前驱体，这是一种形貌很好的球形颗粒。采用碳酸锂和氢氧化锂作锂盐，烧结合成反应如下：

$$Ni_{1-x-y}Co_xMn_y(OH)_2 + 1/2Li_2CO_3 + 1/4O_2 \longrightarrow LiNi_{1-x-y}Co_xMn_yO_2 + 1/2CO_2 + H_2O$$

$$Ni_{1-x-y}Co_xMn_y(OH)_2 + LiOH \cdot H_2O + 1/4O_2 \longrightarrow LiNi_{1-x-y}Co_xMn_yO_2 + 5/2H_2O$$

NCM 材料综合了 $LiCoO_2$、$LiNiO_2$ 和 $LiMnO_2$ 材料的优点，且由于含 Co 少，成本仅相当于 $LiCoO_2$ 的 2/3，更加绿色环保，安全工作温度更高（可达 170℃），电池的循环使用寿命也延长了 45%左右。这类三元复合材料同 $LiCoO_2$ 结构相似，属六方晶系的 α-$NaFeO_2$ 型层状结构（图 1.9），材料中的镍钴锰主要以 Ni^{2+}、Co^{3+} 和 Mn^{4+} 存在，充放电过程中，除 Ni 发生氧化还原反应外，Co 也发生电子转移，使材料能放出更多容量；而 Mn^{4+} 不参与化学反应，即没有 Mn^{3+} 形成，无 Jahn-Teller 效应，循环过程中主要是用来维持晶体结构的稳定，相当于基石的作用。在 NCM 体系中，三种金属元素间存在协同效应，它们的比例影响着材料性能，也带来了更多的可能性；例如，引入 Ni 有助于提高容量，但含量过高会导致循环性能变差。因此，该材料的一个重点研究方向就是优化和调整体系中三种金属元素的比例。

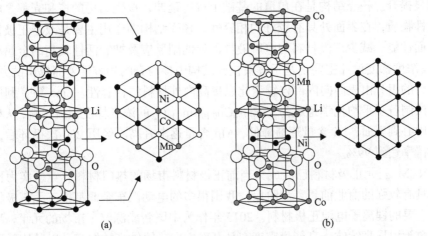

图 1.9　NCM 的晶体结构示意图

(a)$LiNiO_2$ 主体中掺杂 Co 和 Mn；(b)$LiCoO_2$ 主体中掺杂 Ni 和 Mn

目前，主流的镍钴锰比例(原子个数比)有 3∶3∶3、5∶2∶3 和 6∶2∶2 等，研究较热门的几种 NCM 材料：$LiNi_{1/3}Co_{1/3}Mn_{1/3}O_2$(333 型)、$LiNi_{0.5}Co_{0.2}Mn_{0.3}O_2$(523 型)、$LiNi_{0.6}Co_{0.2}Mn_{0.2}O_2$(622 型)、$LiNi_{0.8}Co_{0.1}Mn_{0.1}O_2$(811 型)等。333 型考虑了电化学性能并突出其稳定性；523 型更多考虑其稳定性，同时突出其电化学性能；622 型则成为动力电池研究的对象；811 型因其安全性不佳，实际应用较困难。研究者出于对生产成本及三元材料本身存在问题(如热稳定性较差、充放电过程存在结构转变等)的考虑，一般通过掺杂、包覆及形成核壳结构、浓度梯度等措施来改善三元正极材料的电化学性能。其中掺杂是 NCM 材料改性的主要方式，通过掺杂能够提高材料的热稳定性能、改善材料的循环和倍率性能，掺杂后的正极材料具有缓解或抑制电化学反应过程中结构转变的作用，还可以改变材料的晶格间距等。掺杂的方式有阳离子掺杂(Al^{3+}、Fe^{3+}、Mg^{2+}、Cr^{3+}、Mo^{3+} 等)、阴离子掺杂(F^-、S^{2-}、Cl^- 等)及离子共掺杂，可在过渡金属位、锂位和氧位位置上掺杂。Liu 等[17] 以溶胶-凝胶法在 850℃下煅烧 20h 合成 $LiNi_{1/3}Co_{1/3}Mn_{1/3}O_{2-x}Cl_x$ 材料，掺杂 Cl 有效地提高了材料的二维层状结构的稳定性，降低了阳离子混乱度。随着 Cl^- 含量的增加，$LiNi_{1/3}Co_{1/3}Mn_{1/3}O_{2-x}Cl_x$ 材料的放电比容量得到增加，循环性能也得到改善。在电压范围为 2.0～4.6V，0.15C 倍率下，x=0.1 时，有最佳的首次放电比容量 198.7mA·h/g，展现了良好的循环性能。

包覆主要是抑制正极材料与电解液之间的副反应、缓解或消除材料在循环过程中金属离子的溶解，常采用金属氧化物和碳材料包覆；Tao 等[18]利用聚乙烯吡咯烷酮(PVP)辅助在 $LiNi_{0.6}Co_{0.2}Mn_{0.2}O_2$ 材料表面成功地包覆上了一层 Co_3O_4。研究发现包覆 Co_3O_4 后的材料，其循环保持率从 36.7%增加到了 60.3%，循环保持率明显提升。核壳结构是在包覆的基础上进行延伸，核壳结构的核和壳都是电化学活性物质，在界面处具有较好的相容性，核壳结构的作用主要是改善正极材料的界面性能、减少正极材料与电解液界面处的副反应及抑制活性较高的金属离子溶解。浓度梯度设计主要是基于解决核壳结构中核与壳的相容性差而提出的方案，使材料的组分由表面向内部连续变化以提高内外材料的相容性。Liao 等[19]利用共沉淀法制备了平均化学组成为 $LiNi_{0.76}Co_{0.10}Mn_{0.14}O_2$ 的浓度梯度正极材料，从材料颗粒中心到表面，Ni 含量逐渐降低，Mn 含量逐渐升高。经历 200 次循环后，容量保持率达到 99%。

NCM 三元正极材料已经成为当前正极材料市场的热门材料，竞争实力比较强，具有较强的商业前景。现阶段，我国很多的电动汽车企业都把三元正极材料当作主要的锂离子电池正极材料。2015 年作为中国新能源汽车市场的元年，政府补贴政策引导高续航、高能量密度产品开发方向，镍钴锰酸锂产品以其比磷酸铁锂能量密度高、低温性能好，较钴酸锂安全的一系列特性，广泛被应用到新能源动力车市场上，镍钴锰酸锂材料也迎来了第二个爆发期。

2. 镍钴铝酸锂(NCA)三元复合材料

除了上述所说的 NCM 三元材料，还可以通过添加 Al 形成 $LiNi_{1-x-y}Co_xAl_yO_2$ [$(x+y) \leqslant 0.5$，简称 NCA]，其晶体结构也为 α-NaFeO$_2$ 型层状结构。NCA 材料典型的组成为 $LiNi_{0.8}Co_{0.15}Al_{0.05}O_2$，工作电压达 4.3V，放电比容量在 200mA·h/g 以上，是一种综合了 $LiCoO_2$ 与 $LiNiO_2$ 优点的材料，除了在可逆比容量方面较高，加之掺杂了 Al，该材料的结构稳定性和安全性也有所增强，进而促进了材料循环稳定性的增强。如前所述，均相结构的三元正极材料 $LiNi_{1/3}Co_{1/3}Mn_{1/3}O_2$ 以其出色的安全稳定性和良好的循环能力被成功商业化；与此同时，Tesla 公司已经成功地将 $LiNi_{0.8}Co_{0.15}Al_{0.05}O_2$ 材料应用于旗下的电动汽车之中，其在 2016 年以 NCA 为动力电池的纯电动汽车销量达 7.6 万辆。NCA 是最适合长距离续航里程动力电池的正极材料，也是目前商业化正极材料中比容量最高的材料。

根据现阶段的研究来看，NCA 材料还存在着储存性和热稳定性差的缺陷，尚难以达到实际安全应用的要求，主要面临的难点：①工艺生产方面：由于技术及关键材料的限制，生产厂家较少，主要合成路线有直接采用镍钴铝盐共沉淀再与锂盐烧结、先制备 $Ni_{1-x}Co_x(OH)_2$ 再包覆氢氧化铝与锂盐烧结或者将其直接与氢氧化铝和锂盐烧结等方法。但 NCA 前驱体 $Ni_{0.8}Co_{0.15}Al_{0.05}(OH)_2$ 对制备工艺技术要求很高，难度较大，在火法烧结制备技术方面及对生产环境要求较高。②循环稳定性问题：非活性 NiO 相的生成、离子混排现象、材料表面与电解液发生反应引起结构坍塌等因素造成了 NCA 材料循环稳定性下降。针对上述问题，工艺上可以通过控制材料的煅烧温度和时间、降低离子混排来提高材料的循环性能；对材料改性，通过表面包覆和掺杂手段，提高表面结构稳定性来抑制与电解液接触发生的副反应。也正是因为在高温条件下的安全问题，目前在国内尚难以进行大规模开发。只有推动 NCA 材料的技术不断发展，才能充分开发 NCA 材料的应用潜力，进一步拓展 NCA 材料的应用空间，使其得到更加广泛的应用。

1.2.5　其他正极材料

1. 聚阴离子型正极材料

聚阴离子型正极材料是由四面体和八面体的阴离子结构单元构成。根据阴离子不同，主要分为磷酸盐类、硼酸盐类($LiMBO_3$)、硅酸盐类(Li_2MSiO_4)及硫酸盐类等。从典型磷酸盐材料 $LiFePO_4$ 可以总结出这一类型正极材料的优点是结构稳定性好，耐过充，安全性好，共同缺点是电导率偏低，不利于大电流充放电。BO_3^{3-} 的分子量远小于 PO_4^{2-}（只有 58.8），因此，$LiMBO_3$(M = Fe、Mn、Co) 有可能具有比磷酸盐类正极材料更高的比容量，如果其中的锂能够全部可逆嵌脱，$LiFeBO_3$ 的比容量将达到 $220mA \cdot h/g$；在此基础上，人们又发展了 $LiMnBO_3$、$LiMn_xFe_{1-x}BO_3$ 等硼酸盐材料。与 $LiFePO_4$ 相比，硅酸盐材料 Li_2FeSiO_4 中含有两个 Li，且具有二维离子扩散特性，理论比容量高达 $332mA \cdot h/g$，工作电压为 4.5V；同时，Li_2FeSiO_4 中的 Si—O 键比 $LiFePO_4$ 中的 P—O 键更加稳定，这也意味着 Li_2FeSiO_4 具有更高的结构稳定性。硫酸盐也是一类研究较多的聚阴离子型正极材料，主要有 $Li_2Fe_2(SO_4)_3$ 和 $LiFeSO_4F$，其中 $LiFeSO_4F$ 中的 SO_4^{2-} 在高温下易分解，与水反应分解为 FeOOH 和 LiF，一定程度上也限制了其发展和应用。

2. 钒基正极材料

我国拥有丰富的钒资源，居世界第一，但钒资源的利用程度很低，技术含量不高。钒具有丰富的价态(+2、+3、+4、+5 稳定价态)，钒氧化物具有比容量高的优点，且钒的价格比 Co 和 Mn 都要低，在化学储能方面有很好的应用前景。研究较多的钒基材料包括：五氧化二钒 (V_2O_5)、钒酸锂 (LiV_3O_8)、磷酸钒锂 $[Li_3V_2(PO_4)_3]$、钒酸钠 (NaV_3O_8) 等。1976 年 Whittingham 首次报道了 Li^+ 可以反复嵌脱的 V_2O_5 材料，因为它的理论比容量高(达 $442mA \cdot h/g$，相当于 1mol V_2O_5 可嵌入 3mol 的 Li^+)、成本低、资源丰富、易于合成和更好的安全性，是一种很有发展潜力的正极材料。但直到现在，由于它循环稳定性差、电子导电性低、电位不稳定等缺点，很难实现商业应用。不过，总体来说它拥有同时实现正极材料的高能量和高功率密度的巨大优势，只要设法提高其稳定性(如掺杂、包覆或与导电聚合物复合等措施)，将具有很好的应用前景。

钒锂氧化物具有低成本、高能量密度、良好导电能力和较好的循环稳定性等优势，也得到了广泛的研究。这种层状结构材料的电化学性能与其合成方法直接相关；如液相合成的无定型 LiV_3O_8，1mol 材料最多容纳 9mol Li^+，而晶体的 1mol LiV_3O_8 最多容纳 6mol Li^+。$Li_3V_2(PO_4)_3$ 有单斜晶型和菱方晶型两种(图 1.10)，其中单斜晶型的 Li^+ 嵌脱性能优于菱方晶型；理论上的 1mol 单斜晶型 $Li_3V_2(PO_4)_3$ 有 5mol Li^+ 可以嵌脱，理论放电比容量为 $332mA \cdot h/g$，且安全性能良好。但是由于 PO_4^{3-} 较大，增加了 V^{5+} 间的距离，电子电导率降低，Li^+ 扩散变慢，这成为 $Li_3V_2(PO_4)_3$ 材料的一大问题。还有基于聚阴离子型的氟磷酸钒正极材料 $LiVPO_4F$，其因高的工作电位和理论比容量，也是一种有潜力待开发的动力锂离子电池正极材料。

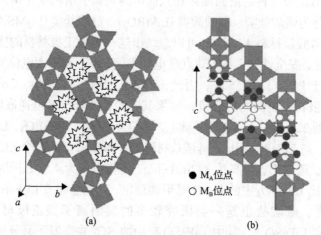

● M_A 位点
○ M_B 位点

图 1.10 $Li_3V_2(PO_4)_3$ 的晶体结构示意图[20]
(a)单斜晶型；(b)菱方晶型

3. 有机正极材料

1969 年，Williams 等报道了以羰基化合物二氯异氰尿酸(DCA)为正极的锂离子电池，尽管其是一次电池，但为人们寻找合适的锂离子电池正极材料提供了方向。有机正极材料具有理论比容量高、成本一般较低、容易设计加工和体系安全等优点。有机正极材料可分为导电聚合物(包括聚乙炔、聚苯胺、聚吡咯、聚噻吩等)、有机硫化物(一些有机硫聚合物)、氮氧自由基化合物[2,2,6,6-四甲基哌啶-氧化物(TEMPO)]和羰基化合物(蒽醌及其聚合物、含共轭结构的酸酐等)等。目前国内外有很多研究在有机物作为锂离子电池正极材料方面进行了大量卓有成效的工作，特别是在含氧有机共轭化合物方面，一些电化学活性高的含氧官能团及其分子结构对有机正极化合物的设计具有重要的指导和借鉴意义。有机正极材料面临的问题是目前开发的材料在循环性、有效能量密度、功率特性方面与现有无机材料相比还有差距，而且也不能作为锂源正极材料，这些缺点没有明确的解决办法，目前此类材料的研究也仅限于基础研究。

除了前面介绍的一些锂离子电池正极材料，人们对其他类型正极材料的探索也从未停止。为了获得更高的能量密度，人们将无机硫和氧气也作为正极，开发了锂硫电池和锂空气电池，在此不做叙述。目前，我国使用频率比较高的锂离子电池正极材料主要是钴酸锂、磷酸铁锂和一些三元材料等，这几类材料的使用已经趋于成熟化。当前，我国储能行业的发展越来越好，但也逐渐地出现了比较多的安全事故，研究者们开发各类相关的衍生材料，通过掺杂、包覆、控制材料形貌和杂质含量等手段来综合提高性能，其关键是提高正极材料的比容量或电压。总之，我们认为虽然目前锂离子电池的容量提高受到了正极材料的制约，但正极材料的研究与比容量提高还未到尽头。通过电池体系其他领域的发展和突破某些瓶颈，锂离子电池正极材料的比容量和比能量完全有可能得到大幅提高。

1.3 负 极 材 料

锂离子电池负极材料同样是电池的重要组成部分，且锂离子电池的成功商业化，也起始于石油焦负极材料的出现。欲提高电池的能量密度，除了提高正极的比容量，还可以提高负极的比容量，而负极的比容量可提升一个数量级，因此选择适当的负极材料对锂离子电池各项性能有着关键的影响。优秀的负极材料应当满足以下几个条件：①必须包含原子序数较低的元素或由其组成的化合物，具有较低的密度，单位体积可以容纳大量的 Li^+，具有较大、较稳定的可逆质量比容量和体积比容量；②负极材料的氧化还原电位与锂越近越好，这样当一种负极材料与一种 4V 的正极材料组成电池时，其整体工作电压只会略低于 4V；③在电解液中不溶解并且不与电解液中其他组分发生化学反应，在首次充放电过程中能与电解液形成稳定的固体电解质界面(solid electrolyte interface，SEI)膜；④是良好的电子导体和锂离子导体(混合传导)，这样传导就会有更小的阻抗；⑤成本较低、合成工艺简单、对环境友好等。

锂离子电池负极材料首先得到人们应用的就是金属锂，由于锂密度小，有很高的理论比容量(3860mA·h/g)及最负的电极电势(-3.04V)，使锂在一段时期内成为理想的负极材料。但电解液与锂反应，在表面形成锂膜，导致锂枝晶生长，且循环寿命短，易引起电池内部短路和爆炸，因而很少使用。锂离子电池被商业化之后，对负极材料的研究主要分为碳材料和非碳材料，再细分为以下几种：石墨化碳材料、无定型碳材料、硅基材料、锡基材料、金属化合物(氮化物、硫化物、氧化物等)、新型合金材料及其他材料。按照电化学反应机理可将以上材料分为三类。

(1)插层机制:这类化合物必须是结晶态(有利于 Li^+ 的嵌脱),主体化合物可以表现出一种或多种稳定价态,进而允许有效的循环。遵循插层机制的一般有碳基材料(如石墨等)、钛基材料(TiO_2、$Li_4Ti_5O_{12}$ 等)和正交晶系的 Nb_2O_5。该类材料通过一维通道或二维平面来传输 Li^+,提供了快速的 Li^+ 嵌入反应动力学,并且能够缓冲体积变化进而保持结构的完整性。但由于有限的活性位点,这种材料只能提供较低的比容量。

(2)合金机制:包括 Si、Sn、Ge、Sb 等及其氧化物,这些材料通过在低电位[$\leqslant 1V(vs. Li^+/Li)$]下发生的合金反应来提高 Li^+ 的储存和循环性能,因此被认为是最有前景的负极材料。实际上,这些氧化物在金属锂存在下首先被还原为单质,进而与锂形成合金。该类负极材料因其丰富的来源、高的理论比容量和较低的成本得到极大关注,但循环过程中较大的体积变化及起始较大的不可逆比容量导致快速衰减,循环性能差。

(3)转换机制:主要是一些金属化合物储锂的过程,在锂化过程中锂会将金属还原到零价态,进而释放高的比容量。尽管这些材料在一定的循环内能提供较高的比容量,但它们受大的电压滞后影响,导致较差的能量效率。以上一些负极材料除本身固有性质外,材料的尺寸和形貌也会影响电池性能。将材料的尺寸减小到纳米级,可以改善锂离子的扩散速率,增大电解液与电极材料间的接触面积,进而提高性能。但由于大的体积变化和严重的团聚等现象,极大地影响了它们的倍率和循环稳定性,使纳米负极材料距离实际应用还有一段距离。

在锂离子电池商业化至今的几十年中,尽管数千种以上的负极材料获得了研究,但能够最终获得商业应用的负极材料种类实际上非常少。目前,商业化电池的负极材料仍主要使用石墨类碳材料,也是由于这种材料是能同时满足以上条件的综合性能最好的材料,用途最广泛。本部分将对一些不同类型的负极材料从结构、性能、改性等方面进行介绍。

1.3.1　碳基负极材料

碳是自然界中一种神奇的元素,存在多种同素异形体,根据碳原子排列方式不同,性能也千差万别,如图 1.11 所示。在这些碳材料中,能应用在锂离子电池中充当负极材料的有石墨、无定形碳、碳纳米管、石墨烯、富勒烯和碳纳米纤维等。其中富勒烯(主要是 C_{60})结构稳定且硬度高,具有超导性、磁性等性能,应用广泛,还能可逆储锂,作锂离子电池的负极材料;但其比容量不高,且价格昂贵,在这方面研究比较少。碳纳米纤维材料也具有优良的大电流充放电性能,但生产工艺要求高,实用规模不大。因此,下面将主要介绍其他几类碳基负极材料。

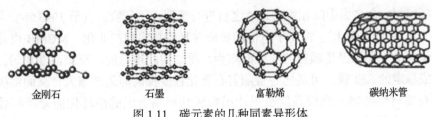

金刚石　　　　石墨　　　　富勒烯　　　　碳纳米管
图 1.11　碳元素的几种同素异形体

1. 石墨

石墨(graphite)是目前锂离子电池应用最多的负极材料,市售的锂离子电池使用石墨负极的占 3/4 以上。石墨存在两种晶体结构,一种是六方石墨,碳原子层以 ABAB 方式排列;另一种是菱形石墨,碳原子层以 ABCABC 方式排列;一般情况下,这两种结构是并存的。石墨晶体层间距为 0.3354nm,密度为 2.2g/cm^3,同层碳原子采取 sp^2 杂化形成共价键,通过共价键结合,层与层之间通过范德瓦耳斯力结合,嵌入的锂插在石墨层间可以形成不同的"阶"结构,这种结构可认为是相邻两个嵌入 Li$^+$的石墨层间所间隔的石墨层的个数,通过化学合成的方法,锂与石墨可以形成一系列的插层化合物,如 LiC$_6$、LiC$_9$、LiC$_{24}$ 等,通常称为石墨层间化合物,这种结构的研究早在 20 世纪 50 年代中期就开始了。按照 LiC$_6$比例计算,石墨具有 372mA·h/g 的理论比容量,低的电压平台[0.1~0.25V(vs. Li$^+$/Li),即与锂非常接近],还有导电性好、较小的体积膨胀(约 10%)等优点。

石墨可以分为天然石墨、人造石墨和改性石墨。从锂离子电池负极材料产量上看,人造石墨(约 38%)与天然石墨(约 59%)负极材料占据了锂离子电池负极材料全球市场的 97%左右。天然石墨主要来源于自然界中的石墨,没有经过后处理的碳含量高达 99%以上,有无定形石墨和鳞片石墨两种。无定形石墨纯度较低,主要是六方结构,石墨化程度也低,可逆比容量仅在 260mA·h/g 左右。而鳞片石墨纯度较高,是六方和菱形并存的结构,结晶性较好,含碳量在 99%以上的鳞片石墨可逆比容量可达 350mA·h/g,鳞片石墨的电化学性能也相对较好。但天然石墨作为电极材料在电解液中存在共嵌现象,结构不稳定,在充放电的过程中易脱落,造成循环性差;由于 SEI 成膜不稳定,会引发电解液分解、碳结构破坏,导致不可逆比容量变高。人造石墨主要是以提炼石油的副产物石油焦作为原料,在氮气氛中进行高温锻烧得到。与天然石墨相比,具有更好的电化学性能但生产成本较高。典型的人造石墨有中间相炭微球(mesocarbon microbead, MCMB)、焦炭、石墨纤维等,它们在 2800℃以上的温度下可以完全被石墨化成非晶结构的碳材料。其中 MCMB 是一种重要的人造石墨材料,最早出现可以追溯到 20 世纪 60年代,研究人员在研究煤焦化沥青中发现一些光学各向异性的小球体,这些小球体就被认为是 MCMB 的雏形。1973 年,Yamada 等从中间相沥青中制备出微米级球形碳材料，命名为中间相炭微球，之后进行了深入的研究。直至 1993 年，大阪煤气公司将 MCMB 用于锂离子电池的负极并且成功实现产业化。MCMB 电化学性能优越的主要原因是颗粒的外表面均为石墨结构的边缘面，反应活性均匀，易于形成稳定的 SEI 膜，可逆比容量随着石墨化程度提高而逐渐增大，从而解决了普通石墨材料各向异性较高使石墨片层膨胀和崩塌造成的循环性能差等问题。MCMB 的制造成本相对较高，研究人员一般通过化学改性、包覆、与合金复合等手段进行改性以降低负极材料成本，也可以优化其性能。而气相沉积石墨纤维是一种管状中空结构，起始比容量达 $320\text{mA} \cdot \text{h/g}$，首次充放电效率在 93%，且倍率性能好，循环稳定性高；但制备工艺复杂，成本较高，不适合工业化。

改性石墨主要是指人们采用一些化学或物理的手段对石墨进行改性处理，使其结构和形貌发生了一些改变，来提高材料的循环性能和比容量。例如，在石墨表面氧化、包覆聚合物再热解等，以此来提高结构稳定性，进而提升了材料的电化学性能。采用石墨材料的锂离子电池主要应用领域为便携式电子产品，改性石墨现已开始在动力电池与储能电池中应用。

2. 无定形碳

由于制备无定形碳需要的温度不高，因此没有彻底的石墨化，所得到的碳由石墨微晶和无定形区构成。一般来说，无定形碳主要是由小分子有机化合物催化裂解制备的，包括直接热解聚合物材料和低温处理碳前驱体等方法。无定形碳主要分为软碳和硬碳(软碳的有序度较高)。与石墨不同的是，软碳和硬碳的结晶度低，片层结构没有石墨规整有序，如图 1.12 所示。软碳即易石墨化碳，在 2500℃以上的高温情况能石墨化的无定形碳，常见的软碳主要有石油焦、碳纤维、针状焦等，SONY 公司在 1991 年推出第一代锂离子电池负极材料就是石油焦。软碳主要成分有 3 种：无定形结构碳、湍层无序结构碳和石墨化碳，处理温度不同可得到不同的成分。软碳材料结晶度低，晶粒尺寸小，与电解液相容性好，耐过充、过放性能良好，循环性能较好，且首次放电容量较高，但结构不稳定导致不可逆容量也高。其充放电电位曲线上无平台，在 $0 \sim 1.2\text{V}$ 范围内呈斜坡式，造成对锂电位较高，电池端电压较低，限制了电池的能量密度。由于插入 Li^+ 时，碳质材料

石墨　　　　　　　　　　软碳　　　　　　　　　　硬碳

图 1.12　石墨、软碳和硬碳的简易结构模型[21]

会发生体积膨胀，因而会缩减电池寿命。不过软碳成本较低，若通过一系列手段进行改性，其循环性可能有大幅度提升，可能会在未来应用于电动汽车等方面。

硬碳(高分子聚合物热分解的碳)则在高温(2500℃)条件下难以或者不可以转化为石墨化碳。常见的硬碳主要有树脂碳(酚醛树脂、环氧树脂等)、有机聚合物热解碳(聚乙烯醇、聚丙烯腈等)和炭黑(乙炔黑)。SONY 公司在 1991 年首次用聚糠醇树脂(PFA)热解得到的硬碳作为负极材料使用。硬碳的比容量一般都可以超过理论值 372mA·h/g，硬碳在 0~1.5V (vs. Li^+/Li) 有比较高的比容量(200~600mA·h/g)，电压平台曲线由两部分组成：一部分为斜坡，电压范围在 0.1~1.0V，比容量为 150~250mA·h/g；另一部分为平台，这个平台表现的比容量为 100~400mA·h/g。虽然硬碳材料具有很多优点，如循环性能好、比容量高等特点。但是首次效率过低、电位滞后、低电位储锂的倍率性能较差等缺点都影响了硬碳的应用。尽管如此，硬碳材料的高可逆比容量还是促使许多汽车制造商和电池公司着重研究硬碳在电动汽车上的应用，例如，Honda(本田)公司采用硬碳为负极材料推出混合动力汽车(hybrid electric vehicle，HEV)。Fey 等[22]用稻壳热裂法得到的硬碳负极材料具有相当高的比容量，其可逆比容量达 1055mA·h/g。

无定形碳材料一般比石墨微晶小 2~3 个数量级，并且材料中存在大量的纳米级微孔。然而，其本身晶体结构程序化相对较低和不规整的结构使 Li^+ 在嵌脱过程中易发生极化现象；且无较明显的电压平台，可逆比容量损失大，库仑效率较低，循环稳定性差。现研究一般通过包覆、掺杂等多种手段来改善无定形碳的性能，以期能成为下一代锂离子电池负极材料。

3. 碳纳米管

长期以来，人们认为碳晶体形式只有金刚石和石墨两种。直到 1985 年 Kroto 等发现了富勒烯，即 C_{60} 的存在，改变了这种观念。随着对 C_{60} 研究的不断深入，1991 年，日本科学家 Sumio Lijima 在用石墨电弧法制备观察富勒烯产物时，发现了碳的另一种晶体——碳纳米管(carbon nanotube，CNT)。1992 年 Ebbesn 等在实验室发展出可规模化合成碳纳米管方法，自此拉开了全世界合成碳纳米管的序幕。这是一种主要由碳六边形(弯曲处和末端为碳五边形和碳七边形)组成的单层或多层纳米级管状材料，具有非常高的强度(理论上是钢的 100 多倍，碳纤维的 20 多倍)，还具有很强的韧性、硬度和导电能力。因此，自发现以来尤其是 2005 年 Lee 又发现碳纳米管具有较好的储锂性能，吸引了来自世界各地的、各个领域的科学家极大的关注，并取得了很多重要成果。

碳纳米管中碳原子以 sp^2 杂化成键为主，六角形网格结构微弱地弯曲形成了空间拓扑结构，导致一定数量的碳原子以 sp^3 杂化成键。碳纳米管晶体结构为密排六方，在同一层碳管上原子间有更强的键合力和极高同轴向性。碳纳米管可以看成是石墨层状结构弯曲成的一维无壁缝的中空型管道，它有着微米级的长度，几纳米至几十纳米的管径，末端的五元环和七元坏组成的"端帽"可用浓硝酸处理打开。碳纳米管种类多样，分类方法也不尽相同；一般按照石墨片层数不同分为单壁碳纳米管(SWCNT)和多壁碳纳米管(MWCNT)两种类型(图1.13)。碳纳米管的制备方式有电弧法、化学气相沉积法(CVD)、激光蒸发法、模板法等；通常合成的碳管粗产物中有较多杂质，在使用前可采用酸浸或酸煮进行净化处理，之后可用蒸馏水清洗。与其他碳材料相比，碳纳米管一维结构具有轴向电荷传输通道可以提高材料的导电性、较大的比表面积和中空结构可以使碳纳米管与电解液充分接触、中空结构还可以缓解某些活性材料的体积膨胀效应，且理论比容量比石墨大(在1000mA·h/g左右)，使其得到了广泛的研究与应用。

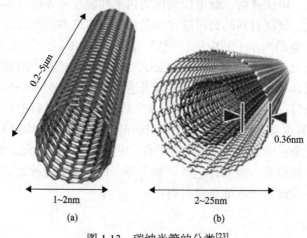

图 1.13　碳纳米管的分类[23]
(a)单壁碳纳米管；(b)多壁碳纳米管

单壁碳纳米管仅由一层石墨片卷曲而成，多壁碳纳米管是由多层石墨片共轴卷曲而成，每层保持固定的间距，约为0.36nm，便于Li^+的嵌脱，而且管与管之间能够储存一部分Li^+，极大地提高了其比容量。但相对来说，多壁碳纳米管的结构较为复杂，生长过程中产生的缺陷较多，具有不确定性，而单壁碳纳米管的直径范围分布窄，其表面缺陷比多壁碳纳米管少，均一性更好，可以被看成较理想的一维材料；不过Li^+在单壁碳纳米管中嵌脱，Li^+上的部分电荷会转移至碳管上形成双电层，导致可逆比容量降低，可以说是各有优势。为了提高电池的容量和循环寿命，碳纳米管在后续研究中一般会通过对自身氧化产生更多缺陷改进或者与其他活性物质(如金属及其氧化物、硅等)复合使用。作为复合材料的支撑物，碳纳米管还具有很多材料所不具备的优点：①密度低，长径比较大，极低的掺杂量都可使复合材料的性能显著提高，其长度为微米级，对复合材料的加工性能几乎无影响；②碳纳米管可单根存在，也可聚集成束，通过分子间作用力相互形成网络结构，作为支撑材料或填充材料，若一根碳管失效对复合材料性能几乎无影响；③碳纳米管表层含有很多活性基团，有很高的化学活性，可以与负载材料之间形成稳定的化学键，使碳纳米管复合材料稳定性提高；④碳纳米管可弯曲，开口后管内可以填充材料，这种结构适合制备不同功能的材料，如力学性能、导电性能和热稳定性等都能通过改变碳纳米管和前驱体的参数进行控制，合成出我们所需要的材料。碳纳米管与一些金属及其氧化物复合主要分为两种类型，一是金属负载到碳纳米管表面，二是金属纳米粒子填充到管内；Wang 等[24]通过静电作用、层层自组装和水热方法，得到 Co_3O_4 包覆的碳纳米管，之后以单纯的 Co_3O_4 和 CNT 及 CNT-Co_3O_4 复合材料作对比，发现 CNT-Co_3O_4 复合材料首次放电比容量达到 $1250mA \cdot h/g$，循环 100 次以后比容量还保持在 $530mA \cdot h/g$。基于碳纳米管的材料表现出很多令人满意的结果，而且由于碳纳米管可以制成薄膜，作为微型电池的负极材料还是很有吸引力的。不过碳纳米管的量产和成本限制了它们在电池上的应用，仍需进一步完善。

4. 石墨烯

石墨烯(graphene)的概念很早以前便被提出，由于科技支撑和理论上的欠缺，人们无法相信其真实存在。直到 2004 年，科学家 Geim 和 Novoselov 采用机械剥离法制备出了石墨烯及其他一些元素的二维晶体，并借此获得了 2010 年诺贝尔物理学奖。相较于石墨，石墨烯是六边形蜂窝单层碳原子以 sp^2 杂化成键，仅沿着二维分布的单层碳原子排列，层厚约 0.335nm，在每个石墨烯晶格内，有 3 个连接十分牢固的 σ 键，垂直于晶面方向上还存在着 π 键，对石墨烯的导电发挥了很大的作用。此外，石墨烯来源广，价格低廉，预示在未来的应用中，石墨烯将更优于碳纳米管。这种特殊的二维结构，使石墨烯在力学、机械强度、电子传输等方面表现出许多优异性能。它也可以作为其他各种碳材料的基本结构单元，如图 1.14 所示，可以通过团聚形成零维的富勒烯，通过卷曲形成一维的碳纳米管，也可堆垛成三维的石墨结构。关于石墨烯的制备方法，大体上来说，可分为物理方法和化学方法。物理方法通常是先把石墨原料进行处理，然后用微机械剥离或在液相、气相情况下剥离，制备出单层或多层的石墨烯。化学方法类似晶体生长，用苯环或其他芳香烃作晶核，脱氢处理后使其芳香环循环变大，逐渐生长成石墨烯片，但过程较为复杂，也不能合成较大平面结构的石墨烯。除机械剥离法之外，人们还发现了晶体外延生长、化学气相沉积和氧化还原等方法，这些方法有的也适合大规模制备高纯度、高质量的石墨烯。

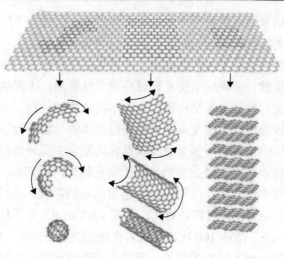

图 1.14　石墨烯及其构建的碳材料的基本单元[25]

从左至右依次为富勒烯、碳纳米管和石墨

　　与石墨材料相比，石墨烯具有更多的储存 Li^+ 空间，电池的能量密度更高(在 800～1000mA·h/g)，粒径为微米级和纳米级，离子扩散路径很短，有利于提高电池的倍率性能和循环稳定性。同时也有不足之处：大量生成 SEI 膜，消耗锂源，并且降低了首次充放电的库仑效率；在 0～3V 电压范围内，电池持续充放电，没有平坦的充放电平台，降低了电池效率；嵌脱过程存在不可逆的堆叠团聚现象，容量持续下降，石墨烯与电解液润湿性较差。因此可以通过尺寸调控、掺杂、表面修饰或与活性材料复合等方式进行改善。目前，研究的热点主要集中在聚合物/石墨烯复合材料和无机物/石墨烯这两个方面。Zhu 等[26]通过层层自组装在氧化石墨烯表面包覆了一层 $Fe(OH)_3$，而后在水合肼存在下进行微波处理，得到 Fe_2O_3 包覆的还原石墨烯。此复合物在 100mA/g 的电流密度下，循环 50 次后比容量依然维持在 1027mA·h/g，高于其理论比容量。在石墨烯中引入少量的杂原子(如 N、B、S 等)，可以改变其局域电子结构，进而呈现出截然不同的物理化学特性。Zhou 等[27]以 2,5-二巯基-1,3,4-噻二唑(DMTD)单体聚合物作为氮源和硫源，来制备氮硫双掺杂石墨烯片。电化学测试表明氮硫双掺杂石墨烯片材料在 1A/g 的电流密度下，经 5000 次充放电循环后，比容量仍能维持在 211mA·h/g，并且库仑效率基本保持在 100%。与无定形碳和碳纳米管相比，石墨烯的复合可以更大程度地增加材料的导电性和稳定性。但是石墨烯价格昂贵一直阻碍了其商业化的脚步。

　　除此之外，碳材料作为锂离子电池负极材料的还有三维的多孔碳及其改性复合材料，如大介孔碳、MCM-41、CMK-3 等，本书将不再介绍。

1.3.2　非碳基负极材料

1. 锡基负极材料

目前商业化石墨负极材料已然不能满足现有的一些需求，如移动通信终端使用增多、电动汽车续航里程增加等，因此对锂离子电池的容量提出了更高的要求。20 世纪 60 年代，人们开始进行各种化学元素与锂形成合金的研究。1971 年，Dey 发现锂可以在室温下与很多元素（Ca、Mg、Sn、Al、Pt、Au、Zn 等）形成合金，但形成合金过程会导致电极材料完全瓦解和电子传导能力丧失，使锂在充放电过程出现反复嵌脱现象，最终会降低材料的机械强度，导致循环性能降低。因此，在之后的研究中，许多非碳材料及其改性也引起了人们的广泛关注。1995 年，FUJI（富士）公司提出了无定形 Sn 基复合负极材料，该材料显示了较好的循环性，后期研究发现相对于直接的 Sn 合金，循环性改善的主要原因是纳米尺寸的 Li_xSn 产物分散在无定形的惰性氧化物介质中。虽然无定形 Sn 基合金因循环性、倍率特性离实际应用还有差距而没有获得实际应用，但这一发现实际上为后期高比容量 Sn 基合金负极材料的结构设计提供了重要的参考依据。直到 2005 年，日本 SONY 公司首次实现了具有高比容量 SnCoC 合金负极材料的产业化，也是合金类负极材料中首个产业化的材料。2011 年，SONY 公司再次宣布开发了使用 Sn 基非晶材料作电池负极的 3.5A·h 高容量锂离子电池"Nexelion"。与其他金属元素相比，锡基负极可以和锂形成 $LiSn$、Li_2Sn_5、$Li_{22}Sn_5$、Li_7Sn_3 等多种合金进行储存 Li^+。从 1mol Sn 基负极材料最大储存 Li^+ 数为 4.4mol 可以计算出理论比容量约 994mA·h/g，远高于碳负极；而且锡价格较低、合成工艺简单、来源广泛。但锡基材料有较大的不可逆容量损失，在充放电过程中，体积膨胀很大，容量衰减过快。当前，锡基材料研究主要包括金属锡单质、锡基合金、锡的氧化物及硫化物。

为了解决单质锡的应用，不仅需要设计锡的纳米结构，而且还需要设计更为复杂的锡碳复合材料。碳材料的引入可以很好地限制锡的体积膨胀、增加电导率和保护锡基材料免受各种工作环境的损失。Xu 等[28]将小锡球包裹在一个大碳球内，在嵌脱过程就可以缓解循环过程中的体积膨胀。以 200mA/g 电流进行充放电首次放电比容量在 1000mA·h/g 左右，循环至 130 次比容量一直维持在 700mA·h/g 左右。锡也可以与其他材料复合，包括 TiO_2 和导电聚合物，不仅可以防止锡的聚集，还可以当"缓冲支架"。锡合金是锡基材料中有较高理论容量和快速充放电倍率的材料，有铜-锡、镍-锡、锑-锡等合金。现已开发出的优异的合金负极材料循环寿命长达 300 多次，可逆比容量在 500～700mA·h/g，这些合金材料每次的容量衰减率低至 0.07%。近年来，研究者发现可以采用如下方法来改善锡合金负极的循环性能：通过多相材料复合、设计多孔结构、减小活性物质颗粒尺寸和设计空心纳米结构等。

纳米结构的 SnO_2 具有高的理论比容量（782mA·h/g）和低电位，且合成成本低、来源丰富，被认为是石墨负极的潜在替代品。然而研究发现，SnO_2 作为锂离子电池负极材料有两点非常严重的缺陷：①嵌脱过程会发生严重的体积膨胀，导致电极粉化并失去电接触，最终导致活性材料失效，容量衰减；②由于 SnO_2 会反应生成 Sn，这种不可逆的化学反应导致首次嵌锂产生很大的不可逆容量损失。为了解决这些问题，人们合成了各种独特的纳米结构氧化锡材料，如 SnO_2 纳米线和纳米球，或者制造多孔或空心结构的 SnO_2。然而单纯的纳米结构或多孔结构材料似乎不能完全解决上述问题，特别是长期循环和高倍率下，SnO_2 纳米材料会发生团聚现象，且本身的导电性也不好。近年来，研究者通过制备纳米 SnO_2 复合材料使这些问题加以改善。目前，研究 SnO_2 复合材料的种类主要有碳复合材料、石墨烯复合材料、金属氧化物复合材料及其他种类的复合材料。例如，Wang 等[29]通过使用天然纤维素物质作为支架和碳源，成功合成了一系列 Ag 纳米颗粒/SnO_2/碳的复合材料。结果表明，当 Ag 质量分数为 24.5%、电流密度为 100mA/g 时，120 次循环后可逆比容量达 690mA·h/g。Tian 等[30]通过自组装的 SnO_2 纳米颗粒制备了独特的蛋黄状 $SnO_2@TiO_2$ 纳米球结构，外部的 TiO_2 壳和内部空隙空间协同效应不仅可以缓冲 SnO_2 体积变化，还能防止 SnO_2 团聚，其中介孔也有助于改善电化学性能。结果表明，在高电流密度 2A/g 下，可逆比容量达 472.7mA·h/g，最多可循环 800 次。SnS_2 也是一种很有前途的材料，大的表面积和其晶体结构有利于 Li^+ 重复地嵌脱，且没有明显的容量损失，不过仍然存在体积膨胀等问题，改性方法和 SnO_2 类似。

2. 硅基负极材料

早在 20 世纪 70 年代发展 Li/FeS_2 高温熔融盐锂热电池时，就开始采用 Li-Si 合金来替代金属锂作为负极材料。锂与硅可以形成 $Li_{12}Si_7$、Li_2Si、$Li_{15}Si_4$ 和 $Li_{22}Si_5$ 等锂硅合金，每个硅原子可以与 4.4 个锂原子相结合形成 $Li_{22}Si_5$ 合金，其理论比容量高达 4200mA·h/g（是所有负极材料中最高的）；电压平台也低（约 0.4V），在嵌入 Li^+ 过程中不会发生表面析出 Li^+ 的现象，因此安全性较高。除此之外，硅元素也是地壳中资源第二丰富的元素，成本较低且环保。因此硅基材料被考虑作为下一代高能量密度锂离子电池负极材料。目前商业石墨中已经开始掺入少量的硅，来达到提高比容量的目的。然而，为了使硅基负极可以商业化，需要解决一些问题。充放电过程会引起硅体积最大膨胀为自身体积的 300%～400%，这会引起材料的粉化，导致材料失活，造成电极循环性能急剧下降；还存在 SEI 膜不稳定和导电性差等缺点，极大地限制了其实际应用。从基础研究到工业应用，研究者主要通过设计含硅壳的纳米结构（如核壳和蛋黄壳结构）和硅/石墨复合材料等策略，来解决硅基负极的问题。

对硅材料改性首先考虑纳米化,其主要意义:首先,颗粒尺寸减小意味着离子传输距离缩短,极化减小;其次,小尺寸颗粒有助于释放硅负极嵌脱 Li^+ 过程中产生的应力,抑制裂纹的产生。Wen 等[31]使用棒状的 NiN_2H_4 作为模板,之后以硅酸四乙酯水解法包覆一层 SiO_2,最后镁热还原得到 Si 纳米管。电化学测试表明,在 0.5C 倍率下循环 90 次以后比容量依然维持在 $1000mA\cdot h/g$ 左右,2C 倍率下放电比容量依然可以维持在 $800mA\cdot h/g$,可见该硅纳米管有较好的储锂性能。还可以通过碳包覆来提升硅负极材料颗粒间的电接触,减小极化,提升电池倍率性能。较完整的碳包覆还能减小与电解液直接接触的概率,抑制 SEI 的过度生长,稳定界面,防止纳米硅团聚等。除了纯纳米硅材料以外,氧化亚硅(SiO_x, $0<x<2$)也是一种极具有应用前景的硅基负极材料。相比之下,其具有更小的体积膨胀和更好的循环稳定性,然而较低的首次库仑效率是制约其应用的最大挑战。SiO_x 的结构目前还存在一定的争议,但大多数报道认为它是一种硅纳米粒子($2\sim5nm$)弥散分布在无定型二氧化硅之中的结构。SiO_x 的电化学性能主要受氧含量 x 调控,x 越大,比容量越低,但循环性能越好;规模化生产 SiO_x 受热力学平衡限制,x 一般为 1。SiO 首次嵌锂产生的不可逆硅酸锂虽然导致较低的首次库仑效率,但有助于缓冲材料的体积变化,提升循环稳定性。前面介绍的纳米化和碳包覆两种策略在 SiO 体系中同样可以应用。

正如前所述,硅是行业内公认的下一代锂离子电池负极材料,目前硅负极实用化主要有三种策略:碳包覆氧化亚硅、纳米硅碳和无定型硅合金。其中碳包覆氧化亚硅体积膨胀相对较小,循环寿命较好,但首次循环的库仑效率较低且倍率性能较差。纳米硅碳则首次循环的库仑效率相对较高,但循环寿命较差,目前主要用于对体积变形不太敏感的钢壳电池中。无定型硅合金首次循环的库仑效率较低,且制备成本较高,一直未获得应用。还有一些与硅类似的具有较高比容量的材料也被广泛研究,如锗基材料、锑基材料、铝基材料等。但大多数该类材料并未实现产业化,这是因为它们在嵌脱过程中其巨大的体积变化导致裂纹、粉化,从而导致电极性能迅速失效,不断暴露的新鲜表面与电解液接触将会持续产生不稳定的 SEI 膜,这是该类材料的普遍现象。因此实际材料的设计需要兼顾优缺点,在动力学与稳定性之间找到平衡点才可能实现大规模的产业化。

3. 金属锂负极

如前所述,金属锂负极具有极高的比容量、极低的密度和最负的电势,被认为是最有希望的下一代高能量密度型电池的负极材料。然而,在反复充放电过程中,锂负极会出现严重的粉化和枝晶生长,造成安全隐患,极大地降低了电池的性能,缩短了使用寿命,这些问题阻碍了其商业化应用。但是,作为一种具有很高潜在能量密度的负极材料,科研人员从来没有停止过对金属锂的研究。要想有针对地进行改性，首先要弄清楚问题的根本所在。目前科学界公认的大致有以下三个问题。

(1) 金属锂高的反应活性造成界面阻抗增加，导致充放电循环过程中锂的利用率较低。由于锂非常活泼，几乎可与所有的有机溶液、电解质盐及添加剂发生反应生成不溶锂化物 (主要是 LiF、Li_2CO_3、Li_2O 等)，这些不溶锂化物在锂表面沉积形成 SEI 膜。正是这层 SEI 膜的存在，阻碍了锂与电解液的进一步接触反应，保证了金属锂的化学稳定性。但若存在过厚的 SEI 膜会造成电池体系阻抗增加，不利于电子在电极表面传输。因为锂枝晶的持续生长会对 SEI 膜造成破坏，导致金属锂裸露在电解液中，使其与电解质不断反应生成新的 SEI 膜，从而会出现 SEI 膜过厚与耗损锂的现象；同时也会造成锂表面电位分布更加不均匀，导致电极表面锂的不均匀沉积和溶解，从而不断形成锂枝晶和"死锂"。

(2) 锂枝晶的形成和"死锂"的积累。金属锂的溶解沉积过程主要包括液相传质和电子交换步骤。液相传质方式实际上属于一种对流扩散，在电极表面不同地方，传质速度和流量并不相同，这就造成了单位时间内传输到锂电极表面不同部位的 Li^+ 量不同，导致锂电极表面不同部位的电流密度和反应速度不同。在电流密度较大的区域，锂的沉积速度快，呈现突出生长，之后会进一步增大到该区域的离子传质流量，造成更严重的突出生长，其顶端生长速度明显大于径向生长，呈现枝晶状 (图 1.15)。放电时，锂从阳极表面失去电子发生剥离，部分尖端或者节点处的针状锂最先失去电子发生溶解，造成尖端的锂脱离基体与电极分离，从而产生"死锂"(图 1.16)。"死锂"的形成和积累会使活性锂质量减少和电池体系阻抗急增，导致库仑效率下降。

(3) 无限的体积膨胀。锂在负极上沉积然后再剥离至电解质，在这一过程中，锂的体积变化近乎无穷大。这种巨大的体积变化会导致 SEI 膜的破裂，裸露的金属锂与电解质不断反应生成新的 SEI 膜，同样也会加剧活性物质损失和降低库仑

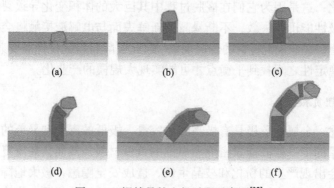

图 1.15　锂枝晶的生长过程示意图[32]

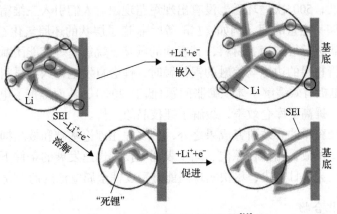

图 1.16　"死锂"形成示意图[33]

效率，使整个电池系统变得不稳定。对于锂枝晶生长机制的研究已近五十年，有扩散模型、SEI 模型、电荷诱导模型、薄膜生长模型、异相成核模型等。但目前还没有某一种模型可以完整地解释锂枝晶形成的机制，也正因为这些模型的存在，为抑制锂枝晶的生长指引了方向。

　　针对以上金属锂存在的问题，人们主要是通过缓解锂枝晶的生长和维持电极结构稳定等方面进行改性。可通过对电解液加工，加入某些添加剂在锂表面分解或者聚合，修饰 SEI 膜，维持电解液的稳定；或者采用固体电解质也可缓解电解液带来的锂枝晶生长等问题。还能对 SEI 界面进行设计，为了避免 SEI 膜不可控形成，可人为构造一层阻隔锂与电解液的人造 SEI 膜，并能在电解液中稳定存在，可有效抑制锂枝晶生长，从而保证整个电池系统的安全性和稳定性。目前人造 SEI 膜的制备方法主要有电化学、化学和物理预处理，采用在锂金属表面修饰一层具有离子导电的氧化物及硫化物对抑制锂枝晶有较好的效果。对锂负极结构本身进行结构改性也是一种有效的方法，其中对宿主材料研究较为广泛。理想的宿主材料需要具有良好的导电性、稳定的结构、均一的元素分布和足够大的空间，以此来阻止锂枝晶的形成。其中宿主设计大致分为导电性宿主和亲锂性宿主两类。导电性宿主具有高的电导率和大的比表面积，可以有效促进金属锂的均匀沉积，抑制枝晶生长。对集流体进行结构设计取得了一定的效果，由于传统的铜集流体是二维的，但锂在二维铜集流体上沉积时，倾向于形成不均匀的锂颗粒；通过将集流体设计成三维结构，能够有效增加电极比表面积，减小电流密度，缓解锂枝晶的生成。

　　常见的具有亲锂性的金属有 Au、Ag、Zn、Mg、Al、Pt 等，Yang 等[34]通过焦耳加热法合成纳米银颗粒，然后均匀分布在碳纤维上，引导锂金属在三维碳骨架上沉积，有效地解决了锂枝晶问题。纳米银颗粒作为晶种有效地降低了锂金属的成核过电位，在电化学测试中，表现出较低的成核过电位(约为 25mV)和较好的循环稳定性；500 次循环后，没有出现短路现象。人们引入三维宿主材料是想在其中预存储一定量的锂，例如，Lin 等[35]报道了层状的还原氧化石墨烯(rGO)薄膜作为金属锂负极的宿主材料，其表面的羧基、烷氧基等官能团赋予了材料亲锂的特性。将材料的边缘与熔融的锂接触时，锂会自发地进入到材料的夹层中。该 Li-rGO 电极有效缓解了体积膨胀问题(低于 20%)，从而维持了电极表面 SEI 膜的稳定性，提高了库仑效率，缓解了锂枝晶的生长。

除了已经获得的有效研究成果之外，金属锂在理论基础和枝晶抑制方法方面还存在着许多挑战，相信在原位、同步表征等技术迅速发展的条件下，锂枝晶的相关问题一定会早日解决，尽快实现高能量密度锂金属电池的商业化。

4. 金属化合物

金属化合物作负极材料的一般有金属氧化物、氮化物、硫化物和磷化物，且以过渡金属居多。它们的氧化还原反应有多个电子参与，因此基于这些物质的负极材料可逆比容量可达 1000mA·h/g 左右。自 2000 年 Tarascon 等在 *Nature* 上发表了一篇纳米过渡金属氧化物作锂离子电池负极材料后，金属氧化物负极材料逐渐引起人们的关注。但是由于过渡金属氧化物首次库仑效率低，倍率性能较差，循环稳定性较差，限制了其商业化应用。目前会采取以下几个方面改性来提高储锂性能：①将其制备成特殊的形貌，如空心、多孔或核壳结构等；将其与其他金属结合，形成二元或多元金属氧化物纳米材料；②与其他材料如石墨烯等碳材料进行复合，形成碳负载的复合材料。复合纳米材料可以提高活性物质的导电性，抑制活性物质充放电过程中的体积膨胀。

过渡金属硫化物是无机材料的另一重要组成部分，可作为各种能量系统的优良电极材料。近十年来，具有独特物理和化学性质不同形貌和结构的金属硫化物，被大量开发作为锂离子电池负极材料。过渡金属硫化物由于其高比容量而引起了极大的关注。例如，镍和钴的硫化物(NiS_x、CoS_x)比容量是其对应物氧化物的两倍。这是由于与过渡金属氧化物相比，材料具有较低电负性可以提高其性能。然而它们在循环过程中也存在不可忽略的体积膨胀问题，阻碍了其作为电极材料的应用。通过与金属氧化物类似的改性方法，可以对性能有所改善。由于四硫化钒(VS_4)有良好的承受体积膨胀的能力，有利于保持材料结构的稳定且高硫含量使材料具有较高的理论比容量。张学政等[36]采用简单的溶剂热法以甲醇为溶剂制备了高结晶度 VS_4 负极材料，结果表明，在 0.6A/g 电流密度下经过 1000 次循环后，该材料的放电比容量高达 $280mA·h/g$，库仑效率一直未低于 99%，有望应用至实际生产。

过渡金属氮化物因其低而平的充放电电位平台、高度可逆的反应特性与比容量大等特点，也引起研究者的广泛关注。锂过渡金属氮化物的化学式主要有 Li_3N

结构的 $Li_{3-x}M_xN$（M=Mn、Cu、Ni、Co 等）和类萤石结构的 $Li_{2n-1}MN_n$（M=Sc、Ti、V 等）。此外，过渡金属氮化物的高熔点和卓越的电化学惰性，有利于其作为电极材料在潮湿和腐蚀性的环境中稳定工作。不过大多数过渡金属氮化物还是会在充放电过程中有较大的体积变化，从而导致活性成分随着循环的进行发生团聚、开裂和剥落，大大降低锂离子电池的性能。黑磷具有高的理论比容量和低的氧化还原电位等优势，是理想的负极材料。但磷负极材料电子传导性差和循环过程中体积膨胀问题限制了其实际应用。为了解决这一问题，近年来，各种金属磷化物（如 Sn-P 磷化物、Ni-P 磷化物、Cu-P 磷化物等）及其复合材料也被作为潜在的电极材料被广泛地研究。

双金属化合物由于两种不同金属元素间的协同作用，使其导电性更好，因而受到广泛关注，其中研究较多的是双金属氧化物和双金属硫化物。双金属氧化物具有多重氧化态和更丰富的氧化还原活性位点，与单金属氧化物相比，双金属氧化物具有更为优异的电化学性能。以锡酸盐的充放电过程为例，当 Li^+ 与锡酸盐反应时，能产生额外的金属氧化物，可充当缓冲体积膨胀的基底。这种氧化物拥有复杂的化学组成，能与更多的锂合金化，因而具有较高的可逆比容量。常用于研究的双金属氧化物有 $NiCo_2O_4$、$MnCo_2O_4$、$CoMoO_4$ 等，其中钼酸盐类（$XMoO_4$，X=Mn、Fe、Co、Ni）材料具有高比表面能和多活性位点等优势，且在许多不同金属钼酸盐的组分之间具有协同作用，同时金属钼酸盐还能缩短离子扩散路径，增加电极/电解液接触角。另外，其在电极反应中具有两种不同的价态，能够延长放电时间；因此被认为是锂离子电池负极材料不错的候选者。金属锡酸盐近年来也备受关注；Zhao 等[37]用简单共沉淀法合成了 $ZnSn(OH)_6$ 立方体，再通过碱液刻蚀和后续的锻烧过程合成了空心 Zn_2SnO_4 立方体，其在 300mA/g 的电流密度下循环 45 次后，比容量为 $540mA \cdot h/g$，表现出稳定的循环性能和较高的倍率性能。与双金属氧化物相比，双金属硫化物具有低的禁带能、高的比容量、优异的导电性。Wang 等[38]采用一步合成法在泡沫镍上生长出 2～3nm 厚的超薄 $NiCo_2S_4$ 纳米片，在 200mA/g 电流密度下，首次循环的库仑效率为 88.2%；经过 50 次循环后，其可逆比容量为 $1386mA \cdot h/g$，电化学性能良好。不过目前来看，这一大类负极材料的循环稳定性还无法与石墨材料相比，如何改善和提高这类材料的性能，并使其更趋于实用化已成为当前该类材料研究领域的热点和难点。

5. 其他负极材料

自 2004 年石墨烯横空出世以来，磷烯、锡烯、二硫化钼等具有独特物理和化学性质的二维材料不断出现。2011 年，科学家发现了一种新型二维结构材料——MXenes 材料。它具有比表面积大、储存 Li^+ 容量较高、循环和倍率性能优异、组分灵活可调、最小纳米层厚可控等优势，在锂离子电池中的应用研究也受到了广泛关注。MXenes 材料是一种新型过渡金属碳化物、氮化物或碳氮化物二维纳米材料的统称，纯 MXenes 材料在现实中无法存在，多以表面携带 —O—、—OH 以及—F 端基官能团的形式存在。MXenes 材料在水中及乙醇、丙酮等有机溶剂中都可以形成稳定的溶液，有较好的加工性，不仅如此，MXenes 材料还可以与其他活性材料复合，加快电子传输和锂离子扩散，还能抑制活性材料充放电过程中体积膨胀造成的物料粉碎现象，具有协同效应，表现出优异的电化学性能。MXenes 材料主要是通过刻蚀工艺去除 MAX 陶瓷的中间相得到的，一般采用酸液（常用氢氟酸）刻蚀方法，也有利用碱液刻蚀得到具有较好电化学性能的 MXenes。MAX 是 $M_{n+1}AX_n$（n=1、2 或 3）的缩写，其中 M 为过渡金属，A 为ⅢA 或ⅣA 主族元素，X 为碳或氮元素的一种或两种。MAX 陶瓷属六方晶系，其结构可以看成是二维过渡金属碳化物、氮化物或碳氮化物片层通过 A 相元素"黏合"起来，具有共价键/金属键/离子键的混合特征，结构非常稳定。

大多数 MXenes 材料在锂离子电池中开路电压在 1V 以下，因此一般作为负极材料应用，也有作为正极材料、电解质材料等其他锂离子电池组分的报道，在此不做赘述。值得一提的是，大部分纯 MXenes 材料表现出的实际比容量略低于石墨的实际比容量 372mA·h/g，但 MXenes 复合材料表现出的电化学性能显著优于石墨。Luo 等[39]使用聚乙烯吡咯烷酮辅助液相浸渍法制备了 Sn^{4+} 修饰的 Ti_3C_2 纳米材料，将其用作锂离子电池负极，在 100mA/g 电流密度下循环 50 次，表现出 635mA·h/g 的超高比容量，远高于石墨。即使在 3A/g 的高电流密度下充放电，仍然保持 233mA·h/g 的比容量。虽然 MXenes 材料的理论比容量和初始效率较低，但 MXenes 复合材料具有优良的电子性能，在高倍率锂离子电池上显示出了巨大的应用前景，为高性能锂离子电池关键技术的突破带来了新希望。

近年来出现的金属-有机骨架（metal organic frameworks, MOFs）材料由于具有多孔、大的比表面积和结构可控的优点，发展极为迅速，已在气体吸附、催化和电化学等领域得到了广泛的应用研究。MOFs 及其衍生物的金属中心和有机配体都具有较好的电荷负载能力，不仅有利于 Li^+ 的迁移提高容量，而且可保证锂离子电池循环过程中的性能更为稳定。因此，MOFs 及其衍生物也是一种非常有潜力的锂离子电池负极材料，不过也有少部分 MOFs 及其衍生物能够作为正极材料使用，但性能有待提升。常见的 MOFs 主要有 MIL 系列、MOF 系列、ZIF 系列和普鲁士蓝系列。MIL（materials of institut lavoisier）系列是由 Ferey 研究组首次合成，这种材料最大特点就是骨架极具柔韧性，也最早被用作锂离子电池电极材料。Huang 等[40]将 Fe_2Ni MIL-88/Fe MIL-88 纳米棒退火后获得核壳结构的 $NiFe_2O_4$/Fe_2O_3 纳米管，100 次循环后还有高达 936.9mA·h/g 的比容量，并且库仑效率保持在 98%左右。MOF 系列是 Yaghi 等首次合成，此种材料稳定性良好，比表面积高，孔道结构规则；MOF 系列在锂离子电池负极的应用主要是以其为模板获得多孔金属氧化物，如较常用的 Co-MOF。

沸石咪唑盐框架（zeolitic imidazolate framework, ZIF）系列也常被用作前体来制备锂离子电池负极，该系列材料具有大的表面积、高的热稳定性和极好的化学稳定性；钴氧化物也可由 ZIF 系列材料获得。由于具有形貌规则、独特的稳定性和电催化活性等特点，普鲁士蓝及不同过渡金属形成的类普鲁士蓝结构衍生物修饰的电极也引起了高度的关注，尤其是合成双金属 MOFs 材料可表现出更好的电化学性能。但目前为止，其导电性、电化学性能、稳定性、合成路线复杂、产率低和成本高是限制 MOFs 类材料发展的最大瓶颈。还有一类多孔材料被应用在锂离子电池负极材料上——共价有机框架（covalent organic frameworks, COFs）材料，这是一类具有二维或三维结构的材料，因结构多样、质量轻、稳定性高及多功能性，其成为研究的热点。目前，针对 COFs 材料存在的诸如导电性差、能量密度低等问题，研究较多的是开发合适 COFs 材料或改进 COFs 材料本身结构与碳材料复合来达到电极材料的要求。不过 COFs 作为新储能材料的研究仍处于起步阶段，关注度不高。

与三维的 MOFs 材料不同，作为另一种无机-有机衍生物，金属有机簇（metal organic cluster, MOC）是零维、自支撑和分散的分子，其具有多于一个的金属中心与阴离子和外壳有机配体桥连。最终的复合材料可通过控制 MOC 的界面结构和物种来调节。褚衍婷[41]首次通过热解混合价的八核 Mn_8 簇制备了 $MnO@Mn_3O_4$ 核壳纳米颗粒嵌入氮掺杂的多孔碳骨架（标记为 $MnO@Mn_3O_4$/NPCFs），多于一个的 Mn 中心使 Mn_8 簇具有混合价态的特征，锰原子在分子尺度上均匀地分布在有机骨架中。该材料表现出较高的比容量、优异的倍率性能和长循环稳定性，同时解决了电极材料在充放电过程中的粉化、慢的离子/电子动力学、颗粒团聚等问题，为设计和构造下一代锂离子电池负极材料开辟了新的路径。

除以上介绍的一些负极材料之外，近年来不断发现许多材料被应用在锂离子电池负极上。不过由于在碳材料中插入锂元素的安全性能比较好，电极电位也较低，且循环效率也高，因此在电池商业应用中，碳材料仍然成为人类的第一选择。

1.4　电　解　质

1.4.1　简介

有"电池血液"之称的电解质是锂离子电池的重要组分之一，其在电池中承担着正负极之间传输电荷的作用，保证了内部电路的有效性，对电池的能量密度、循环效率、安全性能等起着至关重要的作用。作为传递电荷与传质过程中的介质，优良的电解质材料一般满足以下几点要求：离子电导率高，电化学窗口宽，热稳定性好，工作温度范围宽，化学稳定性好，安全低毒，环境友好，价格便宜等。由此可以看出，尽管两极材料决定了电池的能量密度与功率密度，但从某种意义上看，电解质对于锂离子电池的性能也有决定性作用。

目前，已商业化和在研的锂离子电池电解质主要有以下几种（按电解质存在状态分类），如图 1.17 所示。其中，常用的为有机液体电解质（为了表述方便，以下称为"电解液"），它是由高纯度的有机溶剂、锂盐、必要的添加剂等原料按照一定的比例配制而成。相比较而言，固体电解质更加安全可靠，但存在诸如离子电导率低、力学性能差和生产成本高等问题，短时间内难以解决，使其在推广应用方面存在不足。而聚合物电解质在室温以下也有离子电导率大幅降低等问题。因而，电解液仍为锂离子电池市场主要的电解质材料，且主要使用易挥发、易燃的碳酸酯系有机溶剂，这也是锂离子电池发生安全事故的主要原因之一。

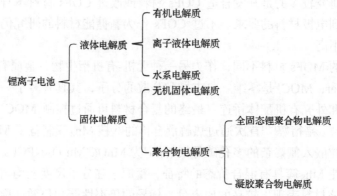

图 1.17　锂离子电池电解质分类

自 1991 年锂离子电池电解液开发成功，锂离子电池很快进入了电子信息产品市场，并且逐步占据主导地位。在电解液研究和生产方面，国际上从事锂离子电池专用电解液研制与开发的公司主要集中在日本、德国、韩国、美国等国家，其中以日本的电解液发展最快，市场份额最大。我国在该领域起步较晚，国内专利申请人对其投入的研发很少，申请量也低[42]。图 1.18 为中国电解液技术领域的专利申请量随年份变化的趋势图，从图中可以看出，我国专利申请量从 1997 年开始缓慢增长，到 2008 年出现第一个申请高峰，并在 2011 年首次超过了国外来华申请量，这表明国内申请人逐渐加强了对该领域的投入和研发，专利保护意识提高，也和国内良好的政策环境有关。

基于锂离子电池电解质的重要性与多样性，以及社会对它的研究日益深入，该部分后续内容将对以上几种电解质从各个方面进行介绍。

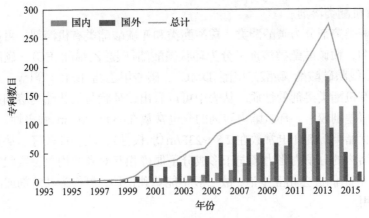

图 1.18　中国电解液专利申请趋势[43]

1.4.2　液体电解质

1. 电解液

经过几十年的研究和实践，锂离子电池电解液已基本成型。现如今，商品化电解液主要由一种或多种锂盐与少量添加剂溶解在两种及以上的有机溶剂中。使用多种溶剂的原因是实际电池中不同要求甚至相互矛盾的要求，只使用一种难以达到效果。下面将介绍电解液中有机溶剂和锂盐组分，一些功能性添加剂内容将在其他部分介绍，在此不做叙述。

1) 有机溶剂

由于锂离子电池具有较高的工作电压(一般在 3～4V)，而传统的以水为溶剂的电解液体系电池最高电压只有 2V 左右，故使用在高电压下不分解的有机溶剂。有机溶剂是电解液的主体部分，与电解液的性能密切相关。因此理想的有机溶剂在达到基本要求的前提下，还应满足几点要求：①可溶解足够多的锂盐来满足电池中锂离子浓度的需求；②流动性高；③闪点、燃点高等。对于锂离子电池来说，它的负极(如锂或石墨)有很强的还原性，而正极(如一些过渡金属氧化物)有很强的氧化性，所以不能选择那些拥有活泼质子的溶剂；要溶解足够多的锂盐就需要含有极性基团(如羰基、醚键、氰基等)的物质。目前，锂离子电池电解液一般使用极性非质子溶剂，有机非质子溶剂在电池的首次充电过程中与碳负极发生反应，形成覆盖在碳电极表面的钝化薄层，称为 SEI 膜。优良的 SEI 膜具有有机溶剂不溶性，允许 Li$^+$较自由地进出电极而溶剂分子却无法穿过，从而阻止了溶剂分子共插时对电极的破坏，大大提高了电极的循环寿命。经过大量研究尝试，筛选出一些有可行性的有机溶剂，主要是有机酯类和醚类。

（1）有机酯类溶剂。

有机酯类溶剂分为碳酸酯类、羧酸酯类和亚硫酸酯类有机溶剂。目前多采用碳酸酯系列，而碳酸酯类溶剂又分为环状碳酸酯[碳酸乙烯酯（EC）、碳酸丙烯酯（PC）等]、线状碳酸酯[碳酸二甲酯（DMC）、碳酸甲乙酯（EMC）等]等。表 1.3 是一些常见有机酯类溶剂的性质。从表中可以看出，环状与线状酯类溶剂的介电常数与黏度值差别较大，环状酯类溶剂的介电常数在 34～90F/m（强极性），且黏度较高；线状酯类溶剂介电常数在 2.8～23F/m（弱极性），流动性较好。从其结构来看，环状结构的分子内张力倾向于形成分子偶极相互对齐的构象，线状结构更加"开放"，分子偶极会相互抵消，故一般不能单独使用，可作为共溶剂或配合其他碳酸酯使用。

表 1.3　常见有机酯类溶剂性质[44]

结构分类	名称	熔点/℃	沸点/℃	闪点/℃	25℃时的部分性质		
					黏度 η/(mPa·s)	介电常数 ε/(F/m)	密度 ρ/(g/cm³)
环状	碳酸乙烯酯（EC）	36.4	248	160	1.9（40℃）	89.78	1.321
	碳酸丙烯酯（PC）	−48.8	242	132	2.53	64.92	1.200
	碳酸丁烯酯（BC）	−53	240		3.2	53	—
	γ-丁内酯（γ-BL）	−43.5	204	97	1.73	39	1.199
	γ-戊内酯（γ-VL）	−31	208	81	2.0	34	1.057
	环丁砜（SL）	28.45	287.3	166	10.29	43.3	1.261
	亚硫酸乙烯酯（ES）	—	172	79	—	—	1.426
	N-甲基噁唑二烷酮（NMO）	15	270	110	2.5	78	1.17
线状	碳酸二甲酯（DMC）	4.6	91	18	0.59（20℃）	3.107	1.063
	碳酸二乙酯（DEC）	−74.3	126	31	0.75	2.805	0.969
	碳酸甲乙酯（EMC）	−53	110	25	0.65	2.958	1.006
	亚硫酸四甲酯（DMS）	−141	126	30	0.87	22.5	1.294
	乙酸乙酯（EA）	−84	77	−3	0.45	6.02	0.902
	丁酸甲酯（MB）	−84	102	11	0.6		0.898
	丁酸乙酯（EB）	−93	120	19	0.71		0.878

PC 由于其熔点低、沸点高、介电常数高和稳定性好等优点，在商业电池中使用较早。但其对石墨类碳的兼容性较差，难以在石墨类碳电极表面形成有效的 SEI 膜，易与 Li⁺共嵌入石墨层间，使石墨片层剥离，结构分解。同时锂的沉积不均会造成锂枝晶产生。看到 PC 带来的低循环效率和安全问题，研究者们开始对其他

碳酸酯进行探索，找到了比 PC 少一个甲基的 EC。相比较而言，EC 黏度略低于 PC，介电常数远高于 PC，甚至高于水，且热稳定性和安全性较高，符合理想的溶剂要求。但其熔点高(36.4℃)，低温条件下不易溶解，需与其他溶剂配合使用，如在 EC 中加入物质的量比为 1：1 的甲基乙烯酯(MA)，可以提高低温性能。与 PC 不同的还有，EC 可以在石墨负极上形成稳定的 SEI 膜，防止其他组分在负极上进一步分解。

环状碳酸酯由于普遍具有较高的黏度，因此常和低黏度、低熔点的线状碳酸酯(如 DMC、DEC)混合使用。但在同等条件下，EMC 或碳酸甲丙酯(MPC)可作为单一溶剂构成电解液体系，也具有优良的电化学性能。现今国内常用的电解液体系有 EC+DEC、EC+DMC、EC+DMC+DEC、EC+DMC+EMC 等。

在常温和低温条件下，羧酸酯类(γ-BL、EA、MB 等)作为溶剂时，电解液具有更低黏度和更小的表面张力，且线状羧酸酯凝固点低，可显著提高电解液的低温性能。Herreyre 等[45]通过添加 EA 制备了 EC/DMC/EA 溶剂体系，结果发现，室温下 144350 号电池的首次充放电效率达 92%，40℃下放电容量是室温的 81%，远大于传统 EC/DMC/DEC 溶剂体系。这是因为线状羧酸酯成膜性良好，可生成稳定的钝化膜，有效地阻止了溶剂的共嵌入，提高了电池在低温下的充放电效率和循环性能。相比于碳酸酯，羧酸酯作为锂离子电池电解液的溶剂时，电解液的液态温度范围更宽，但电池的高温循环性能和低温放电容量有所下降，因此一般作为添加剂使用，不会影响两极稳定性。

(2)醚类溶剂。

在 20 世纪 80 年代，醚类溶剂因其黏度小，离子电导率高，最重要的是循环过程中锂沉积的形貌更光滑等优点，受到了研究者们的关注和喜爱。常用的醚类溶剂有四氢呋喃(THF)、1,3-二氧环戊烷(DOL)、1,2-二甲氧乙烷(DME)、二甘醇二甲醚(DG)等，其中 DG 是醚类氧化稳定性较好的溶剂，对 Li$^+$有较强的络合配位能力。在这些醚类溶剂中，即使在大电流下锂枝晶的形成也被有效抑制，但醚类性质比较活泼，抗氧化性不好，基于醚类溶剂的电池容量衰减也很快，故不常作为电解液的主要成分，一般可作为碳酸酯的共溶剂或添加剂使用来提高电导率，有些醚(如 2-甲基四氢呋喃)还能提高电解液的低温和循环性能。

(3)其他有机溶剂。

近年来市场对锂离子电池的能量、功率密度和安全性提出了更高的要求，在开发两极材料的同时，还需要开发新型电解液来提高电池的性能。例如，在 PC 和 EC 的甲基或亚甲基位置上引入—Cl、—F 等官能团可得到一系列新型碳酸酯类溶剂。引入卤素原子使该溶剂熔点降低，闪点提高，有利于改善电解液低温和安全性能。日本研究人员发现，三氟代碳酸丙烯酯(TFPC)和氯代碳酸乙烯酯(ClEC)可以代替线状碳酸酯以获得较好的放电容量和循环寿命。二氟乙酸甲酯

(MFA)、二氟乙酸乙酯(EFA)等氟代酯溶剂与金属锂负极或 $Li_{0.5}CoO_2$ 正极共存时都具有较好的热稳定性。三菱化学和东京理工大学研究证明[46]，EFA 在与 EC 按等量比混合时，电池的循环特性得到大幅提升。有机氟化合物还是高电压条件下最有前途的电解质溶剂之一。由于氟原子具有较强的吸电子效应，氟化分子具有更高的氧化电位。Zhang 等[47]研究了不同氟化电解液在高压条件下的稳定性。结果表明，用氟代碳酸甲乙酯(FEMC)代替 EMC，用氟代烯丙基碳酸乙酯(FAEC)代替 EC，大大提高了电解液的电压极限。不过，氟代碳酸酯成本高是目前需要迫切解决的问题。

砜类化合物具有较宽的电化学窗口、高的介电常数，但存在黏度大、熔点高及与石墨兼容性差等问题。大部分砜类室温下为固体，只有与其他溶剂混合才能构成低黏度、低熔点的电解液。砜类溶剂一般具有非常高的稳定性和库仑效率，有利于提高电池的安全性和循环性。腈类溶剂通常具有较宽的电化学窗口、低黏度和高沸点等优良特性，此外，腈基化合物分解产物一般是羧化物、醛或相应的有机胺，使用过程中不会有剧毒的 CN^- 产生。然而腈类溶剂与石墨或金属锂等低脱锂电位的负极兼容性差，极易在负极表面发生聚合反应，生成的产物会阻止 Li^+ 的嵌脱，这也限制了腈类有机溶剂作为单一溶剂使用。后来发现砜类、腈类溶剂可作为耐高压添加剂添加进溶剂中使用，使电池的性能得到优化。蔡好[48]的研究表明，在 1mol/L $LiPF_6$-DMC：EC(体积比为 1：1)中加入 2%的环丁砜(SL)后电解液的电化学窗口不低于 4.6V，$LiNi_{1/3}Co_{1/3}Mn_{1/3}O_4/Li$ 电池的循环性能和充放电效率都得到了提高。腈类溶剂里，丁二腈(SN)的研究较多，在 1mol/L $LiPF_6$-EC：DEC(体积比为 1：1)体系中加入 1%的 SN 后，电解液的电化学窗口达 5.4V，且热稳定性也得到了提高；$Li_{1.2}Ni_{0.2}Mn_{0.6}O_2/Li$ 电池中，2～5.0V 电压范围内的充放电循环性能和容量保持率都得到了提高[49]。

除以上介绍的有机溶剂之外，还有部分硼类溶剂、芳香类溶剂等，但是这些溶剂一般多作为添加剂使用。总体来说，以上新型的有机溶剂都具有较宽的电化学窗口，但普遍存在与石墨负极兼容性等问题，其广泛使用还需要进一步研究。因此基于 EC 的混合溶剂电解液仍是目前广泛用作商品化锂离子电池的电解液溶剂，以碳酸酯类溶剂为主，通过加入不同类型添加剂，来满足锂离子电池的实际需要，提高电解液的综合性能。

2)锂盐

与大量的非质子溶剂可供选择相比，锂盐的选择范围非常有限。选择合适的锂盐需要考虑以下几个方面：①极性强，以促进其在有机溶剂中的溶解；②阴离子与 Li^+的结合能要小，晶格能越小，锂盐越容易离解；③阴离子基团质量不能过大，否则会影响电池的比能量；④阴离子参与反应形成的 SEI 膜阻抗要小，并能够对正极集流体实现有效的钝化，以阻止其溶解；⑤锂盐本身有较好的热稳定性和电化学稳定性；⑥可行的生产工艺及有竞争力的性价比，对环境友好。

目前实验室与工业生产中一般选择阴离子半径较大、氧化还原稳定的锂盐，锂盐又可分为无机锂盐和有机锂盐。常见的无机锂盐有六氟磷酸锂($LiPF_6$)、六氟砷酸锂($LiAsF_6$)、高氯酸锂($LiClO_4$)、四氟硼酸锂($LiBF_4$)等。但 $LiAsF_6$ 具有毒性且价格昂贵，$LiClO_4$ 具有较大的安全风险，$LiBF_4$ 电导率较低，因而都罕有使用。$LiPF_6$ 以其极高的离子电导率、优异的氧化稳定性和较低的环境污染性等优势，在多种锂盐中脱颖而出，并且最终商业化。与其他锂盐相比，$LiPF_6$ 的成功并不是单一性质最突出，但在以碳酸酯混合物为溶剂的电解液中，$LiPF_6$ 具有相对最优的综合性能。可是 $LiPF_6$ 也存在热稳定性较差、遇水易分解、价格贵等问题，难以满足高性能锂离子电池的需求。因此研究者们又发现了有机锂盐，这类盐的阴离子半径一般较大，电子离域化作用强，溶解度增大，有助于电池电化学和热稳定性的提高。有机锂盐可理解成在无机锂盐的基础上引入吸电子基团，通过调节和控制阴离子的结构而形成的。在研的有双氟磺酰亚胺锂(LiFSI)、双三氟甲基磺酰亚胺锂(LiTFSI)、二草酸硼酸锂(LiBOB)、二氟磷酸锂($LiPO_2F_2$)等新型锂盐，尤其是硼酸盐类，种类繁多且环境友好，是颇具发展前景的锂盐。虽然单一的锂盐具备一定的优良特性，但仍存在一些不可避免的缺点。例如，有机锂盐中的 LiFSI 和 LiTFSI 拥有良好的热稳定性和较高的电导率，但在高电位下严重腐蚀铝箔集流体(>3.6V)。因此，锂盐的混合使用同电解液一样，也成为一种必然趋势。将两种或两种以上不同性质、不同结构的锂盐混溶形成复合盐，以实现不同锂盐之间的优势互补，使这种复合锂盐具有一些单一锂盐所不具备的优异性能。Xiang 等[50]将 LiTFSI/LiBOB 电解液应用于 $LiNi_{0.8}Co_{0.15}Al_{0.05}O_2$ 电池，电流密度为 $1.5mA/cm^2$，放电比容量达 $131mA·h/g$，且 100 次后容量保留率保持在 80%以上。该多盐体系电解液电池性能优异的原因在于其成膜性能，在锂表面形成厚度较薄且电导率高的 SEI 膜。

到目前为止，业界虽然已经提出多种锂盐电解液，但都不能全面满足溶解性、离子电导性、对碳负极材料或集电体的适用性、安全性及成本等方面的要求。因此，预计在一定时期内人们仍将主要使用 $LiPF_6$，并通过对综合性能良好的碳酸酯系电解液进行改良，提高新型电解液的综合性能。

2. 离子液体电解质

离子液体(ILs)又称室温熔盐、液态有机盐等，是一种在室温或接近室温的条件下呈液态的离子化合物，一般认为是由有机阳离子与无机或有机阴离子组成。1914 年，第一个离子液体——硝酸乙基铵($C_2H_5NH_3NO_3$)被合成出来，到了 20 世纪 70~80 年代才对离子液体展开实质性的研究，人们称它为 21 世纪的溶剂和绿色溶剂。这种液体中，只有阴阳离子，没有中性分子。离子间作用力主要为库仑力。室温离子液体作为下一代锂离子电池的电解质，由于其不易挥发、不易燃、高电导率、高化学和电化学稳定性、宽的电化学稳定窗口等特性，还可以通过阴、阳离子的设计来调节离子液体的性能，因此离子液体又被称为"可设计溶剂"。离子液体这类与传统电解液完全不同的新型物质群，引起了学术界的广泛兴趣和产业界的高度关注。

离子液体数量和种类很多，按照阴、阳离子不同排列组合，可达 10^{18} 种之多。离子液体分类方法也不尽相同，可按照阴、阳离子不同分类，也可按照某一特定物质划分（如分为 $AlCl_3$ 型和非 $AlCl_3$ 型离子液体）。一般按照阳离子的不同来分类，可分为咪唑盐类、吡啶盐类、季铵盐类（包括哌啶类和吡咯类）、季磷盐类等，如图 1.19 所示。阴离子的种类也很多，如 BF_4^-、PF_6^-、NO_3^-、$CF_3SO_3^-$、$(CF_3SO_2)_2N^-$ 等，这些离子液体电解质在实验和理论上都得到了广泛的研究。

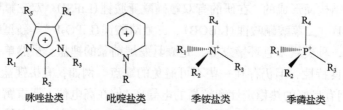

图 1.19　常见离子液体的阳离子结构示意图

目前，由于具有黏度小、蒸气压低、电导率高等特点，咪唑盐类离子液体成为锂离子电池中研究最广泛的一类离子液体。其中，1-甲基-3-乙基咪唑离子（EMI^+）成为咪唑基离子中最早开始研究的种类。早期 Fung 等[51]将 EMICl/AlCl₃/LiCl（1.0/1.2/0.15，物质的量比）形成的混合物用作 LiAl/LiCoO₂ 电池电解质，通过添加苯磺酰氯减少体系中 $Al_2Cl_7^-$，提高了电解质体系的化学稳定性和锂电极可逆性，使该电解质的电化学窗口达 4.85V，在电流密度为 1mA/cm² 时，库仑效率为 90%，放电比容量为 112mA·h/g。但这类离子液体的 2 号位上有一个酸性质子，在碳负极表面易发生还原反应而被分解，不仅使电解质自身性能下降，也会破坏碳材料的表面和内部结构，影响 Li⁺ 在碳负极中进行有效可逆的嵌脱锂循环。这类离子液体的阴极下限电位在 1V 左右，高于锂的还原电位，若采用锂金属负极，这类离子液体易发生还原分解，且该类离子液体分解后不能与锂负极表面形成具有保护性的钝化膜。

相比咪唑盐类离子液体，吡啶盐类与季铵盐类离子液体具有较好的电化学稳定性，抗还原能力强，金属锂能在其中进行有效的电化学沉积和溶出，正极材料在其中的充放电容量也较好。季磷盐类离子液体是季铵盐型的中心 N 被 P 原子取代，其电化学稳定性和季铵盐型离子液体类似。但这类离子液体黏度大，电导率不够高，对材料的浸润性也差，降低了电池的倍率性能和操作温度范围。使用碳负极材料时，该类离子液体在碳负极表面不能形成有效的 SEI 膜，也阻碍了 Li$^+$的嵌入，难以形成有效的嵌脱锂循环。

目前来看，离子液体的研究应用主要为两类：一是直接用作电解质或将物质本身结构改进优化，但纯离子液体比有机液体的黏度高得多，电导率、迁移率低，且成本高，故不常单用作电解质；二是将其与有机溶剂、聚合物等复合得到混合离子液体电解质体系。特别是后者，兼具了离子液体和其他电解质的优点，使电池的稳定性和安全性都得到进一步提高。

3. 水系电解质

从前面的介绍中可以看出，不同的液体电解质用于锂离子电池都有显著的优点，也存在一些重要的不足。例如，电解液的电化学窗口宽，对两极的兼容性好，但存在易燃、易渗漏、对体系中痕量水敏感等不足；离子液体电解质安全性能好，低污染，易回收，但对电极活性物质浸润性差、Li$^+$迁移率低、价格昂贵。于是，水系电解质再一次引起了电池研究者们的关注。地球上水资源储备丰富，并且成本低廉、完全无毒、排放"零污染"，可以真正满足人们对绿色环保的要求。水系电解质还具有高离子迁移率、高电导率、高安全性能、低成本等特点，更重要的是水系电解质由于工艺环境要求降低更容易大规模生产。因此，开发储量丰富、低成本、高安全性和循环稳定的水系可充电电池至关重要。1994 年，Li 等[52]在 *Science*上首次报道使用 $LiNO_3$ 水系电解质来构建水系可充电锂离子电池。但该体系循环性能较差，液态水的电化学稳定窗口（1.23V）较窄，限制了水系电解质的应用。这也暴露出水系电解质的缺陷：电化学窗口窄、电解质中质子活性大、水体系中残留氧的影响导致电极稳定性下降等问题。针对这些问题，有报道发现在高浓度水盐（water-in-salt: 21mol/L LiTFSI 水溶液）电解质中可获得高达 3V 的电化学窗口[1.9～4.9V（vs. Li$^+$/Li）]。与传统水系电解质相比，高浓度水盐电解质中每个离子溶剂化可用的水分子数量大幅度减少，而离子之间的相互作用反而增强，并且这种独特的物化性质使其在电解质/电极表面生成了类似 SEI 膜的一种钝化膜，这种电池在 4.5C 倍率下可循环 1000 次且库仑效率近 100%[53]。之后王春生课题组研究突破水系二次电池的电压极限，采用金属锂或石墨作为电池负极，在高浓度水盐电解质中获得了 4V 的稳定电压窗口，进一步提升了水系二次电池的能量密度[54]。这项发现使水系锂离子电池能量密度可达到有机锂离子电池的水平，但是一些典型的正负极材料在水系电解质中进行嵌脱 Li$^+$反应还是表现不出理想的可逆容量和循环性能。从这个意义上讲，寻找在水溶液中具有高容量和高循环性能的电极材料是制约水系电解质锂离子电池发展的瓶颈。尽管如此，水系电解质的发展前景仍然是令人看好的。

1.4.3 固体电解质

1. 无机固体电解质

锂离子电池电解质发展的另一个方向就是固体电解质的开发与应用。固体电解质是指具有离子导电性的固态晶体或熔盐，因其本身的晶体结构能够为离子提供一维隧道型、二维平面型、三维空间传导型的离子扩散通道，离子在扩散通道内自由迁移形成电流。固体电解质与液体电解质不同，固体电解质一般只有一种单一的离子迁移导电，这种迁移离子一般离子半径小，质量轻，所带电荷少，所以也称单离子导电。1834 年，Faraday 首次发现了第一种固体电解质 PbF_2，发现其电导率随温度的上升而增大的现象，之后该领域开始发展并取得了一些成就。理想的无机固体电解质应该满足以下条件：①较高的总(包括本体+晶界)Li^+电导率，在正负极活性材料之间的 Li^+ 迁移率接近 1.0；②电化学窗口较宽，高电压环境下的化学稳定性良好；③在电化学反应过程中与正负极保持惰性，在电极的固体接触面不发生额外的副反应；④与电极之间界面阻抗小；⑤制备成薄膜电极时经济性高、环境友好。

无机固体电解质种类繁多，分类方法各异。按导电性能来分，可分为一维锂离子导体、二维锂离子导体(Li_3N、$\beta-Al_2O_3$ 等)、三维锂离子导体(钠超离子 NASICON、$Li_9N_2Cl_3$ 等)。按晶体结构可分为晶体型电解质(石榴石型、钙钛矿型、NASICON 型等)、玻璃态非晶态电解质(硫化物玻璃 $Li_2S-P_2S_5$ 和氧化物玻璃 LiPON)和复合型电解质(如 Al_2O_3-LiI)。迄今被研究过的无机固体电解质体系很多，但性能好的材料较少。NASICON 型氧化物、石榴石型氧化物、硫化物体系等固体电解质在室温下具备高离子电导率，是最具有应用前景的三类锂离子固体电解质材料。硫化物固体电解质是由氧化物固体电解质衍生出来的，即氧被硫替代得到的。硫化物固体电解质研究对象主要有 $Li_2S-P_2S_5$ 基二元体系硫化物和 $Li_2S-P_2S_5-MeS_2$($Me=Si$、Ge、Sn 等)基三元体系硫化物。硫化物固体电解质具有较高的室温电导率，但材料的化学稳定性差、活化能高，使用过程中会与空气中的水反应产生 H_2S 有毒气体，成本偏高，难以实现工业化生产和应用。

NASICON(sodium superoion conductors)类型快离子导体是一类被广泛研究的固体电解质材料，1976 年，Goodenough 等[55]报道了 $Na_3Zr_2Si_2PO_{12}$ 的合成，该离子导体不仅可以传导钠，而且可以快速传导锂。这类化合物的分子式一般为 $M[A_2B_3O_{12}]$，其中 M、A、B 分别代表一价、四价和五价的阳离子，其骨架结构是由 AO_6 八面体

与 BO_4 四面体共同形成，属于 R3c 空间点群，结构如图 1.20 所示。在 NASICON 结构类型锂离子导电材料中，研究最多的是 $LiM_2(PO_4)_3$（M= Zr、Ti、Ge、Hf 等）材料，常见的主要有 Li_2O-Al_2O_3-TiO_2-P_2O_5（LATP）和 Li_2O-Al_2O_3-GeO_2-P_2O_5（LAGP）。两个体系相对而言，M 为 Ti 的体系在 NASICON 结构类型锂离子导体中具有最佳的离子导电通道尺寸，离子电导率相对更高。我国中国科学院宁波材料技术与工程研究所在 NASICON 结构固体电解质材料的制备和研究方面也取得了不错的进展，已经实现了第三代（G3）的 $Li_{1.5}Al_{0.5}Ge_{1.5}(PO_4)_3$ 基微晶材料的百公斤级生产，其量化制备的材料室温总离子电导率可以达到 6.21×10^{-4}S/cm，一致性良好。图 1.21 为三代 $Li_{1.5}Al_{0.5}Ge_{1.5}(PO_4)_3$ 基微晶材料的扫描电镜（SEM）图，可以看出，G3 材料晶粒形貌更加均一，孔洞结构逐渐减少，表现出更加优异的形貌特征。理想的石榴石结构 $A_3B_2(XO_4)_3$（A=Ca、Mg、Y、La 或其他稀有元素；B=Al、Fe、Ga、Ge、Mn 等；X=Si、Ge、Al），其中 A、B、C 分别是 8、6、4 配位的阳离子。

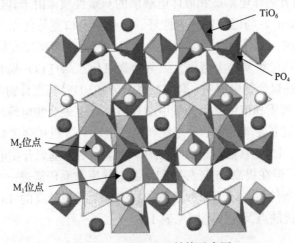

图 1.20　NASICON 结构示意图

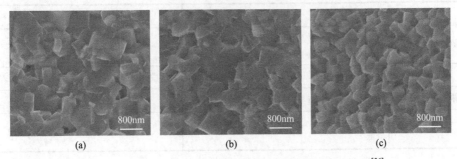

图 1.21　三代 $Li_{1.5}Al_{0.5}Ge_{1.5}(PO_4)_3$ 基微晶材料扫描电镜图[56]

(a)第一代；(b)第二代；(c)第三代

该类电解质具有离子电导率高、电子电导率低、化学稳定性好、与电极材料相容性良好、电化学分解电压较高和工作温度范围较宽等特点，也是目前无机固体电解质研究的一个热点。但是无机固体电解质材料也存在着室温离子电导率和高稳定性的矛盾，即高离子电导率的硫化物固体电解质材料空气稳定性不足，而稳定性良好的氧化物固体电解质材料其室温离子电导率又存在着瓶颈。针对上述问题，主要采取掺杂和固体电解质表面修饰等方法，拓宽其在未来的全固态电池领域的应用。

　　2. 聚合物电解质

　　聚合物电解质一般分为凝胶型聚合物电解质(gel polymer electrolyte，GPE)和全固态聚合物电解质(solid polymer electrolyte，SPE)。SPE 的电导率较低(通常在室温下为 10^{-8}S/cm)，不能满足实际应用要求。1975 年，Feullade 等首次研究了固体 GPE。GPE 具有固体电解质和液体电解质的双重性质。由于其热稳定性好、电导率高($>10^{-4}$S/cm)、与电极的相容性好、电化学窗口宽等优点，受到了研究者的广泛关注。同时，固体聚合物电解质的加工性能好，可实现商品化生产。

　　凝胶型聚合物电解质的类型可大致分为聚氧化乙烯(PEO)基聚合物电解质、聚丙烯腈(PAN)基聚合物电解质、聚偏二氟乙烯(PVDF)基聚合物电解质、聚乙烯(PE)基聚合物电解质和聚甲基丙烯酸甲酯(PMMA)基聚合物电解质等。原则上，聚合物固体电解质需要满足化学稳定性和热稳定性好、机械强度高、与电极材料之间的相容性好、Li^+迁移数接近 1 等要求。虽然 PEO 基聚合物电解质的研究取得了一定的进展，但在提高 Li^+迁移数和室温电导率方面仍需进一步研究。在保证一定机械强度的条件下，以下四种思路和方法有望获得较高的 Li^+迁移数和电导率。各个方法的优缺点及应用范围见表 1.4。

表 1.4　聚合物电解质改良方法及优缺点[57]

改良方法	优点	缺点
添加纳米粒子	成本较低，安全性高，电导率和力学性能二者兼顾提高	电导率未达到商用要求
添加增塑剂	成本低，合成简单，电导率大幅提高	力学性能下降，组分间相容性、稳定性变差
添加离子液体	可提高电导率，有较好的稳定性	力学性能下降，价格较贵
嵌段共聚	兼顾电导率和离子迁移数的提高，力学性能未降低	合成过程复杂，电导率未达到商用要求

　　现今，为了提升电池的性能，使其具有特殊的功能，更多的电解质材料被开发。例如，结合固体和液体电解质的优势，开发利用固液混合电解质来解决锂离

子电池安全性问题。事实上，电解质材料体系的革新为锂离子电池多元化做出了实质性的贡献，不同电解质的锂离子电池具有不同的电化学性能，并用以满足各种生产和生活实践。因此，电解质与两极材料同样都是锂离子电池的关键材料。

1.5 隔膜及其他添加剂

1.5.1 隔膜

隔膜在锂离子电池中扮演着极为关键的角色，电池的安全性能是否良好、寿命长短等与隔膜有很大的相关性。隔膜作为隔离层可以完全将两极隔离，避免电池短路，隔膜还应具有高的离子渗透性即离子传导能力，使离子能够在电池两极之间自由移动，实现锂离子电池的充放电。除此之外，还应根据各个体系的特点，对所用隔膜提出适宜的要求。然而，至今也没有一种能够堪称"完美"的隔膜，能够完全满足电池电化学体系以及几何尺寸的要求。

1. 隔膜的分类

隔膜的材质是不导电的，且电池种类不同，采用的隔膜也不同，性能要求也不一样。例如，锌锰干电池隔膜材料采用牛皮纸，目的是吸附电解液；镍镉电池为了电解液保持优良性能采用尼龙毡或维尼纶无纺布材料；我们常用的铅酸电池，对隔膜的要求首要就是耐酸。而对于锂离子电池系列，其电解液大多是有机溶剂体系，因此需要耐有机溶剂的隔膜材料，一般采用有高强度和薄膜化特点的聚烯烃多孔膜。制造隔膜的材料有天然或合成的高分子材料、无机材料等。电池用隔膜一般分类如图 1.22 所示。商品化的锂离子电池隔膜材料仍主要采用聚乙烯(PE)和聚丙烯(PP)微孔膜。

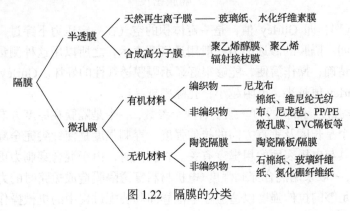

图 1.22 隔膜的分类

2. 隔膜的性能

好的隔膜除了具备隔离正负极防止短路、吸附电化学反应所必需的电解液的作用外，还能避免对电池有害的物质在正负极间来回迁移，同时能在电池出现异常的时候终止反应，确保电池的安全性。隔膜应有的基本特性可归纳为如下几点：①电绝缘性好；②对电解质离子有好的透过性，能有效阻止两极间粒子、胶体或可溶物的迁移，电阻小；③有良好的力学性能和结构稳定性，对电解质、杂质、两极反应物及其产物有化学稳定性和电化学稳定性；④易被电解质浸润；⑤有足够的物理强度，厚度尽量小。

影响隔膜性能的主要有外观、厚度、电阻、抗拉强度、孔径、孔率、吸液率、耐腐蚀能力、胀缩率等。一般情况下，隔膜主要有 6 个方面的性能参数。

(1)孔径大小及分布：对任何电池来说，隔膜都应具有均一的微孔分布，以避免由于电流密度不均匀而导致电池性能下降。通常来说，现生产的隔膜厚度在 25μm 或者更薄，亚微米尺寸的孔径对于防止锂离子电池内部两极间短路是很关键的。一般隔膜中的孔不是一个恒定直径的球形，它们的形状和尺寸通常是变化的，孔的大小可以用电子显微镜观察，并根据不同孔径数量制作孔径分布。测试时常用压汞法测定孔径大小，使用压汞仪迫使汞通过这些孔，用汞的量来测量孔的体积和尺寸。商业化隔膜孔径一般在 0.03～0.05nm。

(2)孔隙率：孔隙率对于高渗透率和电解质的储液性很重要。人们期望得到高均一的孔隙率，这样不会阻碍离子的迁移。隔膜的孔隙率被定义为孔的体积与隔膜体积的比值，不一定能反映材料真实的孔隙率，但具有一定的参考性。孔隙率一般在 35%～70%的范围，计算公式如下：

$$孔隙率 = 1 - \frac{样品质量 / 样品体积}{隔膜密度} \times 100\%$$

(3)透气率：即 Gurley 值，是一定体积的空气在一定压力下穿过一定面积的隔膜所用时间。隔膜的渗透能力一般用透气率表示，之所以用这种测量方法是因为测量非常精确，操作简便，能够很好显示隔膜透气性的好坏。Gurley 值与电阻成正比：Gurley 值越小，电阻越小，孔隙率越高。

(4)力学强度：隔膜的力学强度有两个参数，一个是隔膜在厚度方向上的穿刺强度，另一个是长度及垂直方向的拉伸强度。穿刺强度是使针尖完全穿透隔膜所需要的力，其与电极表面的粗糙度有关。在测试时，由于混合穿刺力更接近于颗粒的穿刺力，一般采用混合穿刺强度(电极材料穿透隔膜造成短路时的力)来评估。隔膜应具备足够的拉伸强度以适应在电池卷曲和装配过程中的机械操作，且保持尺寸稳定和不收缩，所以在实际制造过程中，隔膜在纵向上的拉伸强度应高于横向上的拉伸强度。

(5)自动关闭机理(阻断特性):一种安全保护性能,也就是说在一定温度时,电池内的组分会反应放热,当温度接近聚合物熔点时,微孔闭合产生自关闭现象,多孔的离子传导通道变成无孔的绝缘层。此时,电池内阻明显变大,电流通道被阻断,可防止过热而引起的爆炸现象。当然,在电池发生外部短路或过充电情况下,此时隔膜的阻断特性能够起到保护作用;但若电池内部短路或两极相互接触时,隔膜几乎没什么作用,仅仅是延缓电池的失效。内部短路时,温度升高过快,隔膜的阻断行为显得相对慢了起来,不足以控制升温速度。

(6)热稳定性:隔膜在闭孔后,应该保持一个相对的完整性,以免电池短路,这样才可以保证电池在高温环境下避免热失控。需要说明的是,闭孔温度与材料本身的熔点密切相关,不同的微结构对温度也有一定的影响。对于锂离子电池而言,人们期望隔膜在200℃以上仍具有热稳定性;相对于单层的 PE 隔膜,对于应用在电动汽车上较大型电池来说,三层隔膜外层的 PP 层有助于保持隔膜在较高温度下的完整性、稳定性。

3. 隔膜的生产工艺

锂离子电池隔膜的诸多特性对其生产工艺提出了特殊的要求,包括原材料配方、微孔制备技术、成套设备自主设计等工艺。其中,微孔制备技术是锂离子电池隔膜制备工艺的核心,其主要分为干法单向拉伸、干法双向拉伸、湿法工艺和其他方法。国外干法单向拉伸技术工艺主要由美国 Celgard 公司研发和掌握,日本宇部向美国 Celgard 公司购买了部分该项技术,经过多年发展,该技术在美国和日本已非常成熟。国内干法单向拉伸技术由深圳市星源材质科技股份有限公司2008 年自主研发成功并取得了相应的专利技术,干法双向拉伸技术是我国中国科学院化学研究所自主开发的工艺,湿法工艺技术最早是由日本旭化成提出的。还有其他的生产工艺,如相分离法、铸造法及静电纺丝法等。相分离法又称相转化法,该法制备的聚合物膜不需经过拉伸就可形成丰富的孔洞结构(细胞状孔、海绵状孔等)。铸造法的制备工艺与所需设备较简单,常用的聚合物基体材料有聚氧化乙烯(PEO)、聚丙烯腈(PAN)、聚甲基丙烯酸甲酯(PMMA)等。静电纺丝可用来制备纳米级的纤维无纺布膜,所制备的无纺布膜具有孔洞结构丰富、孔隙率高、比表面积大、润湿性强等优点。静电纺丝法还可以通过简单地更换喷射头,制备出具有中空结构的中空纤维纳米膜及具有核壳结构的纳米纤维膜,进一步增加膜的比表面积及润湿性。下面将主要介绍干法和湿法两种生产工艺。

1)干法工艺

干法工艺又称熔融拉伸法,包括干法单向拉伸和干法双向拉伸(β 晶体法)。干法就是将聚烯烃树脂熔融、挤压、吹膜制成结晶性聚合物薄膜,经过结晶化处理、退火后，得到高度取向的多层结构，在高温下进一步拉伸，将结晶界面进行剥离，形成多孔结构，可以增加薄膜的孔径。主要用于生产 PP 微孔膜。而干法单向拉伸是根据晶片分离的原理，将聚烯烃挤出、流延制备出特殊结晶排列的高取向膜，在低温下进行拉伸诱发缺陷，高温下拉伸使微孔扩大，定型后形成高晶度的微孔膜。干法双向拉伸是我国中国科学院化学研究所首先研发出来的。他们将 β 晶型改进剂加入 PP 中，产生 β 晶后，进行拉伸，使产生的缺陷变为微孔，得到微孔膜。二者工艺的特点比较见表 1.5。

表 1.5　两种干法工艺特点

工艺方式	工艺原理	方法特点	产品特点
单向拉伸	晶片拉伸	设备复杂，精度要求高，投资大，工艺烦琐，控制难度高，环境友好	微孔分布均匀，透气性好，产品横向热收缩差，能生产出不同厚度的产品，能生产 PP/PE 产品和三层复合产品
双向拉伸	晶型转换	设备复杂，投资较大，一般需成孔剂、晶型改进剂等添加剂辅助成孔	微孔尺寸均一，分布均匀，透气性更好，稳定性差。现只能生产出较厚规格的 PP 膜

2) 湿法工艺

湿法又称热致相分离法或相分离法，将液态烃或一些小分子物质与聚烯烃树脂混合，加热熔融后，形成均匀的混合物体系，降温使体系发生相分离并成膜，然后加热进行双向拉伸形成分子链的取向，最后保温一定时间，用易挥发物质洗脱残留的溶剂，萃取后得到微孔膜材料。该类薄膜的孔径多为亚微米级，并且孔与孔之间相互贯通。该法主要用于生产 PE 微孔膜。与干法相比，湿法制备的隔膜产品较薄、微孔尺寸小、分布均匀，穿刺强度与拉伸强度都挺高，但该法只适用于单层聚烯烃膜的制备，且有机溶剂的使用会增加膜的成本和污染性。从表 1.6 来看，对现阶段的成本和技术考虑，一段时间内国内还是以干法工艺为主。但随着设备和技术的投入，湿法工艺或将成为未来的主要生产方法。

表 1.6　干湿法工艺比较

		干法工艺	湿法工艺
工艺	工序	简单	复杂
	固定资产	相对低	高
	工艺控制	难度高	难度较低
原料	PP	可以	不可以
	PE	可以	可以
	原料特性	流动性好、分子量低	不流动、分子量高

续表

		干法工艺	湿法工艺
产品性能	成本	低	高
	孔径	较大	亚微米级
	热关闭温度	低（135℃左右）	高（180℃左右）
	安全性	低	高
	单层膜	可以	可以
	三层膜	可以	不可以
	适用范围	小功率、低容量电池	大功率、高容量电池
	环保	友好	污染

4. 隔膜材料的发展与前景

1) 聚烯烃及其复合材料隔膜

当前的锂离子电池大多采用聚烯烃微孔膜，一方面聚乙烯、聚丙烯等聚烯烃材料成本低，另一方面力学性能出色且化学性质稳定也使聚烯烃材料成为锂离子电池隔膜材料的较优选择。近年来，科技的迅猛发展推动锂离子电池在性能、成本、环保等方面都有大幅度提升，但在原材料方面，聚烯烃材料仍然是隔膜的主流选择。聚烯烃的热力学性能有明显的局限性，在一定温度下会熔融流动，温度的升高可能导致孔隙发生改变，从而无法隔离离子，造成电池内部短路。目前，可通过涂覆、接枝、喷涂等方法对聚烯烃膜进行改性来提高膜的热力学性能及亲液性能，进而提高隔膜使用的安全性。Yan 等[58]提出了一种过渡金属氧化物（TMOs）颗粒包覆多孔聚丙烯的策略，通过原位形成人工 SEI 层来调节锂沉积行为。由于 TMOs 在电解液中的溶解度很低，并且溶解的 TMOs 可以还原生成 Li_2O 和 Mn 颗粒，这些颗粒不仅起到锂成核的种子作用，且参与了 SEI 层的形成。TMOs 的持续存在确保了人工 SEI 层一旦被锂体积膨胀破坏，就可以被重新修复。他们利用一种典型的 TMO-MnO 涂层，观察到了无枝晶双层 Li 沉积，显著提高了电池的循环寿命。俞书宏团队[59]通过在聚乙烯膜表面构建仿珍珠层涂层，有效地维持了冲击后隔膜内部孔结构，从而保证在充放电过程中具有均匀的锂离子流。相对于使用商业陶瓷隔膜的软包电池，采用仿珍珠层隔膜的软包电池在冲击时表现出较好的循环稳定性和高的安全性。还可以通过优化隔膜成型工艺条件以提高聚烯烃隔膜的整体性能。Wang 等[60]研发了多层复合隔膜技术，他们研发了 PP/PE 两层复合隔膜和 PP/PE/PP 三层复合隔膜等产品。这种方法使隔膜将聚乙烯韧性好、闭孔温度和熔断温度较低的特性与聚丙烯力学性能高、闭孔温度和熔断温度较高的特性有机结合起来，得到兼具较低的闭孔温度和较高的熔断温度的隔膜。它在遇到温度较高的情况下，能做到自行闭孔且不熔化，使隔膜的性能得到显著提高[61]。图 1.23 是由干法或湿法工艺制备得到的聚烯烃微孔膜微观结构图，可以看出，两种工艺制得的膜具有不同的表面形态、孔径及孔径分布。由于聚烯烃膜还存在润湿性较差、温度过高、隔膜会收缩或熔断，存在一定的安全隐患，今后的研究将更集中于如何对聚烯烃隔膜进行改性，提高其综合性能。

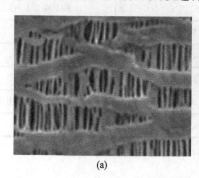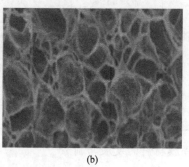

(a)　　　　　　　　　　　　　　　(b)

图 1.23　聚烯烃微孔膜微观结构[62]

(a)干法型；(b)湿法型

2) 聚酰亚胺及其复合材料隔膜

聚酰亚胺(PI)由于其特殊的分子链结构，在短时间内能够耐受 500℃的高温，可长期在 300℃的温度下进行使用，具有优异的耐热性能。此外，聚酰亚胺化学稳定性高，力学性能好，成为当下性能最好的隔膜类材料之一。聚酰亚胺相比聚烯烃隔膜具有极性基团，能够与锂离子电解液有较好的亲和性，具有成为更高端隔膜材料的潜力，受到广大研究者的关注。虽然聚酰亚胺隔膜具有常规聚烯烃类隔膜无法突破的耐高温局限性，但聚酰亚胺相比聚烯烃类成本更高，生产过程中需要更大的能耗，同时聚酰亚胺也体现出较差的溶解性，限制了其进一步的发展。如何降低成本，提高聚合物溶解性是现今研究的重点。

除此之外，新型的锂离子电池隔膜材料还有涂层处理的聚对苯二甲酸乙二酯(PET)膜、纤维素基膜、聚偏二氟乙烯(PVDF)膜、聚四氟乙烯(PTFE)膜、有机/无机复合涂层隔膜等，锂离子电池隔膜材料呈现出明显的多样化。汪勇课题组[63]设计了一种由高强度、亲电解液的聚砜(PSF)、亲 Li^+ 的聚乙二醇(PEG)通过强共价键连接的嵌段共聚物(SFEG)，进行选择性溶胀成孔，制备了高性能 SFEG 锂离子电池隔膜。该隔膜有效地集成了 PSF 和 PEG 的优点，赋予隔膜良好的浸润性和热稳定性，其性能优于传统聚丙烯隔膜(Celgard 2400)。

随着研究的进行，锂离子电池隔膜的种类在逐渐增多，生产工艺也在逐步完善。聚乙烯的熔点比较低、聚丙烯在加热条件下容易氧化、聚酰亚胺的价格又比较昂贵等各种因素制约着锂离子电池隔膜的发展，而且我们国内能达到生产高性能隔膜的厂家也很少，大多从国外进口。隔膜目前研究的发展大致有两个方向：一个是改进尺寸和结构，另一个是提高热稳定性。理想的隔膜首先是要尽可能地薄，不阻碍离子在电解液中的传输，表现出化学惰性。但不幸的是，现实并不存在这种理想的材质，而且没有一种隔膜可以满足所有电池的要求，未来的隔膜不仅需要好的绝缘性和机械透过性，还需要独特的电化学性能。因此，开发新的隔膜材料、提高隔膜的性能并降低隔膜的成本是隔膜发展的必经之路。

1.5.2 其他添加剂

除了以上介绍的主要部分之外，电池中的其他组分(如黏结剂、导电剂、具有某些功能性的电解液添加剂等)也是电池重要的组分，电池的整体性能也取决于这些组分的特性。

(1)黏结剂：锂离子电池电极黏结剂既起到活性材料层间的黏结作用，也用于活性材料层与集流体之间的黏结，还可以充当由 Li^+ 在电极嵌脱过程引起的活性物质膨胀和收缩的缓冲剂。黏结剂通常具有良好的电化学惰性，一般为高分子聚合物，常用的有聚乙烯醇(PVA)、羧甲基纤维素钠(CMC-Na)、聚四氟乙烯(PTFE)、聚偏二氟乙烯(PVDF)等。由于 PVDF 含氟量高、化学稳定性好且热稳定性良好、机械强度大等优势，PVDF 黏结剂在锂离子电池中被广泛应用，而且 PVDF 也是目前已知最稳定的黏结剂。在使用 PVDF 作为黏结剂时，需要使用可以溶解 PVDF 的有机溶剂，一般可分为活性溶剂、中间溶剂、助溶剂。在锂离子电池中比较适合 PVDF 的是活性溶剂——N-甲基吡咯烷酮(NMP)，在 35℃时，NMP 中 PVDF 溶解度高于 100%，控制黏结剂溶液中 PVDF 浓度在 12.0%±0.1%。在实际制浆的过程中，一般选择活性物质：黏结剂=96：4～88：12(质量比)。

如今，丁苯橡胶(SBR)黏结剂应用在更多的电池制造上。与 PVDF 相比，SBR 提供了更好的电池性能。比如，用量少但有更高的黏结性，电极更柔韧，也适用于比表面积大的石墨，且 SBR 使用水性溶剂，更加环保。因此，中国和韩国已开始用 SBR 替代 PVDF。若用作正极黏结剂，在充电这样一个不稳定的氧化气氛中，还必须抗氧化。虽然已研发出高韧性的丙烯酸酯聚合物(ACM)作为正极的黏结剂，但是由于使用方法和技术等问题，仍然大量使用 PVDF。

(2)导电剂：通过添加细小的碳粉来改善电极活性颗粒之间或者电极活性颗粒到金属集流体之间的电子导电性，这些碳粉被称为导电剂。导电剂一般还有金属导电剂(银粉、铜粉等)、金属氧化物导电剂(氧化锡、氧化铁等)、复合导电剂(复合粉、复合纤维等)等。导电剂加入锂离子电池中不能参加电池中的氧化还原反应，还要有很高的抗酸碱腐蚀能力，碳导电剂除了满足上述条件外，还具有低成本、质量轻等特点，且与其他几类导电剂相比无毒环保，适合批量生产。为了优化电极的荷质比及电池的能量密度，电极中的碳含量尽可能少，一般应低于电极总质量的 10%。碳系导电剂主要有导电石墨、导电炭黑、纤维状导电剂(碳纤维、碳纳米管等)、石墨烯等。

　　碳导电剂在商业化锂离子电池的正负极中均有应用,由于活性电极中已包含了碳材料,似乎不需要在负极中添加,然而典型的商业化碳电极材料与优化后用作导电剂的导电石墨相比,所显示的性能还需要进一步完善。最初用于锂离子电池正负极导电剂的就是高结晶石墨粉末,它们来源于天然石墨或初级合成石墨。目前常用的导电石墨有 KS、SFG、MX 等系列。导电石墨在正极中的添加量较少。义夫正树等[64]研究发现在钴酸锂正极中添加不同比例的石墨,当石墨的含量超过8%时,极片的阻抗几乎不再发生变化。在负极中添加导电石墨,一方面利于提升电极的导电性,另一方面也可作为电极活性材料。尽管典型的导电石墨添加剂表现出较理想的电化学性能,但用量还是很少,主要原因就是比表面积大增加荷质比的损失,对聚合物有较高的吸附降低电极与集流体的黏结性。

　　炭黑是小颗粒碳和烃热分解的生成物在气相状态下形成熔融聚合物的总称,是一种由球形纳米级颗粒团聚成多簇状和纤维状的团聚物结构,粒径几乎是导电石墨粒径的十分之一。根据导电能力大小分为导电炭黑(SP)、超导电炭黑和特导电炭黑。最常用于正负极导电剂的有高导电炭黑,如 Super^{TM}、乙炔黑、Ketjen black^{TM} 等。这些炭黑表现出很强的化学惰性和电化学惰性,且氧气挥发率低。乙炔黑通常可达到锂离子电池工艺所要求的较低杂质水平。那么到底选择石墨还是炭黑,这个话题一直在争讨不休,也有混合使用石墨/炭黑导电剂起到积极作用的报道。应该选用哪种材料,基本上取决于电池的要求和电极中使用的活性材料。正如义夫正树在《锂离子电池——科学与技术》一书中提到的:炭黑改善了活性材料颗粒间的接触,而石墨则建立了电极的导电路径。

　　(3)电解液添加剂:在锂离子电池中,研究人员还对电解液中的添加剂进行了研究,这些电解液添加剂在电池中除了具备离子导体基本功能外,还可以起到其他作用。

　　负极成膜添加剂:在碳负极上形成的 SEI 膜决定了电池的性能。良好的 SEI 膜在一定程度上有利于减少锂离子电池的安全隐患。目前用于改善 SEI 膜性能的无机添加剂主要有 CO_2、SO_2、S_x^{2-} 等,含有以上添加剂会生成诸如 $LiCO_3$、Li_2S、$Li_2S_2O_4$ 类化合物,形成良好的钝化层;有机添加剂主要有不饱和碳化合物[碳酸亚乙酯(VC)、丙烯腈(AAN)等]、含硫有机物[亚硫酸二甲酯(DMS)、亚硫酸乙烯酯(ES)等]、含卤素有机物[碳酸氯乙烯酯(CIEC)、三氟代碳酸丙烯酯(TFPC)等]及其他的一些有机物。

　　过充电保护添加剂:通过添加剂来实现电池的过充电保护,对于简化工艺、降低成本有重要意义。这种过充电保护添加剂是以自身反应阻止过充电反应,在正常使用时必须是惰性的,只在过充电下反应。早先使用的二茂铁及其衍生物由于氧化还原电势范围低，在高电压锂离子电池中难以应用。一些局部氢化的化合物，如环己基苯、氢化三联苯等在局部氢化条件下使 π 电子共轭体系收缩并且形成更高的氧化电位，这可以提高电池的高温满电存储性能。

阻燃剂：锂离子电池电解液大多为锂盐的有机碳酸酯类，该类溶剂挥发性高、闪点低、易燃烧。当电池过热或过充等异常状态时，极易发生电池内部电极材料和电解液之间的反应、电解液自身的分解等放热反应，最终导致电池燃烧甚至爆炸。研究者从电池内部材料和电解液等方面做了许多努力，如采用正温度系数热敏材料保护板、材料改性、固态电解质、阻燃电解液、阻燃添加剂等。其中，阻燃添加剂是提高电池安全性最经济有效的方法之一，其主要作用是能够阻止电解液的氧化分解，进而抑制电池内部温度的上升。目前，用于锂离子电池阻燃的物质主要分为磷酸酯类[磷酸三甲酯(TMP)]、亚磷酸酯类[三(2,2,2-三氟乙基)亚磷酸酯(TTFP)]、有机卤代物类(氟代碳酸酯)和磷腈类等。虽然这些阻燃剂都在一定程度上起到了阻燃的效果，但由于添加剂的物理性质、化学或电化学不稳定等性质，它的加入往往又会对电池的其他方面性能造成负面影响。例如，磷酸酯类阻燃剂由于黏度较大，电化学不稳定，会降低电解液的离子导电性等，而卤代溶剂不利于环保。锂离子电池电解液阻燃添加剂发展的方向是在保持电池各方面电化学性能的同时，开发具有有效阻燃性能的添加剂。

其他：还有一些像湿润剂、控制电解液中酸和水含量的添加剂，或者对离子溶解性和导电性有改善的添加剂、控制锂枝晶析出的添加剂等。

早期，由于添加剂减小了电极材料的电化学窗口，因此其不被人们所接受。如今，这些具有一定功能化的添加剂已作为一个重要研究方向被人们接受。隔膜和添加剂的效果不仅取决于电极材料，也取决于电池的设计，因此对隔膜和添加剂的研究与开发力度也要不断加大，我们也希望隔膜和添加剂的开发和改进与传统材料一样受到同等的重视，以此来推动电池行业更快、更好地发展。

拓 展 知 识

"锂电池之父"古迪纳夫的传奇人生

John Bannister Goodenough(约翰·班宁斯特·古迪纳夫)生于 1922 年，美国固体物理学家，美国国家工程院、美国国家科学院院士。是钴酸锂、锰酸锂和磷酸铁锂正极材料的发明人，锂离子电池的奠基人之一，被业界称为"锂电之父"。2019 年，在他 97 岁高龄之际，终于获得了诺贝尔化学奖，也是至今为止获得诺贝尔奖的最年长者。Goodenough 字面意思就是，足够好！足够棒！比起那有趣的名字，他一生的经历则更为传奇。

　　古迪纳夫的童年是在美国纽黑文度过的，从小患有严重的"阅读障碍症"，开始阅读起来很困难，不服输的劲头最终让他自学了阅读和写作。中学毕业就考入了耶鲁大学，但和家中的关系不好，他的父亲只给他 35 美元（当时一年学费是 900 美元），他凭借给小孩上课积攒的钱和奖学金来填补学费和生活费，至此再没向家里要过钱。进入耶鲁之后，开始学文，后来学习物理和科学哲学，毕业时获得数学学士。毕业后作为"气象学家"加入美国空军，后又转驻亚速尔群岛负责调度大西洋上空的美军飞机，一直到 1946 年。

　　二战结束后，美国联邦政府帮助一批退伍军人到芝加哥大学参与自然科学的研究生课程，古迪纳夫选择了物理专业。后来在这里，他遇到了发明二极管的齐纳，并成为了他的学生，在他的指导下，古迪纳夫开始研究固态物理学，并于 1951 年、1952 年分别获得芝加哥大学物理学硕士和博士学位。毕业后在麻省理工学院林肯实验室任职，为数字计算机的随机存取存储器开发奠定了基础。1976～1986 年，他加入牛津大学，任无机化学实验室主任。他 30 岁入行，57 岁找到了钴酸锂材料；75 岁做出了磷酸铁锂；90 岁开始研究如何用更廉价的钠来代替锂及全固态电池；97 岁获诺贝尔化学奖。

　　纵观老先生一生，跨越文科、数学、飞机调度、固体物理、化学、材料等众多领域，一生获奖无数，在 50 岁甚至 70 岁之后还能做出改变世界的重大科研成果，这种例子遍览世界科学史也不多见。不过古迪纳夫从来没觉得自己已经 good enough 了，面对人类潜在的能源危机，古迪纳夫和他的助手们在研究一个新想法。他说，我想在去世前解决这个问题，我才九十多岁，还有时间。他打算退休之后研究神学，他的文章"在神的裁决之下"中提到——当我们需要时，有一双神奇的手为我们推开一道道门。所以说，年龄永远不是科研的限制，无论年轻年老，都可以在自己热爱的研究上持续发光，古迪纳夫先生就是最好的榜样。

参 考 文 献

[1] 索鎏敏, 李泓. 锂离子电池过往与未来. 物理, 2020, 49: 17-22.

[2] Tarascon J M, Armand M. Issues and challenges facing rechargeable lithium batteries. Nature, 2001, 414(6861): 359-367.

[3] Stamenkovic V R, Strmcnik D, Lopes P P, et al. Energy and fuels from electrochemical interfaces. Nature Materials, 2017, 16(1): 57-69.

[4] 朱国才. 废旧动力锂离子电池回收再利用产业化进展. 新材料产业, 2018, 3: 31-33.

[5] Valanarasu S, Chandramohan R, Thirumalai J, et al. Effect of Mg doping on the properties of combustion synthesized $LiCoO_2$ powders. Journal of Materials Science-Materials in Electronics, 2010, 21(8): 827-832.

[6] Hu S, Wang C H, Zhou L, et al. Hydrothermal-assisted synthesis of surface aluminum-doped $LiCoO_2$ nanobricks for high-rate lithium-ion batteries. Ceramics International, 2018, 44(13): 14995-15000.

[7] Farid G, Murtaza G, Umair M, et al. Effect of La-doping on the structural, morphological and electrochemical properties of $LiCoO_2$ nanoparticles using sol-gel technique. Materials Research Express, 2018, 5(5): 055044.

[8] Li X F, Liu J, Meng X B, et al. Significant impact on cathode performance of lithium-ion batteries by precisely controlled metal oxide nanocoatings via atomic layer deposition. Journal of Power Sources, 2014, 247: 57-69.

[9] Cao J C, Hu G R, Peng Z D, et al. Polypyrrole-coated $LiCoO_2$ nanocomposite with enhanced electrochemical properties at high voltage for lithium-ion batteries. Journal of Power Sources, 2015, 281: 49-55.

[10] 钟国彬. 锂离子电池尖晶石型 5V 正极材料 $LiNi_{0.5}Mn_{1.5}O_4$ 的研究. 合肥: 中国科学技术大学博士学位论文, 2012.

[11] Sun H B, Chen Y G, Xu C H, et al. Electrochemical performance of rare-earth doped $LiMn_2O_4$ spinel cathode materials for Li-ion rechargeable battery. Journal of Solid State Electrochemistry, 2012, 16(3): 1247-1254.

[12] Zhang Y N, Zhang Y J, Zhang M Y, et al. Synthesis of spherical Al-doping $LiMn_2O_4$ via a high-pressure spray-drying method as cathode materials for lithium-ion batteries. Journal of Metals, 2019, 71(2): 608-612.

[13] Padhi A K, Nanjundaswamy K S, Goodenough J B. Phospho-olivines as positive-electrode materials for rechargeable lithium batteries. Journal of the Electrochemical Society, 1997, 144(4): 1188-1194.

[14] 邓龙征. 磷酸铁锂正极材料制备及其应用的研究. 北京: 北京理工大学博士学位论文, 2014.

[15] Chung S Y, Bloking J T, Chiang Y M. Electronically conductive phospho-olivines as lithium storage electrodes. Nature Materials, 2002, 1(2): 123-128.

[16] Wang B, Xie Y, Liu T, et al. $LiFePO_4$ quantum-dots composite synthesized by a general microreactor strategy for ultra-high-rate lithium ion batteries. Nano Energy, 2017, 42: 363-372.

[17] Liu S X, Zhang H L. Effect of chlorine doping on structure and electrochemical properties of $LiNi_{1/3}Co_{1/3}Mn_{1/3}O_2$ cathode material. Rare Metal Materials and Engineering, 2013, 42: 296-300.

[18] Tao F, Yan X X, Liu J J, et al. Effects of PVP-assisted Co_3O_4 coating on the electrochemical and storage properties of $LiNi_{0.6}Co_{0.2}Mn_{0.2}O_2$ at high cut-off voltage. Electrochimica Acta, 2016, 210: 548-556.

[19] Liao J Y, Oh S M, Manthiram A. Core/double-shell type gradient Ni-rich $LiNi_{0.76}Co_{0.10}Mn_{0.14}O_2$ with high capacity and long cycle life for lithium-ion batteries. ACS Applied Materials & Interfaces, 2016, 8(37): 24543-24549.

[20] Morgan D, Ceder G, Saidi M Y, et al. Experimental and computational study of the structure and electrochemical properties of $Li_xM_2(PO_4)_3$ compounds with the monoclinic and rhombohedral structure. Chemistry of Materials, 2002, 14(11): 4684-4693.

[21] 罗飞, 褚赓, 黄杰, 等. 锂离子电池基础科学问题(Ⅷ)——负极材料. 储能科学与技术, 2014, 3: 146-163.

[22] Fey G T K, Chen C L. High-capacity carbons for lithium-ion batteries prepared from rice husk. Journal of Power Sources, 2001, 97: 47-51.

[23] Reilly R M. Carbon nanotubes: Potential benefits and risks of nanotechnology in nuclear medicine. Journal of Nuclear Medicine, 2007, 48(7): 1039-1042.

[24] Wang G X, Shen X P, Yao J N, et al. Hydrothermal synthesis of carbon nanotube/cobalt oxide core-shell one-dimensional nanocomposite and application as an anode material for lithium-ion batteries. Electrochemistry Communications, 2009, 11(3): 546-549.

[25] 姚有智. 碳纳米复合材料的制备及其在电化学传感器中的应用研究. 芜湖: 安徽师范大学博士学位论文, 2017.

[26] Zhu X J, Zhu Y W, Murali S, et al. Nanostructured reduced graphene oxide/Fe_2O_3 composite as a high-performance anode material for lithium ion batteries. ACS Nano, 2011, 5(4): 3333-3338.

[27] Zhou Y Q, Zeng Y, Xu D D, et al. Nitrogen and sulfur dual-doped graphene sheets as anode materials with superior cycling stability for lithium-ion batteries. Electrochimica Acta, 2015, 184: 24-31.

[28] Xu Y H, Liu Q, Zhu Y J, et al. Uniform nano-Sn/C composite anodes for lithium ion batteries. Nano Letters, 2013, 13 (2): 470-474.

[29] Wang K, Huang J G. Natural cellulose derived nanofibrous Ag-nanoparticle/SnO$_2$/carbon ternary composite as an anodic material for lithium-ion batteries. Journal of Physics and Chemistry of Solids, 2019, 126: 155-163.

[30] Tian Q H, Tian Y, Zhang W, et al. Impressive lithium storage of SnO$_2$@TiO$_2$ nanospheres with a yolk-like core derived from self-assembled SnO$_2$ nanoparticles. Journal of Alloys and Compounds, 2017, 702: 99-105.

[31] Wen Z H, Lu G H, Mao S, et al. Silicon nanotube anode for lithium-ion batteries. Electrochemistry Communications, 2013, 29: 67-70.

[32] Steiger J, Kramer D, Monig R. Mechanisms of dendritic growth investigated by *in situ* light microscopy during electrodeposition and dissolution of lithium. Journal of Power Sources, 2014, 261: 112-119.

[33] Steiger J, Kramer D, Monig R, et al. Microscopic observations of the formation, growth and shrinkage of lithium moss during electrodeposition and dissolution. Electrochimica Acta, 2014, 136: 529-536.

[34] Yang C P, Yao Y G, He S M, et al. Ultrafine silver nanoparticles for seeded lithium deposition toward stable lithium metal anode. Advanced Materials, 2017, 29: 1-8.

[35] Lin D C, Liu Y Y, Liang Z, et al. Layered reduced graphene oxide with nanoscale interlayer gaps as a stable host for lithium metal anodes. Nature Nanotechnology, 2016, 11: 626-632.

[36] 张学政, 邵亚川, 张迪, 等. 锂离子负极材料 VS$_4$ 的制备与性能表征. 沈阳工业大学学报, 2019, 43: 290-294.

[37] Zhao Y, Huang Y, Wang Q F, et al. Preparation of hollow Zn$_2$SnO$_4$ boxes for advanced lithium-ion batteries. RSC Advances, 2013, 3: 14480-14485.

[38] Wang J G, Jin D D, Zhou R, et al. One-step synthesis of NiCo$_2$S$_4$ ultrathin nanosheets on conductive substrates as advanced electrodes for high-efficient energy storage. Journal of Power Sources, 2016, 306: 100-106.

[39] Luo J M, Tao X Y, Zhang J, et al. Sn^{4+} ion decorated highly conductive Ti$_3$C$_2$ MXene: promising lithium-ion anodes with enhanced volumetric capacity and cyclic performance. ACS Nano, 2016, 10: 2491-2499.

[40] Huang G, Zhang F F, Zhang L L, et al. Hierarchical NiFe$_2$O$_4$/Fe$_2$O$_3$ nanotubes derived from metal organic frameworks for superior lithium ion battery anodes. Journal of Materials Chemistry, 2014, 2: 8048-8053.

[41] 褚衍婷. 过渡金属氧化物复合微纳结构的可控制备及电化学性能研究. 济南: 山东大学博士学位论文, 2017.

[42] 王峰, 甘朝伦, 袁翔云. 锂离子电池电解液产业化进展. 储能科学与技术, 2016, 5: 1-8.

[43] 于涛, 周述虹, 阎澄, 等. 锂离子电池电解液专利技术分析. 储能科学与技术, 2017, 6: 316-322.

[44] 李霞, 骆宏钧, 赵世勇, 等. 锂离子电池用电解液添加剂最新进展. 电池工业, 2008, 13: 199-202.

[45] Herreyre S, Huchet O, Barusseau S, et al. New Li-ion electrolytes for low temperature applications. Journal of Power Sources, 2001, 97: 576-580.

[46] 李连成, 叶学海, 李星玥. 锂离子二次电池电解液研究进展. 无机盐工业, 2014, 46: 7-12.

[47] Zhang Z C, Hu L B, Wu H M, et al. Fluorinated electrolytes for 5V lithium-ion battery chemistry. Energy & Environmental Science, 2013, 6: 1806-1810.

[48] 蔡好. 砜类作为高电压锂离子电池电解液添加剂的研究. 杭州: 浙江大学硕士学位论文, 2017.

[49] Chen R J, Liu F, Chen Y, et al. An investigation of functionalized electrolyte using succinonitrile additive for high voltage lithium-ion batteries. Journal of Power Sources, 2016, 306: 70-77.

[50] Xiang H F, Shi P C, Bhattacharya P, et al. Enhanced charging capability of lithium metal batteries based on lithium bis (trifluoromethanesulfonyl) imide-lithium bis (oxalato) borate dual-salt electrolytes. Journal of Power Sources, 2016, 318: 170-177.

[51] Fung Y S, Zhou R Q. Room temperature molten salt as medium for lithium battery. Journal of Power Sources, 1999, 81: 891-895.

[52] Li W, Dahn J R, Wainwright D S, et al. Rechargeable lithium batteries with aqueous electrolytes. Science, 1994, 264: 1115-1117.

[53] Suo L M, Borodin O, Gao T, et al. "Water-in-salt" electrolyte enables high-voltage aqueous lithium-ion chemistries. Science, 2015, 350: 938-943.

[54] Yang C Y, Chen J, Qing T T, et al. 4.0V aqueous Li-ion batteries. Joule, 2017, 1: 122-132.

[55] Goodenough J B, Hong H Y P, Kafalas J A, et al. Fast Na$^+$-ion transport in skeleton structures. Materials Research Bulletin, 1976, 11: 203-220.

[56] 黄祯, 杨菁, 陈晓添, 等. 无机固体电解质材料的基础与应用研究. 储能科学与技术, 2015, 4: 1-18.

[57] 赵旭东, 朱文, 李镜人, 等. 全固态锂离子电池用 PEO 基聚合物电解质的研究进展. 材料导报, 2014, 28: 13-17, 44.

[58] Yan J, Liu F Q, Gao J, et al. Low-cost regulating lithium deposition behaviors by transition metal oxide coating on separator. Advanced Functional Materials, 2021, 31: 2007255.

[59] Song Y H, Wu K J, Zhang T W, et al. A nacre-inspired separator coating for impact-tolerant lithium batteries. Advanced Materials, 2019, 31: 1905711.

[60] Wang Y R, Yang Y F, Yang Y B, et al. Enhanced electrochemical performance of unique morphological LiMnPO$_4$/C cathode material prepared by solvothermal method. Solid State Communications, 2010, 150: 81-85.

[61] 鲁成明, 虞鑫海, 王丽华. 国内外锂离子电池隔膜的研究进展. 电池工业, 2019, 23: 101-105.

[62] 洪柳婷, 王莉, 叶海木, 等. 聚烯烃锂离子电池隔膜的研究进展. 高分子通报, 2017, 6: 59-66.

[63] Yang H, Shi X S, Chu S Y, et al. Design of block-copolymer nanoporous membranes for robust and safer lithium-ion battery separators. Advanced Science, 2021, 8: 2003096.

[64] 义夫正树, 拉尔夫·J. 布拉德, 小泽昭弥. 锂离子电池——科学与技术. 苏金然, 汪继强, 等, 译. 北京: 化学工业出版社, 2015.

第2章 锂硫电池

2.1 概　　述

由于化石能源的过度消耗及其使用带来的环境问题日益严峻，能源短缺和环境恶化已成为威胁人类生存和发展的核心问题。储能技术日益增长的需求使高能量密度可充电电化学系统受到了广泛关注，为电化学储能尤其是大规模储能提供了新的选择，具有良好的发展前景。锂硫电池由于具有高理论比容量(1675mA·h/g)和理论能量密度(2600W·h/kg)[1-3]，而且单质硫因具有储存丰富、价格低廉、环境友好的优点，成为新一代可充电电池研究的热点[4]。但是，锂硫电池存在着充放电过程中硫体积变化大、多硫化物穿梭效应、循环稳定性不足等问题[5]。

近年来，研究人员通过改善储能材料结构来缓冲体积变化，将硫与导电物质复合以增强其导电性等，取得了良好效果。目前，锂硫电池及其储能材料的研究主要包括三维结构基底、碳材料、仿生结构纳米材料、金属有机骨架结构、空心多孔与核壳材料等。此外，抑制负极锂枝晶的生长，以及研制新型的全固态锂硫电池等新兴方向，也受到极大关注。本章将从上述几个方面，介绍相关概念与一些研究前沿，便于读者对锂硫电池有一个较为系统的认识。

2.2　锂硫电池的组成与工作原理

锂硫电池的组成与锂离子电池相近，主要包含正极、负极、电解液和隔膜等。常见的锂硫电池正极材料主要有硫/碳复合材料、硫/金属化合物、硫/导电聚合物等[6-8]，金属锂作为负极。电解液则主要包含两类：醚类电解液和碳酸酯类电解液。隔膜通常采用微孔聚丙烯膜；一般用铝箔作为锂硫电池正极的集流体，主要作用是收集锂硫电池充放电过程中的电荷。

锂硫电池的电化学工作原理(反应方程)如式(2.1)~式(2.5)和图2.1所示。

负极放电反应：

$$Li \longrightarrow Li^+ + e^- \tag{2.1}$$

正极放电反应：

$$S_8 + 16Li^+ + 16e^- \longrightarrow 8Li_2S \tag{2.2}$$

负极充电反应:

$$Li^+ + e^- \longrightarrow Li \tag{2.3}$$

正极充电反应:

$$8Li_2S \longrightarrow S_8 + 16Li^+ + 16e^- \tag{2.4}$$

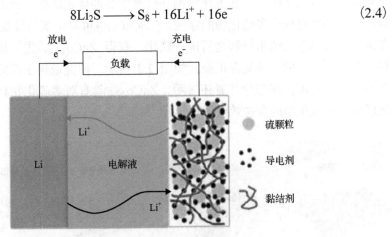

图 2.1 锂硫电池工作原理示意图

硫在自然状态下以环状 S_8 分子的形式存在,放电过程中,S_8 分子被逐步还原成长链的、可溶于电解液的多硫化锂,最终被还原成不溶于电解液且导电性差的 Li_2S_2 和 Li_2S。充电过程中,Li_2S_2 和 Li_2S 再逐步被氧化为最初的硫单质[9,10]。

2.3 锂硫电池正极材料及其发展

硫正极因其低的电导率和穿梭效应问题极大限制了锂硫电池的实际应用。研究发现通过对含硫正极材料进行结构设计,可以极大地提高锂硫电池的性能,为锂硫电池的实际应用提供更多可能性[11,12]。例如,锂硫电池正极的硫,可以通过复合碳或聚合物以增强电子传导性和提高活性材料的利用率[13-15]。使用基于纳米多孔结构的方法来固定硫化锂以解决多硫化物溶解问题,以及增强电子传导性。

2.3.1 三维结构复合正极

1. 基于碳布的复合正极材料

碳纤维(CF)具有质量轻、导电性好、成本低的特点,被广泛应用于电子器件中作为载体,在锂硫电池正极中,也有大量研究与应用。例如,以聚乙烯吡咯烷酮为碳源，以二氧化硅为模板，采用简便的静电纺丝法制备分层多孔的纳米碳纤维[16]。三维纳米碳纤维具有良好的孔结构，中心的大孔被表面附近的微/中孔组成的密度更大的环所包围。通过溶液渗透将硫包裹在纤维表面，再通过熔融扩散法可以得到柔性的硫复合碳布(CC)作为锂硫电池的自支撑正极。具有多尺度孔隙的碳布能够负载大量硫，并在电化学循环过程中缓冲体积膨胀。此外，层级结构显著减少了循环过程中多硫化物的穿梭。在碳布上也可以构筑三维复合正极，例如，在碳布上水热生长纳米材料之后进行硫化，获得 $ZnCo_2S_4$，进一步对其进行硫负载，获得硫包裹的三维复合正极，如图 2.2 所示。研究取得了高的循环容量和长期稳定性，密度泛函理论计算还表明，$ZnCo_2S_4$ 具有对多硫化物高的吸附能，有效缓解了多硫化物的穿梭效应。

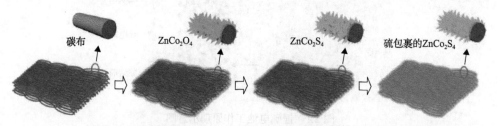

图 2.2　基于碳布的三维纳米线复合正极材料制备过程示意图

　　抑制穿梭效应、缓冲体积膨胀、提高硫的利用率是研制高性能锂硫电池的三大核心。在此背景下，利用生长在碳布表面的纳米阵列，通过水热法可以得到用于锂硫电池的复合硫正极材料。其中，复合电极相互连接的碳纤维保证了良好的导电性。有研究在碳布上生长 $FeCo_2S_4$ 纳米管阵列，由于其强化学吸附能力，抑制了多硫化物的溶解与迁移。同时，这些阵列的空心结构可以提供一个大的内部空间来容纳硫的体积膨胀。在循环倍率为 0.1C 的情况下，$FeCo_2S_4$/CC@S 电极具有 1384mA·h/g 的比容量，同时库仑效率稳定在 98%左右[17]。

　　金属硫化物与多硫化物具有比碳材料更强的亲和力，与金属氧化物相比其具有更高的电导率，因此在锂硫电池中得到了广泛的应用。然而，由于金属硫化物对硫氧化还原反应的催化作用有限，加之正极中没有连续的导电网络，导致硫的转换缓慢，阻碍了硫正极的实际应用。为了解决这些问题，有人提出了一种生长在碳布上的异质结构 Co_3S_4/MnS 纳米管阵列[18]。理论计算和电化学测试表明，锰掺杂可以有效地调节 Co_3S_4 的电子结构，吸附可溶性多硫化物，并构建催化非均相表面，促进电荷的迁移，增强硫的转化动力学。同时，三维阵列结构避免使用黏结剂和导电添加剂造成非活性区域，并提供快速的电子传输路径。为解决硫正极电导率低和穿梭效应等问题，可将各种具有较强化学吸附能力的非极性碳和极性金属化合物作为硫负载材料。大量研究将硫正极性能的提高归因于金属化合物对多硫化物的化学吸附能力，而对这些不同硫介质中增强的电化学性能，特别是在分子水平上的认识尚不明确。有研究选择 CF/FeP@C 为模型，无黏结剂，可排除黏结剂和导电添加剂的干扰[19]。研究发现，CF/FeP@C@S 的性能大大提高，说明 FeP 可以很好地抑制穿梭效应，加速其在充放电过程中的转化。

有研究提出一种集硫、柔性碳布和金属有机骨架衍生的氮掺杂碳纳米阵列为一体的新型正极。独特的柔性纳米阵列内嵌有极性 CoP 纳米颗粒，不仅为电化学过程中体积膨胀提供了足够的空间以保持结构的稳定性，而且促进了活性硫的物理包覆和化学捕获。设计的多硫化物协同束缚正极具有高的硫负载量，在不同的倍率下具有大的容量[20]。然而，高硫负载量三维电极由于其复杂的设计、有限的循环稳定性和大体积变化，在实际应用中仍面临挑战。有团队报道了一种高效、轻便、经济的碳钨双硫纤维作为锂硫电池的三维正极[21]。该正极结合了均匀分散的碳钨基体和相互连接的扭曲纤维网络的优点，可以捕获多硫化物，容纳大量的活性硫，并在较高的硫负载量下保持稳定的循环性能。在硫负载 $2mg/cm^2$、$3.5mg/cm^2$ 和 $5mg/cm^2$ 的情况下，复合硫正极在 1C 倍率下具有高容量。

由于硫的导电性差和多硫化物的可溶性，特别是在高硫负载下，提高硫的利用率和循环稳定性是一个挑战。通过简单的纺丝方法可以实现高的硫负载量条件下的稳定性能，例如，以 Fe/N 吸附/成核中心 (Fe/N-HPCNF) 为高性能硫载体，可以构建新型自支撑纳米碳纤维[22]。在含硫量为 $3.5mg/cm^2$ 时，S@Fe/N-HPCNF 正极实现了高的初始比容量 $1273mA \cdot h/g$（面积比容量：$4.5mA \cdot h/cm^2$）和超过 500 次充放电的循环寿命。即使在 $9mg/cm^2$ 的高硫负载量下，也实现了稳定的面积比容量 $6.6mA \cdot h/cm^2$。多孔的碳纤维结构保证了良好的电解质渗透浸润，稳定的导电网络和足够的表面积促进了快速的锂离子/电子传输和硫的氧化还原反应。丰富的 Fe/N 杂原子均匀分布在纤维中，通过化学吸附作用抑制多硫化物的扩散，同时调节均匀的硫成核，增强了正极的稳定性。

采用简便的静电纺丝工艺，可以获得多孔硫化聚丙烯腈/碳纤维复合材料，作为高性能锂硫电池的正极材料。合成的复合材料硫利用率高，库仑效率高，具有良好的循环稳定性和柔性，对研制柔性电池具有重要意义。在 150 次充放电循环后，1C 倍率条件下的电池比容量保持 $903mA \cdot h/g$，2C 倍率循环 300 次后的比容量保持 $600mA \cdot h/g$。复合材料的优异性能归结为高孔道结构，该结构有效地改善了电解质的润湿性，促进了离子在电池内的快速转移[23]。此外，通过化学气相沉积方法可以制备出含硫的碳纳米管/碳纤维的无黏结剂正极材料[24]。这种具有三维结构的多孔载体在提高材料孔隙率的同时改变了导电路径，从而改善了正极的电化学性能。可以看出，建立具有稳定的导电性能和多孔结构的正极是延长硫正极循环寿命的有效途径。

2. 基于泡沫镍的复合正极材料

硫具有较高的理论容量和较低的成本，然而硫的绝缘性和多硫化物的穿梭效应会导致活性硫损失严重、氧化还原动力学差、容量衰减快。分级结构电极有望同时解决这些问题，有研究设计将多个具有特殊功能的组件集成，以构建一个自支撑的多功能锂硫电池正极。例如，基于泡沫镍为基体，用具有理想的亲锂性和电子导电性的杂原子掺杂的碳材料来负载硫，可以捕获并促进电子转移到多硫化物[25]。硫化的碳纳米纤维可以促进锂离子和电子的输运，并作为阻挡层延缓多硫化物扩散。

锂硫电池的发展中，大量研究采用了各种方法来提高硫正极的导电性，缓解多硫化物的穿梭效应，然而提供有效解决方案的策略仍然有限。为了进一步提高锂硫电池的电化学性能，将三维海绵骨架作为多硫化物的基底，展现出对多硫化物很强的吸附能力和对硫的电催化活性[26]。海绵结构是由高导电性的泡沫镍/石墨烯/碳纳米管/二氧化锰纳米薄片构成的分层结构。海绵中紧密连接的泡沫镍、石墨烯和碳纳米管促进了放电/充电过程中的电子转移，此外，海绵保证了其良好的润湿性和与电解质的界面接触，多孔的二氧化锰纳米薄片对多硫化物具有很强的化学吸附和电催化作用。多硫化物附着在硫复合碳纳米管正极上，可以提高可逆容量、倍率性能和循环稳定性。此外，由于海绵骨架中多硫化物的有效存储，使自放电率大大降低。

利用二氧化硅包裹泡沫镍，被认为可以提高锂硫电池初始容量和容量保持率。有一种新型的正极集流体便是将二氧化硅涂覆在泡沫镍表面，泡沫镍提供了比铝集流体更多的反应位点，因此可以锚固多硫化物。泡沫镍和二氧化硅的协同作用抑制了电解质的黏度增加，提高了容量保持率[27]。通过简单的水热工艺则可以制备出硫/石墨烯/碳纳米管复合材料[28]，复合材料可以直接包裹或生长在泡沫镍上，不需要黏结剂和导电添加剂，从而简化了电极制备过程。

3. 一些其他三维结构复合正极材料

三维结构材料种类繁多，除了上述介绍的碳布与泡沫镍，还有一些其他三维材料也应用于锂硫电池正极之中，如高含硫量锂硫电池的三维泡沫铜/竹炭/硫正极。三维泡沫铜和竹炭在三维结构孔隙中相互交联的导电骨架在物理上促进了离子和电子的快速传输；竹炭可以提高体积利用率。更重要的是，泡沫铜可以通过化学吸附方式将硫负载在骨架内形成 CuS，从而容纳硫。基于这个设计，在 0.02C 下，硫负载量为 6~10mg/cm^2 的正极具有放电和充电的可逆初始比容量分别为 1513mA·h/g 和 1168mA·h/g[29]。用多孔竹炭填充三维泡沫铜，将硫与铜结合，可以有效地加快锂离子和电子传输。

导电碳骨架是构建高性能锂硫电池碳/硫复合正极的有效材料。然而，面积负载量一般小于 4mg/cm^2，这限制了锂硫电池的能量密度和实际应用。有人采用三维泡沫铝/碳纳米管骨架作为集流体，构建了长、短程电子通道，为高硫负载提供了足够的空间[30]。三维集流体的硫负载量范围可达 7.0~12.5mg/cm^2。此外，有研究团队选择碳纤维泡沫，利用其纤维表面修饰有聚吡咯(PPy)改性的还原氧化石墨烯(rGO)薄片，作为自支撑阵列，实现具有纸窗式微观结构的多功能框架[31]。作为正极的硫负载基底和集流体，相互交联的碳纤维提供了一个集成的柔性导电网络来加速电子传输。此外，附着在碳纤维上的 rGO/PPy 不仅由于 rGO 比表面积大而提高了硫负载量，而且由于 PPy 对多硫化物的化学吸附而抑制了穿梭效应。

研制先进的锂硫电池面临的关键挑战之一是探索高效、稳定、具有良好导电结构和高硫负载量的硫正极，三维柔性多功能杂化材料是一个重要的硫载体研究方向。有一种杂化材料是由超细 MgO 纳米颗粒修饰的氮掺杂碳泡沫@CNTs 组成的[32]，高密度碳纳米管均匀包裹在碳泡沫骨架上，增强了柔性，为离子/电子的快速运输建立了互连的导电网络。特别是 MgO 纳米粒子与原位氮掺杂的协同作用，通过对多硫化物的强化学吸附作用，显著抑制了穿梭效应。这一复合正极结构设计为高含硫量锂硫电池在柔性储能装置上的实际应用开辟了一条潜在的途径。另一种新颖的用于锂硫电池的三维无黏结剂高性能硫复合正极，它由负载致密硫颗粒的三维多孔导电水凝胶聚苯胺(PANI)支架组成，如图 2.3 所示。PANI 提供良好的导电性和力学强度，其不仅提供足够的空间以适应充电/放电过程中硫的体积变化，而且还改善电解质在整个电极中的渗透。此外，三维多孔 PANI@S 复合材料直接沉积在钨基板上，不需要任何黏结剂和导电添加剂，减少常规电极制备中必需的黏结剂和导电炭黑的使用，提高了同等质量下电池中的活性物质含量。三维多孔 PANI@S 复合材料锂硫电池在 0.2C 倍率下循环 100 次后，仍然显示出稳定的比容量 816mA·h/g，库仑效率约为 99.8%，如图 2.4 所示。在 50℃的高温循环时，也实现了良好的电化学性能。

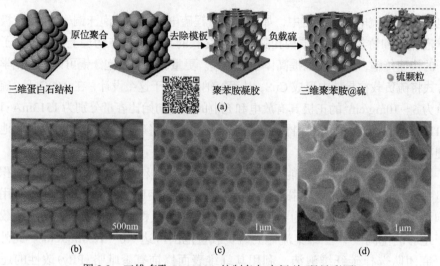

图 2.3　三维多孔 PANI@S 的制备与表征（扫码见彩图）

(a)合成三维多孔 PANI@S 的示意图；(b)聚苯乙烯模板；(c)三维多孔 PANI 水凝胶；
(d)三维多孔 PANI@S 的 SEM 图

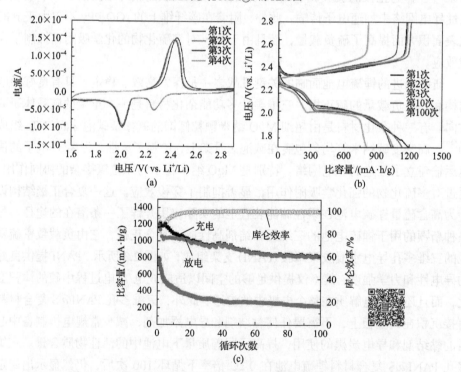

图 2.4　三维多孔 PANI@S 复合材料性能测试结果（扫码见彩图）

(a)三维多孔 PANI@S 电极在 1.6～2.9V、0.1mV/s 扫速的循环伏安曲线；(b)三维多孔 PANI@S 电极在
0.2C 倍率时充放电 1 次、2 次、3 次、10 次、100 次的充放电曲线；(c)三维多孔 PANI@S 电极在
0.2C 倍率时充放电 100 次的循环比容量和库仑效率图

2.3.2 碳材料作为载体的硫正极

1. 基于石墨烯的复合硫材料

石墨烯/硫复合材料应用于锂硫电池正极已被广泛研究。然而，批量可控地制备石墨烯/硫复合材料仍然是一个挑战。有研究报道了可以同时实现氧化石墨烯(GO)的还原、硫的合成及硫的有效负载[33]。硫首先与水合肼和 N,N-二甲基甲酰胺混合物反应，生成还原性含硫化合物。当这种还原性含硫化合物与 GO 分散液混合时，GO 被还原，还原性含硫化合物会被氧化生成硫。同时，由于石墨烯与硫之间的相互作用，硫被很好地封装在高度皱褶的石墨烯层中。硫正极得益于独特的封装结构，在容量、倍率性能和循环稳定性方面表现出优异的电化学性能。

锂硫电池实际应用受到容量衰减的严重阻碍，一个重要原因是多硫化物的穿梭效应。有人以石墨烯空心球三维纳米结构作为硫的载体，通过自组装法将氧化石墨烯包裹 SiO_2 球，然后进行碳化和 SiO_2 刻蚀[34]。将硫浸渍到空心石墨烯球中，得到石墨烯/硫复合材料，在复合材料中达到 90%的高硫负荷[在整个正极中为 72%(质量分数)]。与一般的还原氧化石墨烯/硫复合材料相比，三维自组装石墨烯空心球/硫正极在高容量、显著的倍率性能和良好的循环稳定性方面表现出突出的电化学性能。这些协同效应是通过更有效的离子/电子传输，以及有效地限制多硫化物的溶解和穿梭来实现的。

为了实现长循环寿命的实用锂硫电池，设计高比表面积的正极被认为是一种有效锚固可溶多硫化物的方法。有人提出一种比表面积为 $4.6m^2/g$、增大的层间距为 13Å 的聚乙烯亚胺插层氧化石墨作为负载硫的载体，有利于锂离子在厚膜硫电极的转移[35]。当硫负载量增加到 $7.3mg/cm^2$ 时，在 0.2C 循环 200 次后仍然提供 $4.7mA \cdot h/cm^2$ 的高面积容量。优异的电化学性能主要归因于硫的均匀分布及多硫化物与胺基之间的强化学相互作用，这可以减少活性物质的损失，有助于增强循环稳定性。

自然界中的硫含量丰富，成本低廉，且为环境友好型材料，在实际应用中价值高。然而，锂硫电池依然有着以下缺陷：①硫为非金属性材料，导电性差；②在充放电过程中发生体积膨胀；③硫在电化学反应过程中发生溶解，活性物质减少形成多硫化物，导致穿梭效应，不仅削弱了可逆反应程度，并且电池性能下降[36-38]。针对现存问题，有些研究人员提出，加入量子点可以提高电化学性能。例如，Guo 等[39]提出了一种新型锂硫电池正极材料——Mo_2C 量子点/氮掺杂石墨烯。Mo_2C 量子点具有亲锂特性及强大的多硫化物化学吸附能力，电池在 0.2C 时表现出 1230mA·h/g 高比容量。Schmid 等[40]报道了将石墨烯量子点（QDs）引入硫正极，QDs 通过富氧官能团吸引作用，保持硫电极复合材料结构完整，显著提高硫化物的利用率，增强储能特性。

有一种基于模板法制备的核壳结构三氧化二铁/量子点/二氧化锡/硫（Fe_2O_3/QDs/SnO_2/S）正极材料应用于锂硫电池。合成过程如图 2.5 所示，首先通过水热法合成纳米环状的 Fe_2O_3，再吸附石墨烯量子点，并在 QDs/Fe_2O_3 的外层包裹二氧化硅，最后在高温水热条件下溶解二氧化硅的同时形成二氧化锡层，得到核壳结构纳米环 Fe_2O_3/QDs/SnO_2 复合材料。这种内部为空心的纳米环核壳结构具有以下优点：①掺杂石墨烯量子点后增强电池的性能；②核壳结构不仅在熏硫时可以容纳更多的硫活性物质，并且在充放电过程中也可以有效缓解硫的体积膨胀问题；③模板法合成简单，包裹外壳同时刻蚀模板支撑层，减少实验步骤；④二氧化锡外层支撑性良好，能够保护核心材料硫，减少充放电过程中的硫损失。

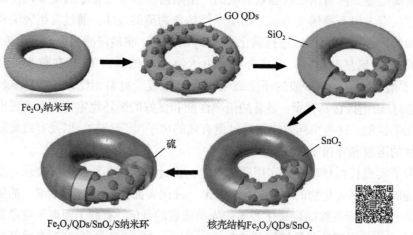

图 2.5　核壳纳米环 Fe_2O_3/QDs/SnO_2 材料的制备过程示意图（扫码见彩图）

硫的绝缘性和中间多硫化物的溶解也限制了锂硫电池的倍率性能和循环寿命。有研究制备了由分级多孔碳封装的硫，其具有较高的倍率性能及优异的循环稳定性[41]。正极薄膜具有良好的柔韧性，在弯曲状态下表现出优良的储锂性能，这种具有三维分层结构的正极薄膜，将为锂硫电池在柔性电子器件中的应用提供新的机遇。此外，高性能的硫/碳复合材料的结构设计和合成仍然是锂硫电池的一大挑战。由多壁碳纳米管、石墨烯或碳粒子组成的相互连接的三维框架提供了一种组合的优势，因此可以用来实现超级能量转换和存储特性。有研究报道了一种三维硫纸，其中包含相互连接的多种高导电碳材料，可以成为锂硫电池的柔性无黏结剂正极[42]。

2. 基于碳纳米管载体的复合硫材料

碳纳米管在介质中的高分散性是增强复合材料的力学性能和电学性能的一个难点。高浓度的锂盐电解质可以在不使用任何其他分散剂的情况下分散碳纳米管，如果将单壁碳纳米管结合到聚合物中，可以制备力学性能稳定、电子和离子导电复合凝胶，其具有高导电性和良好的分散性，是一种很有前途的电极材料载体。将硫负载于凝胶中，复合凝胶可以作为锂硫电池的正极，获得稳定的循环性能[43]。此外，超薄的 MnO_2/氧化石墨烯/碳纳米管夹层被认为是高性能锂硫电池的多硫化物捕获屏蔽层。采用逐层制备方法，通过负载 MnO_2 纳米粒子和石墨烯氧化物，可以构建夹层结构，该夹层提供了一个物理屏蔽空间，能防止多硫化物穿梭，展示了在开发高性能锂硫电池方面的潜力[44]。通过碳化处理而不需要软/硬模板的辅助和激活来制备分层多孔碳纳米管也已被证实可行[45]。分层多孔碳纳米管可以实现 $1419m^2/g$ 的高比表面积及分层孔隙，独特的多孔结构使其成为高性能锂硫电池的优良电极材料，为实现高效储能应用开辟了新途径。

硫化锂（Li_2S）作为一种很有前途的正极，由于其与无锂负极材料的兼容性和较高的比容量而受到越来越多的关注。然而，开发低电化学过电位、高比容量和良好倍率性能的 Li_2S 正极仍然是一个挑战。有研究报道一种由 Li_2S/CNT@还原氧化石墨烯纳米束组成的正极[46]，该纳米结构采用一种基于溶液的自组装方法制备。在这种独特的纳米结构中，碳纳米管作为轴向载体，硫化锂作为内部活性材料，石墨烯片提供了一个外涂层减少硫化锂与电解质的直接接触。研究表明该硫化锂正极是一种超快充/放电应用的很有前途的材料，并且相关合成方法可以应用于其他新型功能材料的研制。

3. 一些其他碳基载体的硫正极

除了上述介绍的碳布和碳纳米管载体，还有一些其他碳基材料作为硫复合材料载体。由于高的理论容量和成本低，锂硫电池为下一代储能提供了新选择。然而，硫正极的多硫化物溶解和低电子电导率限制了实际应用。为了解决这些问题，有研究人员制备了蛋黄壳结构的碳@Fe_3O_4 纳米盒作为锂硫电池的高效硫载体。通过碳壳层的物理包裹和与 Fe_3O_4 的强烈化学作用，这种独特的结构使活性物质无法移动，并抑制多硫化物中间体的扩散。此外，由于碳壳层和极性 Fe_3O_4 芯的高导电性，它们在充放电过程中促进了电子/离子的快速传输，并促进了活性材料的持续再活化，从而提高了电化学可逆性[47]。以二甲基甲酰胺为溶剂，通过共混合静电纺丝两种不互溶的聚合物聚丙烯腈和二乙酸纤维素可以制备纳米复合纤维，合成的纤维垫在空气中碳化并活化，在介孔碳纳米纤维中形成微孔。中间层中微孔和不同孔径对电池性能具有重要影响，有报道认为介孔对提高电池的倍率性能起着关键作用[48]。

锂硫电池长期以来一直受库仑效率低、容量损耗快、高倍率性能差等问题的困扰。空心碳纳米棒包覆硫纳米复合材料作为锂硫电池正极材料，被认为是有效解决上述问题的一个潜在途径。增强的电化学性能是由碳纳米棒独特的三维空心结构和较高的长度/半径比所致，可以防止多硫化物的溶解，减少自放电，并限制循环过程中的体积膨胀。高容量、优异的高倍率性能和长循环寿命使硫/碳纳米棒纳米复合材料成为锂硫电池的一种很有前途的正极材料。此外，将硫浸渍到氮掺杂的空心碳纳米纤维中，制备的碳-硫纳米结构复合材料具有较大比表面积及总孔隙体积。有研究将其作为锂硫电池正极，实现了 $1230mA \cdot h/g$ 的可逆比容量，在 $0.2C$ 倍率下 100 次循环后保持 $920mA \cdot h/g$。

另一个可行的策略是构建一个可充电的预锂化石墨/硫电池。例如，一种锂化石墨与硫复合正极。首先，电解液显著降低了多硫化物的溶解度，抑制了多硫化物穿梭，从而提高了硫正极的容量保持率。其次，由于低黏度和良好的润湿性，氟化电解质极大地提高了高负载硫正极的反应动力学和硫利用率。更重要的是，在石墨表面形成稳定固体电解质层，从而使石墨负极具有显著的循环性能。通过将预锂化石墨负极与高面积容量的硫正极耦合，预锂化石墨/硫电池具有高容量和较好的容量保持率。

2.3.3　仿生结构正极材料

"仿生学"出现于 20 世纪 60 年代，起源于希腊的 "bios"（生命、自然）和 "mimesis"（模仿、复制）[49,50]，意味着学习大自然的设计和制造出类似于自然界的先进材料的能力。大自然中的每个生物都有着接近完美的特性，表现出结构与功能的协调统一。仿生可以被定义为对大自然生物本身的结构和功能的研究，仿生材料最大的特点就是从天然材料中获得灵感，探究其功能性原理，从而设计和合成出类似自然结构的新型功能材料，有着生物材料的结构特性。仿生材料对于推动材料科学的发展与人类社会文明的进步具有重大的意义[51]。随着社会的不断进步，研究人员把目光放在了仿生材料的合成和应用上。仿生材料已应用于多个领域，近些年，仿生结构材料应用于储能方面的研究也成为热点。

近年来，仿生结构被引入纳米材料和纳米技术的研究领域，包括电池、传感器等[52,53]。Dai 等[54]研制了一种导电蜂窝状正极，由极性 Co_9S_8 纳米管组成。仿生结构能够与多硫化物结合，从而延长循环寿命。Wang 等[55]研制了一种石榴状的微团簇，在 $1C$ 倍率下 400 次循环后，其比容量为 $650mA \cdot h/g$。Cui 等[56]研制了一种具有良好性能的菜心状氮掺杂石墨烯/硫复合材料。此外，还证实了根状多孔碳纳米纤维能够适应体积膨胀[57]。由此，可以通过制备仿生结构的电极材料来解决导电性和体积变化问题。

天然植物蒲公英是一个三维径向球体，由无数棒状种子聚集在核心上，这种特殊的三维多孔形态使每个种子能够有效地与周围的水分和阳光接触。受此启发，有人设计出了一种独特的仿生碳/硫复合材料，该复合材料由蒲公英状三维径向碳纳米管和硫颗粒组成。在这种复合材料中，碳纳米管在循环过程中为硫提供了高速的电子转移路径。特殊的三维多孔蒲公英结构形成一个合适的环境，以适应充放电时硫的体积变化。如图 2.6 所示，通过水热法合成作为模板的三维氧化锌纳米棒。然后，通过原位聚合和随后的热处理，在氧化锌表面覆盖一层碳。通过酸刻蚀去除氧化锌纳米棒，形成中空的三维径向碳纳米管。最后，基于升华吸附凝聚机理将硫负载到碳管上，形成仿蒲公英结构的碳纳米管/硫复合材料。该复合材

图 2.6 仿蒲公英结构复合材料的制备与表征(扫码见彩图)

(a)仿蒲公英结构碳纳米管/硫复合材料制备过程示意图；(b)、(c)三维氧化锌纳米棒的 SEM 图；(d)碳包覆氧化锌的 SEM 图；(e)去除氧化锌后的碳纳米管的 SEM 图；(f)、(g)碳纳米管/硫复合材料的 SEM 图

料具有良好的电池容量和循环稳定性。在 0.1C 倍率下 500 次循环和 0.5C 倍率下 800 次循环后，比容量分别超过 760mA·h/g 和 615mA·h/g。如图 2.7 所示，即使在第二次倍率性能测量之后，比容量仍然保持稳定。

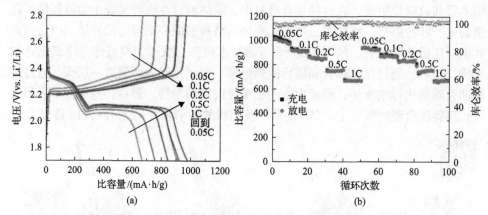

图 2.7　仿蒲公英碳纳米管/硫复合材料的充放电曲线(a)和倍率性能(b)

基于仿生结构硫正极的材料为研制高性能锂硫电池带来了新希望，有人合成独特且经济高效的银耳状掺氮微孔碳材料，其关键特征是具有相互连接的三维通道，具有空隙和高比表面积（>1000m²/g）[58]。特别是很大一部分超微孔和约 0.54nm 的孔在物理上限制亚稳态的硫分子方面起着重要作用。足够氮掺杂量不仅可以提高硫电极材料的电导率，而且可以作为化学吸附多硫化物的活性位点，有效降低穿梭效应。得益于超微孔和氮掺杂的独特三维结构，锂硫电池显示出高可逆比容量和稳定库仑效率。

为了提高锂硫电池的电化学性能并延长其循环寿命，修饰碳簇复合材料的 ZnO 颗粒被应用于锂硫电池正极材料。在这种复合材料中，由导电颗粒修饰的相互连接的初级碳球提供了快速的电子传输网络，可以大大增强电池的反应动力学和倍率性能。同时，碳簇的集成结构和复合颗粒带来的极性可有效减少多硫化物的溶解，提高循环稳定性[59]。另外，源自普鲁士蓝类似物的分层花状钴硫化磷结构(CoSP)展现出良好的硫载体性能。极性 CoSP 可通过形成牢固的化学键有效捕获多硫化物，将 CoSP 与高导电性的还原氧化石墨烯组合后，所得的复合材料作为硫载体，可以提高锂硫电池容量与倍率性能。优异的性能归因于缩短了锂的扩散路径，增强了多硫化物转化过程中的电子传输能力，并增加了多硫化物的锚固活性位点，有望成为一种有前景的锂硫电池材料[60]。为了抑制锂硫电池的穿梭效应，许多极性材料被用于吸附多硫化物。通过水热法可以制备一种竹状极性 Co_3O_4 纳米纤维，并将其用作硫载体材料，所得 Co_3O_4-S 复合硫电极由于对多硫化物的强吸附性而显示出优异的循环稳定性。在 0.1C 倍率时具有 1110mA·h/g

的高初始比容量，即使提高到 1C，Co_3O_4-S 复合电极的比容量在 300 次循环后仍保持 796mA·h/g[61]。

　　天然含羞草具有一个有趣的特征，当叶子受到外部刺激时，它会立即变形。刺激实施得越强，响应就会越快。有研究人员提出了一种新型的仿生纳米复合材料，该材料由含硫的含羞草结构碳复合组成，在锂硫电池正极中使用时表现出良好的电化学性能。在碳/硫复合材料中，空心含羞草结构可在充放电期间缓冲硫的体积变化，并且碳能够提高电导率。如图 2.8 所示，含羞草状的硫化镉前驱体作为模板，包覆碳层之后除去模板，可以构建像含羞草一样的空心碳层。最后，将硫颗粒负载到碳表面，形成碳/硫纳米复合材料，显示出稳定的长期容量和良好的倍率性能。此外，有研究制备了具有中空结构的花状二硫化钼和碳纳米管(MoS₂/CNTs)复合材料，用于高硫利用率的正极。花状的 MoS_2 可以固定硫，并阻碍多硫化物的溶解。MoS_2/CNTs-S 正极的硫负载量为 2.6mg/cm²，单位面积比容量为 3.83mA·h/cm²，提供的初始放电比容量为 1473mA·h/g，硫利用率为 88%[62]。

含羞草结构CdS　　　　碳包裹的CdS　　　　空心结构碳　　　　碳/硫复合材料

图 2.8　含羞草结构碳/硫复合材料的制备过程示意图(扫码见彩图)

　　一种板栗壳结构复合材料由碗状 TiO_2 纳米结构和负载硫的导电水凝胶组成，图 2.9 展示了该材料的制备过程。该复合材料有如下特点：①碗状结构能够提供较大的表面来涂覆辅助材料，而与常规球形相比，它在电极内占据的空间较小。这对于增加比容量是有益的。②中空结构提供了硫的体积变化空间。③TiO_2 具有化学稳定性和机械强度，可确保复合材料稳定，且在电化学反应过程中不会腐蚀和塌陷。④导电水凝胶聚苯胺(PANI)阵列为硫的负载提供了较大的表面积，并且增强了复合材料的导电性。⑤复合物中的 TiO_2 能够有效吸附多硫化物，从而增强循环稳定性。板栗壳状 TiO_2@PANI/S 复合材料具有良好的电化学性能，如图 2.10 所示，在 0.2C 倍率下 200 次循环后的比容量为 1058mA·h/g，库仑效率超过 99.8%，并且倍率性能稳定。采用(101)的 TiO_2 晶面进行模拟，切出四层(101)晶面，固定下两层以模拟材料体相，放开上两层以模拟与多硫化物接触的界面。Li_2S_4、Li_2S_6 和 Li_2S_8 在 TiO_2 上对多硫化物的结合能分别为–2.4108eV、–2.3576eV 和 –2.9979eV。大的吸附能表明有效地抑制了多硫化物的迁移，这有利于获得稳定的循环性能。TiO_2 和多硫化物之间的强吸附可以有效抑制穿梭效应，并减少由可溶性多硫化物和锂负极反应引起的比容量衰减。此外，Li_2S_4、Li_2S_6 和 Li_2S_8 的电子转移分别为

0.4270、0.41629 和 0.4664，电荷的移动进一步证实了 TiO_2 和多硫化物之间的强吸附，如图 2.11 所示。

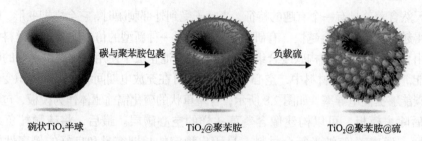

硫状 TiO_2 半球　　　　　　　　　TiO_2@聚苯胺　　　　　　　　TiO_2@聚苯胺@硫

图 2.9　板栗壳结构 TiO_2@水凝胶/硫复合材料的制备示意图

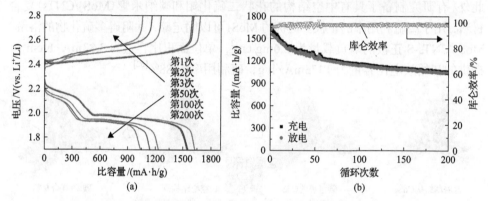

图 2.10　TiO_2@PANI/S 复合材料在 0.2C 倍率时的充放电曲线(a) 及
在 0.2C 倍率下的循环比容量和库仑效率(b)

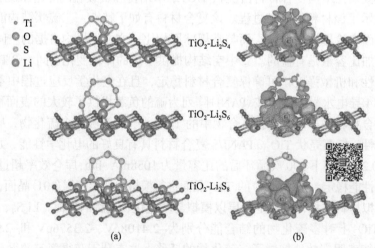

图 2.11　吸附在 TiO_2(101)面上的多硫化物的几何构型(a) 及吸附在 TiO_2 上的
多硫化物的电荷密度分布(b)(扫码见彩图)

硫的电导率低及硫基电极具有明显的穿梭效应,限制了锂硫电池的实际应用。通过喷雾干燥法可以获得一种黑莓状中空石墨烯球,作为锂硫电池载体,由于均匀的硫分布、快速的反应动力学和出色的硫固定性,复合正极在不使用添加剂的情况下可实现高比容量和高倍率性能[63]。此外,有报道合成了具有外层壳和蜂窝状多级多孔氮掺杂金属有机骨架衍生物作为高性能锂硫电池的载体[64]。纳米球起到多层阻隔作用,防止多硫化物的溶解,内部互连的碳网络有利于电子和离子的传输,保证了高的硫含量,并能缓冲硫体积膨胀。

有研究报道一种卷心菜状的氮掺杂石墨烯/硫复合物,这种新颖的类似卷心菜的形态具有三维连接结构,以及独特的细沟纹和细褶皱。通过热重分析,复合材料的硫含量高达 74%(质量分数)。电化学研究表明,在 1C 倍率下的放电比容量为 1309mA·h/g,在 1C 倍率下进行 300 次循环后,稳定的可逆比容量可保持在 663mA·h/g,每次循环的比容量衰减率仅为 0.02%[65]。也有团队以海洋污染物为原料,通过水热碳化法制备了类珊瑚状的氮掺杂分级多孔碳[66]。碳化过程中添加少量葡萄糖可提高碳的产率和固有的氮含量,尤其是对于吡咯氮和吡啶二氮原子而言。负载 40%(质量分数)的硫后,复合材料在 0.1C 倍率时的初始放电比容量为 1617mA·h/g(理论容量的 96.5%),并且在 0.5C 倍率下 500 次循环后,每个充放电循环的容量损耗为 0.05%,在碳酸盐基电解质中的库仑效率稳定为 100%。出色的性能可归因于类似珊瑚的分级多孔结构和大量氮掺杂。将污染物转化为有价值的储能材料,而且工艺简单,该研究也为制备用于锂硫电池的复合正极材料提供了一种有效的方法。

2.3.4 金属有机骨架结构复合硫材料

鉴于锂硫电池的低硫利用率和较差的循环稳定性,一种有效的措施是将强极性材料引入硫活性材料中。基于快速的电荷转移行为、与硫还原中间体的强相互作用及高电化学活化作用,大量研究聚焦于衍生自金属有机骨架(MOFs)的纳米材料载体。例如,原位碳包覆的过渡金属氧化物可以容纳多硫化物氧化还原反应,利于多硫化物的转化。与分层多孔结构相比,有研究发现掺入硫正极 MOFs 材料之后可以明显提高电池的容量,改善倍率性能及提供良好循环稳定性[67]。

锆-金属有机骨架(Zr-metal-organic frameworks,Zr-MOFs)以其优良的稳定性和多功能的化学可调性而广受关注。多种 Zr-MOFs 表现出对配体缺失的耐受力,这些缺陷会产生“开放位点”,可用于结合节点簇上的客体分子。利用这些位点来稳定多孔框架内的中间产物硫代磷酸锂(Li_3PS_4),可以应用于锂硫电池[68]。在电化学循环过程中,即使 Zr-MOFs 中硫代磷酸锂的掺入程度较低,也可以提高硫利用率和多硫化物稳定性,从而在长时间循环中提供可持续的高容量。官能团化的 MOFs 还可以防止在恶劣循环条件下电池的耗损,并在电池恢复到较低的充电/放电倍率时恢复高容量,这对于将来的储能设备而言是必不可少的。尽管使用 MOFs 来抑制锂硫电池的快速容量衰减潜在有效,但是寻找更有效的方法来改善锂硫电池的长期循环稳定性仍然是巨大的挑战。有研究团队提出通过将硫共价引入 MOFs 中来改善锂硫电池循环稳定性,这与将 MOFs 和硫简单混合以设计硫正极的传统方法完全不同。与使用硫和 MOFs 的简单混合物作为正极的锂硫电池相比, MOFs 共价连接的硫构成的正极具有出色的长循环稳定性。可以认为,通过共价键将 MOFs 与硫结合是一种在锂硫电池领域进一步利用 MOFs 的有效方式。

对于不同的应用目的,迫切需要具有特定形态、结构和尺寸的碳材料,这些碳材料通常可以从过渡金属和稀土基 MOFs 中获得。但是,对于使用主族金属合成的 MOFs 知之甚少。通过直接将铟-MOFs 碳化,将空心的高度石墨化薄壁纳米球自组装,可以形成三维石榴状结构的多孔碳微球。这种独特的三维多孔层级结构的形成与低熔点铟的存在及其催化碳石墨化的效果密切相关,事实证明它是高性能锂硫电池的优良载体。与分散的中空碳微球或纳米粒子相比,中空纳米球产生优异导电性是由于其具有紧密的自组装性,结构更为合理。三维石榴状 MOFs 结构作为一种新的形态和结构丰富了碳材料家族,该材料有望在其他潜在应用中使用,如电极材料、催化和化学吸附[69]。

由于可以简单地进行官能团化, MOFs 成为探索锂硫电池正极载体的独特平台,其中将缺陷整合到晶体结构中为引入官能团提供了便捷的方法。Zr 基 MOFs 中,诸如 UiO-66 之类的缺陷位点包含可以被锂离子取代的酸性质子,从而将缺陷 MOFs 转变为一系列锂含量可调的材料[70]。与合成的纯 MOFs 相比,锂化的 MOFs 通过改善离子电导率和硫的分散性,在各种循环倍率下均提高了硫的利用率和容量保持率。

在 MOFs 中,可以激活金属离子以提供开放的金属路易斯酸位点来稳定多硫化物。有报道将基于锰簇的 MOFs 立方笼用作电池正极[71]。活化的 MOFs 不仅提供了对多硫化物的物理捕获和化学吸附,而且还可以促进传质。得益于这些协同作用,复合正极可提供高的电化学性能,并具有高度可重复的倍率性能。锂硫电池由于中间态多硫化物导致的穿梭效应和缓慢的氧化还原动力学而使容量快速衰减。为了同时解决这些问题,有研究团队设计了一个逐层电极结构,该结构的每一层均由均匀生长在还原氧化石墨烯两侧的超细 CoS_2 纳米粒子嵌入的多孔碳组成[72]。源自 MOFs 的 CoS_2 纳米粒子的平均尺寸约为 10nm,并且可以通过催化作用促进液体电解质中 Li_2S_6 和 Li_2S_2/Li_2S 之间的转化,从而改善了多硫化物的氧化还原动力学。另外,具有孔结构的互连导电框架提供了快速的离子和电子传输。

为了开发高性能的锂硫电池,设计和研制具有良好导电性及极性的稳定框架硫正极对于抑制多硫化物的穿梭效应并提高活性硫的利用率非常重要。通过将碳纳米管插入/缠绕在基于 ZIF-67 金属有机骨架制备的 Co 嵌入 N 掺杂的多孔双碳多面体，可以实现多功能的导电纳米杂化体[73]。多孔碳多面体由于具有大的内部空间能容纳大量的硫；包裹的碳层和碳纳米管有效地提高了电导率，并建立了一个提供离子/电子通道的网络；此外，极性 Co 粒子和带负电的 N 杂原子协同增强了多硫化物的化学吸附，并加速了硫正极的氧化还原反应。

尽管有望在锂硫电池中实现高能量密度，但是由于电池循环时多硫化物的溶解，电池的长期稳定性差。MOFs 被证明是锂硫电池的优良正极载体材料，但是这些多孔材料中硫与载体之间相互作用尚不清晰。有人通过理论计算和电化学测试相结合，证明了 MOFs 对硫的强吸附锚固作用[74]。通过控制 MOFs 的粒径，高密度的富含铜的表面缺陷可以极大地提高最大放电容量和多硫化物保持率。电池循环数据说明了这些表面铜位点对于吸附多硫化物的重要性，从而减少容量损失。有人将 MOFs 的极性和孔隙率优势与导电聚合物的导电特性结合起来，制备出聚吡咯(polypyrrole，PPy)-MOF 复合材料，可将 MOFs 的电导率提高 5～7 个数量级[75]。这些 PPy/S@MOF 电极的性能超过其 MOFs 和 PPy 对应电极的性能，尤其是在大的充放电倍率 10C 下经过 200 次和 1000 次循环后分别具有 670mA·h/g 和 440mA·h/g 的比容量，对于大倍率长期循环来说提供了一种新的思路。

迄今为止，大多数复合 MOFs 结构都是粉末形式或致密薄膜，而通过将具有一定粒度的 MOFs 均匀地接枝到碳纳米管海绵骨架上形成的三维多孔 MOFs@CNT 网络带来了新可能[76]。生长更大尺寸的 MOFs 颗粒以捕获导电 CNT 网络时，会形成具有高稳定性的相互嵌入结构，获得的硫复合正极初始比容量高，并且具有极低的衰减率。此外，由于三维多孔网络提高了硫的负载量，可以获得高达 11mA·h/cm^2 的高面积比容量，这比其他基于 MOFs 的混合电极要高得多。具有高面积比容量和循环稳定性的相互嵌入型 MOFs@CNT 也为高性能锂硫电池和其他储能系统提供了潜在选择。

2.3.5 空心与核壳纳米结构硫正极

近年来，大量研究证明了一些纳米结构材料作为硫载体表现出优良电池性能，包括空心和核壳纳米结构等，本节将对此方面的发展前沿进行阐述。例如，双碳壳包覆金属 Mo_2C 纳米粒子($Mo_2C/C@C$)的基体，可以作为一种高效的高性能锂硫电池的硫载体。在电化学过程中，嵌入的极性金属 Mo_2C 纳米粒子能有效地延缓多硫化物的迁移。对于碳层，它们不仅可以作为导电基质，而且可以促进对所有硫类物质的限制，同时保持结构稳定性。内碳层主要用于封装，外碳层主要用于表面修饰。因此，这一复合正极可以从化学和物理方面有效地吸附可溶性多硫化物，并将其限制在 $Mo_2C/C@C$ 的多孔结构中，从而获得了较高的可逆容量和优异的循环性能[77]。为了抑制多硫化物的溶解，保持锂硫电池的高硫利用率，拥有微孔外碳壳的双壳空心碳球被设计并制作为一种高效硫载体。特别之处在于，这种设计具有外部微孔碳壳和泡沫状导电碳链，对于硫来说是一种理想的硫载体。壳层和中空结构内部之间的泡沫状碳链，不仅可以为硫的负载和体积膨胀提供足够的空间，而且有利于快速的电子转移和 Li^+ 扩散，微孔碳壳还可以作为一种有效的物理屏障来抑制来自空心碳球内部的硫的扩散。当用作锂硫电池的正极材料时，电极具有优异的可逆容量，0.2C 倍率下 200 次循环后的容量衰减率为每个循环 0.16%，1C 倍率下 1000 次循环后的容量衰减率为每循环 0.07%[78]。

有人提出了一种新型的多孔结构车轮状复合材料，如图 2.12 所示，它包括多层空心 SnO_2 球体，提供足够的空间以适应循环时硫的体积变化；一维 MnO_2 纳米棒楔在 SnO_2 上，为 Li^+/e 转运提供路径。$S@MnO_2@SnO_2$ 复合物作为正极的锂硫电池在 0.1C 倍率下循环时具有 1323mA·h/g 的高比容量，具有高容量保持率和

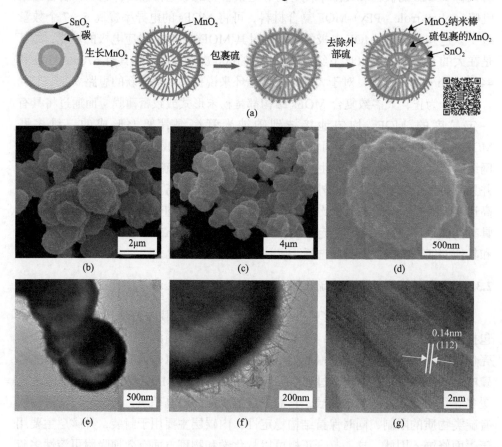

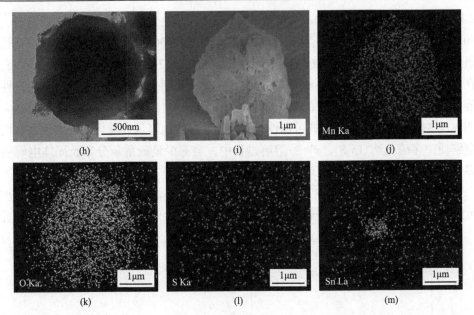

图 2.12　S@MnO$_2$@SnO$_2$复合材料的制备与表征（扫码见彩图）

(a) S@MnO$_2$@SnO$_2$复合物的合成示意图；(b) SnO$_2$@C 的扫描电镜图；(c) MnO$_2$@SnO$_2$的扫描电镜图；
(d) S@MnO$_2$@SnO$_2$的扫描电镜图；(e)、(f) MnO$_2$@SnO$_2$的透射电镜 (TEM) 图；(g) MnO$_2$@SnO$_2$的高分辨
透射电镜图；(h) S@MnO$_2$@SnO$_2$的透射电镜图；(i) 通过聚焦离子束制备的 S@MnO$_2$@SnO$_2$的截面
扫描电镜图；(j)、(k)、(l)、(m) FIB 切割后截面的 Mn、O、S 和 Sn 的元素 mapping 图

长达 500 次循环的长循环能力，每个循环仅有 0.03%的容量衰减。同时电池也表现了良好的倍率性能和低温性能，通过第一性原理计算也证明通过制备复合材料可以增强电子传输。

图 2.13（a）为 S@MnO$_2$@SnO$_2$复合材料电极在 0.1C 倍率下循环 100 次的充放电曲线。从充放电曲线可以清楚地观察到在放电期间的两个电压平台约为

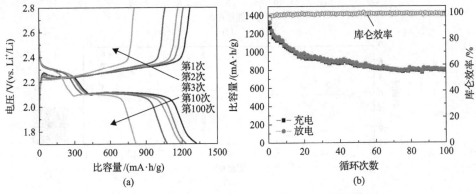

图 2.13　S@MnO$_2$@SnO$_2$复合材料电极的电化学性能

(a) 0.1C 倍率循环时电池的恒电流充电/放电曲线；(b) 相应比容量和库仑效率

2.3V 和 2.1V，在充电期间的一个电压平台为 2.28V，这表明有多步氧化过程[79,80]。

图 2.13(b) 为 S@MnO$_2$@SnO$_2$ 电极在 0.1C 倍率下循环 100 次的比容量和库仑效率图，显示 S@MnO$_2$@SnO$_2$ 初始放电和充电比容量分别为 1267mA·h/g 和 1323mA·h/g。在 100 次循环后仍保持 806mA·h/g 的高比容量，表明良好的容量保持率和循环性能。此外，在第一次循环时的库仑效率为 95.7%，在 100 次循环后的库仑效率为 99%，这表明材料具有良好的可逆性能。最开始时的比容量衰减可能是由于在有机电解质中多硫化物（Li$_2$S$_x$，x>2）溶解过程中，会有少量硫重新分布及固体电解质界面(SEI)膜形成。

第一性原理计算表明，MnO$_2$ 和 SnO$_2$ 提供了密集的带隙结构和良好的态密度(DOS)，有利于降低电子转移势垒。在图 2.14 中，SnO$_2$、MnO$_2$ 和 S 的带隙明

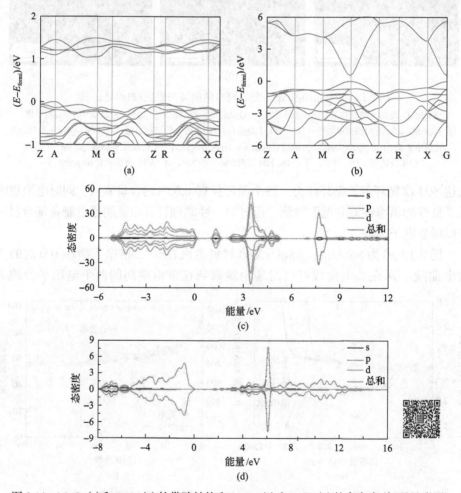

图 2.14　MnO$_2$(a) 和 SnO$_2$(b) 的带隙结构和 MnO$_2$(c) 和 SnO$_2$(d) 的态密度(扫码见彩图)

显不同，分别约为 0.55eV、1.04eV 和 2.71eV。硫的大带隙导致了绝缘体特性，而 SnO_2 和 MnO_2 显示出半导体特性[81,82]。这意味着 SnO_2 和 MnO_2 能够改善 $S@MnO_2@SnO_2$ 复合材料的导电性并加速电子转移。此外，SnO_2 的带隙小于 MnO_2，表明 SnO_2 壳将起到改善复合电极电子转移动力学的作用。

采用模板法，可以合成出双壳 $SnO_2@C$ 空心纳米球，然后负载硫形成 $S/SnO_2@C$ 复合材料正极。有报道指出，其在电流密度为 200mA/g 的情况下，初始比容量为 1473.1mA·h/g，在 3200mA/g 的电流密度下循环 100 次，容量保持率高达 95.7%，即每个循环的容量衰减率仅为 0.043%，这些良好的电化学性能归功于 $SnO_2@C$ 空心纳米球。它们可以通过外部碳壳层来提高导电性，并通过 S—Sn—O 和 S—C 化学键限制多硫化锂来抑制穿梭效应[83]。有研究团队研制出一种 TiO@C 空心纳米球，其具有固有的金属导电性和对多硫化物的强吸附能力，不仅能给硫产生足够的电接触以获得高容量，而且能有效地限制多硫化锂以获得长循环寿命[84]。复合正极利用极性壳层进一步提高了对多硫化锂的限制能力，防止它们向外扩散。基于空心多壳结构 TiO_{2-x} 的硫正极在 0.5C 倍率，容量保持率为 79%，在 1000 次循环后的库仑效率为 97.5%。优异的电化学性能归功于空间限制和完整的三壳层导电性，它结合了物理化学吸附、短电荷转移路径和高机械强度的特点[85]。

通过水热法合成有机前驱体，然后通过热处理将其同时还原，再进行酸刻蚀，最终可获得多孔多壁 $ZnCo_2O_4$ 微胶囊作为负载硫的主体，如图 2.15 所示。多孔的多壁微胶囊主体能够提供许多吸附硫的位置，而多孔壁有利于硫在负载过程中扩散到深处。$ZnCo_2O_4@S$ 复合材料表现出长期的循环性能，并且经过反复测试具有可恢复的倍率性能。通过牺牲模板法，还可以制备嵌入催化钯纳米粒子(Pd nanoparticles，Pd NPs)的空心碳球(Pd@HCS)作为硫载体。由于 Pd NPs 具有中空的纳米结构和较强的化学吸附能力，Pd@HCS 可以有效地减轻多硫化物的穿梭。Pd NPs 作为一种电催化剂，可以加速多硫化物的氧化还原反应动力学。理论计算和 X 射线吸收光谱研究表明，Pd NPs 与硫类物质之间适度的 Pd—S

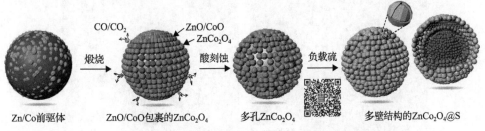

CO/CO₂　　　ZnO/CoO
　　　　　　ZnCo₂O₄

煅烧　　　　　　酸刻蚀　　　　　负载硫

Zn/Co前驱体　　ZnO/CoO包裹的ZnCo₂O₄　　多孔ZnCo₂O₄　　多壁结构的ZnCo₂O₄@S

图 2.15　多层 $ZnCo_2O_4@S$ 复合材料形成示意图(扫码见彩图)

键有利于多硫化物转化。有人制备的 5.88mg/cm² 高硫负载 Pd@HCS/S 正极在 0.2C 倍率时的初始比容量为 873mA·h/g，100 次循环后的容量保持率为 85%[86]。

　　有人合成了一个三维核壳结构，多孔碳芯被一个由 SnO₂ 纳米粒子组成的壳覆盖。硫被包裹在核壳结构 C@SnO₂ 内，如图 2.16 所示。碳能有效地提高材料的导电性，而且为充放电过程中硫的体积变化提供了多孔空间。另外，SnO₂ 壳提高了整体结构的稳定性，对多硫化物有良好的吸附作用，降低了穿梭效应。采用简单的水热法，可以合成 C@SnO₂ 复合材料。然后，通过硫升华吸附机理在复合材料中包覆硫，最终形成 S/C@SnO₂ 复合材料。基于 S/C@SnO₂ 复合正极的锂硫

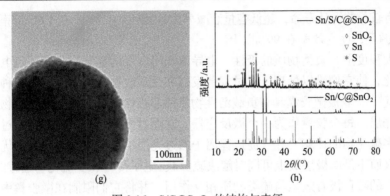

图 2.16　S/C@SnO$_2$ 的结构与表征

(a) S/C@SnO$_2$ 复合材料的结构示意图；(b)、(c) C@SnO$_2$ 的 SEM 图像；(d)、(e) S/C@SnO$_2$ 的 SEM 图；(f)、(g) S/C@SnO$_2$ 的 TEM 图；(h) S/C@SnO$_2$ 的 X 射线衍射 (XRD) 图

电池具有良好的电化学性能。在 0.1C 下 500 次循环和 0.5C 倍率下 1000 次循环后，比容量分别超过 720mA·h/g 和 550mA·h/g，并且在三轮倍率性能测试中仍然具有良好的电学性能。

通过喷雾干燥法制备类似黑莓的空心石墨烯球，可以作为锂硫电池的一种很有前途的硫载体。由于硫分布均匀、反应动力学快、硫锚固性好，石墨烯空心构建的复合硫正极具有 780mA·h/g 的可逆比容量，以及很好的倍率性能和不需要添加剂的特性[87]。有研究人员设计了 Lewis 酸性钇空心球作为锂硫电池的硫固定剂和多硫化物转化催化剂[88]。Lewis 酸性钇能有效地捕获 Lewis 碱性多硫化物，从而减轻锂硫电池的穿梭效应；钇还显示出对从多硫化物到 Li$_2$S 的相互转化反应动力学具有增强的催化作用。因此，无论是作为硫载体还是作为隔膜涂层，钇在实现锂硫电池的高放电容量和良好的循环稳定性方面起着至关重要的作用。多硫化物限制和催化转化反应的协同作用，为实现锂硫电池的高性能提供了一个有意义的探索方向。

利用碳热还原反应，可在空心碳球表面成功地制备 Ti$_4$O$_7$ 纳米粒子[89]，介孔结构的 Ti$_4$O$_7$ 具有均匀的球形形貌和较大的比表面积 (512m^2/g)，孔容为 0.58cm^3/g。在制备过程中引入聚多巴胺层被证实能够有效地抑制 Ti$_4$O$_7$ 的晶粒粗化。此外，高含量的硫负载不影响复合材料的形貌，表明其结构稳定。优异的性能和稳定性可归因于 Ti$_4$O$_7$ 对多硫化锂的强化学结合作用和循环过程中的稳定形貌维持，相关研究也为设计和合成还原金属氧化物与碳之间具有均匀稳定介孔结构的高性能锂硫电池提供了一个新思路。此外，有人合成了一种三维杂化材料，通过 Co(NO$_3$)$_2$@间苯二酚/甲醛的原位碳化和硫化，硫均匀分布在氮掺杂的碳空心球[90]。它具有较高的电子电导率，对多硫化物具有较高的化学吸附能力，并能催化硫氧化还原过程。S/Co$_9$S$_8$@N-CHS 电极在 0.1C 倍率时达到 1337mA·h/g 的良好初始放电比容量，并且具有较长的循环寿命,超低容量衰减率为每循环 0.027%。在 1.0C 倍率下超过 1000 次循环,库仑效率在 99%以上。

很大程度上,硫类物质的极性、电导率和溶解度的显著变化使锂硫电池的问题复杂化,使它们难以处理。通过细菌发酵和化学改性,有人开发了一种新型双极微胶囊[91]。双极微胶囊具有负载活性物质的非极性核心和选择性控制物质进出的极性壳层。每个胶囊作为一个微反应器,它通过多孔碳核吸附硫,通过极性壳层延缓多硫化物的迁移,并且促进锂离子通过壳层扩散。双极微胶囊的优点是在粒子层级而不是电极层级上可同时解决硫负载、电子传导和多硫化物迁移的问题。由此产生的硫正极有效地与硫类物质相互作用,并将它们限制在微胶囊中。采用这种新颖的结构设计,获得了较高的比容量和良好的循环稳定性。

研究人员可以通过静电纺丝方法,合成相互连接的核壳碳纳米球组装的纤维网络,构建自支撑的硫正极。得益于高比表面积、氮原子掺杂及核与壳之间的协同效应,核-壳碳纤维网络结构是有希望用于高硫负载锂硫电池的一种载体材料[92]。另一种简单的方法是无模板的溶剂热方法,结合随后的煅烧来制备核壳结构。例如,钴掺杂氮化钒核壳纳米球,封装在氮掺杂碳复合材料的薄层中,可作为理想的硫载体。得益于氮化钒、钴和掺氮碳的独特结构优势,以及协同效应和导电性,所得复合材料不仅可以促进多硫化物转化为功能性催化剂,而且可以有效地物理限制和化学吸附多硫化物[93]。

利用有机吸附和原位热还原法可以合成含碳涂层的 γ-Al_2O_3@C 核壳微球,核壳微球可以包裹多硫化物,提高硫的利用率。有报道指出,γ-Al_2O_3@ C 核壳微球正极可实现 1046.9mA·h/g 的高初始放电比容量,70 次循环后仍有较高的放电比容量(765.5mA·h/g)及优异的倍率性能[94]。适当的碳含量被证明是影响电化学性能的重要因素,该方法为改善锂硫电池的性能开辟了一条新途径。此外,构造廉价的、具有高电子电导率、大的容纳硫的空间、强的化学吸附性和对多硫化物的氧化还原动力学的硫载主体,对于它们在锂硫电池中的实际应用至关重要。通过蚀刻和氮化工艺,可以获得基于核壳纳米盒的多功能硫载体,用于高倍率和超长循环的锂硫电池。高导电性碳壳在物理上限制了活性材料,并为快速的电子/离子传输提供有效的途径。同时,极性材料内核对多硫化物具有很强的化学键合和有效的催化活性。受益于这些优点,有人制备出的 Fe_2N@C 纳米盒具有高硫含量和高比容量,以及优异的倍率性能和长期循环稳定性。即使在 1C 倍率下进行 600 次循环后,仍可保留 881mA·h/g 的比容量,平均衰减率仅为 0.036%[95]。核壳铁基化合物包裹碳纳米结构,为实现实用性锂硫电池的廉价而有效的硫载体也提供了方法。

通过构建以硫为基质的核壳结构可以提高比容量和稳定性,但是硫在核壳结构上的负载通常很差。有报道以硫为内核来构建核壳结构,这种方法能够有效地提高整个复合材料中的硫含量，如图 2.17 所示。有研究报道一种以硫颗粒为内核，水凝胶聚吡咯(PPy)为壳组成的核壳结构复合材料，如图 2.18 所示。新型的 S@void@PPy 复合材料可实现 98.4%的超高硫含量，这远远超过了通过将硫涂覆到某些主体上的含量。S@void@PPy 复合材料具有以下特征：①通过使用硫作为核壳结构的核心材料，而不是在某些基质上涂覆硫，可以实现较高的硫含量；②核壳结构为锂硫电池循环过程中硫的体积变化提供了有效的空间；③导电 PPy 壳增强复合材料的导电性；④PPy 能够吸附多硫化物，从而抑制了穿梭效应。S@void@PPy 复合材料具有良好的锂存储性能，包括稳定的容量和快速的锂离子扩散系数。

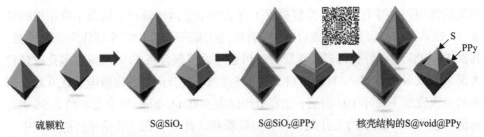

硫颗粒　　　　　　S@SiO₂　　　　　　S@SiO₂@PPy　　　核壳结构的S@void@PPy

图 2.17　核壳 S@void@PPy 复合材料的制备示意图(扫码见彩图)

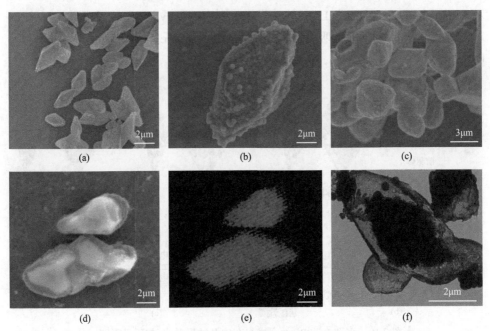

图 2.18　核壳 S@void@PPy 的制备与表征

(a)硫颗粒；(b)S@SiO₂ 的 SEM 图；(c)S@SiO₂@PPy 的 SEM 图；(d)除去 SiO₂后的核壳 S@void@PPy 复合材料的 SEM 图；(e)硫元素图；(f)核壳 S@void@PPy 复合材料的 TEM 图

　　包裹纳米结构被广泛应用于锂硫电池研究，然而一旦在硫表面涂覆一些导电材料，硫的体积膨胀会使涂层破裂，从而导致导电路径被破坏，如图 2.19 所示。另外，当采用预留空隙来缓冲体积变化时，硫的导电性又得不到很好的提高。因此，如何同时实现硫正极的高电导率和体积变化的缓冲是很大的挑战。由此，刘金云课题组提出了一种新型多孔结构的硫复合材料(图 2.20)，由多孔的硫颗粒和导电聚吡咯组成，能够同时提高硫正极的导电性和为体积变化提供缓冲空间，从而综合提高电池的循环稳定性。可以采用牺牲模板法制备多孔硫颗粒，并在其表面进行聚合物的包裹，该复合材料的特点：①多孔硫颗粒内部的空隙能为循环过程中硫的体积膨胀提供良好的缓冲空间，包裹的涂层也能起到抑制多硫化物溶解损失的作用；②导电的 PPy 涂层提供了有效的电子运输通道，增强了硫正极的导电性。在八面体硫颗粒的合成过程中，首先使用聚苯乙烯(PS)小球作为造孔模板，其次去除 PS 小球后获得多孔硫颗粒，再通过原位聚合将 PPy 包覆在多孔硫颗粒表面，形成多孔 S@PPy 复合材料。基于 S@PPy 复合正极的锂硫电池在 0.12C 倍率的电流密度下循环 100 次后，比容量仍保留 900mA·h/g，库仑效率约为 99.9%，远优于包裹 PPy 涂层的无孔硫颗粒和纯硫颗粒。此外，在三轮倍率性能测试中，相同的电流密度下的容量保持率高达 97%。第一性原理计算吸附模型如图 2.21 所示，PPy 对 Li_2S_4、Li_2S_6 和 Li_2S_8 的吸附能分别为 0.58eV、0.54eV 和 0.82eV，而碳对 Li_2S_4、Li_2S_6 和 Li_2S_8 的吸附能分别为 0.42eV、0.50eV 和 0.58eV，均低于 PPy 吸附能力。

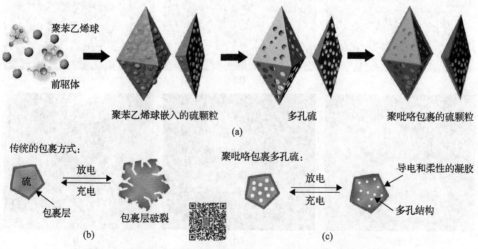

图 2.19　多孔 S@PPy 的合成与充放电过程对比(扫码见彩图)

(a)多孔 S@PPy 颗粒复合材料制备示意图；(b)、(c)分别展示传统的硫基核壳和
多孔 S@PPy 在长期循环测试过程中的材料变化示意图

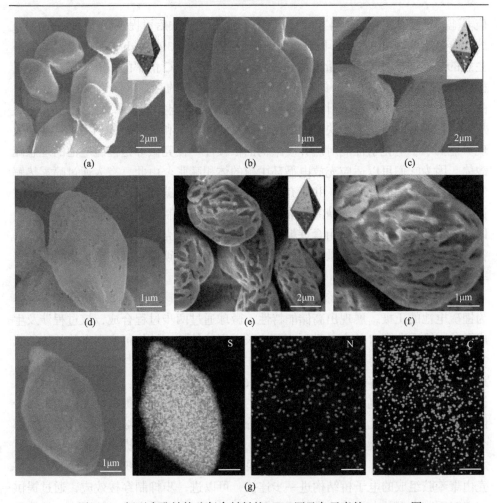

图 2.20　新型多孔结构硫复合材料的 SEM 图及各元素的 mapping 图

(a)、(b) 嵌有 PS 的硫颗粒的 SEM 图；(c)、(d) 多孔硫颗粒的 SEM 图；(e)、(f) S@PPy 的 SEM 图；

(g) S@PPy 复合材料的各元素 mapping(面扫描)图

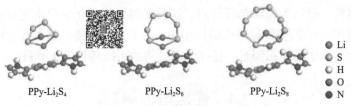

图 2.21　多硫化物在 PPy 表面的吸附模型(扫码见彩图)

　　抑制多硫化锂的穿梭效应并加快其转化动力学对开发高性能锂硫电池至关重要。有研究人员通过改进的模板方法制备出坚固的核壳硫材料，该材料将分散的 Fe_2O_3 纳米粒子包裹在 Mn_3O_4 纳米片接枝的中空 N 掺杂多孔碳胶囊中[96]。当用作锂硫电池的正极时，复合材料在 0.5C 倍率下循环 200 次后可提供高达 1122mA·h/g 的比容量，而在 10C 倍率下 1500 次循环后可提供 639mA·h/g 的比容量。值得注意的是，即使硫的负载量增加到 5.1mg/cm², 在 0.1C 倍率的 100 个循环中，正极仍能保持 5.08mA·h/cm² 的高比容量，且每个循环的衰减率仅为 0.076%。优异的性能主要归因于氧空位引起的界面电荷场，该场固定并催化了多硫化锂的转化，从而确保了低的极化率、快速的氧化还原反应动力学和硫的充分利用，这些新发现可能揭示了电化学性能对硫异质结构的依赖性。核壳微球是锂硫电池的理想硫载体，因为它们可以适应充放电循环中硫的体积膨胀。由此，有人通过喷雾热解制备了核壳结构的碳微球，并研究了其形成机理。该碳核壳微球是使用含有草酸锡、聚乙烯吡咯烷酮和蔗糖的溶液通过一步喷雾热解制备。在还原性气氛下，可以获得核壳结构微球[97]。由含蔗糖的溶液制的碳核壳微球比由无蔗糖的溶液制备的微球更饱满，与中空微球相比，具有硫渗透核的碳核壳微球显示出优异的倍率性能。

此外，一维竹状 N 掺杂碳纳米管包裹了 Co 纳米颗粒的微球，负载硫之后作为锂硫电池的正极，展现出高储能特性。微球通过两步过程合成，该过程涉及生成微球，然后进行 N 掺杂的碳纳米管生长。层状的核壳结构可实现有效的硫负载并减轻多硫化锂的溶解，并且金属 Co 和 N 掺杂改善了微球与硫的化学亲和力，该正极表现出良好容量保持率和每次 0.06% 的容量衰减率[98]。尽管各种碳材料已被广泛应用于锂硫电池，但是材料结构的高效优化以进一步提高性能仍然是一个巨大挑战。包含微孔壳和中孔核的核壳分层多孔碳纳米球已被研制，其中，内部介孔核充当硫的储集层以捕获多硫化物，而外部微孔壳不仅提供了硫与导电基质之间的大接触面积，而且还提供了物理限制和化学吸附以捕获多硫化物[99]。该核壳由聚苯胺组成的电子桥结构进一步连接，可以进一步抑制穿梭效应，通过提供"点对面"类型的电子传输模式而不是"点对点"来提供高导电的网络。尽管已经有许多研究报道了如何延长锂硫电池循环性，但是高成本和复杂的制备过程仍然阻碍了它们的实际应用。通过加热硫化聚苯胺-硫核壳结构合成聚苯胺-硫核壳纳米复合材料，被认为是简单可行的。这种加热处理比化学浸出更有效地制备均匀的核壳结构，与聚苯胺-硫核壳结构相比，由于聚合物壳内部存在空隙空间以容纳硫在锂化过程中的体积膨胀，核壳纳米结构的可循环性大大提高。

2.4　锂硫电池隔膜

锂硫电池的隔膜与锂离子电池相似，主要为聚乙烯多孔膜，对隔膜进行修饰和改善，被认为是一个增强电池稳定性的潜在途径[100]。有人制备了穿过介孔二氧化硅纳米球 (mSiO₂)/Co 的氮掺杂碳纳米管蜘蛛网状纳米化合物，然后将其覆盖在商业隔膜上，以此来缓解穿梭效应[101]。具有大量的多硫化物吸附位点（SiO_2 和 N）、多硫化物转化催化剂（Co 和 Co-N_x）的三维导电网状化合物的紧密结合使 Co/$mSiO_2$-NCNTs 涂覆层不仅能通过物理吸附和化学键合来有效地捕捉多硫化物，同时也极大地提高了多硫化物的氧化还原效率。结合非原位实验和理论计算表明多硫化物在 $mSiO_2$ 上的可逆吸附/脱吸有利于 Li_2S_2/Li_2S 在导电网上的均匀沉积，这对电池的长期循环来说非常有利，Co/$mSiO_2$-NCNTs 涂覆的隔膜所组装的电池同时表现出优异的循环稳定性和倍率性能。此外，一种氮化钒（VN）修饰的隔膜，可作为有效调节多硫化物并促进锂硫电池电化学动力学的促进剂。得益于多孔 VN 的致密堆积结构和极性表面，VN 改性的隔膜很好地同时协调了多硫化物的物理限制和化学诱导并缓和了 Li^+ 的迁移，VN 的极佳电导率也促使了多硫化锂的转换[102]。

将花状 CuS/石墨烯纳米复合材料沉积在多功能隔膜上，可以有效固定锂硫电池的多硫化物。CuS/石墨烯复合物赋予了丰富的氧官能团和极佳的正极区域导电性。CuS/石墨烯涂层隔膜的引入有效地减少了多硫化锂的溶解，并提高了锂硫电池硫正极的完整性。使用这些改性隔膜的电池在 0.2C 倍率下的放电比容量为 1302mA·h/g，并且在 100 次循环后依然具有 760mA·h/g 可逆比容量[103]。

为了加快锂硫电池的商业化，稳定锂负极同时抑制穿梭效应以在高硫负载下实现稳定的循环是不可避免的。原材料成本低廉和简单的合成方法也是产品商业化的重要前提。有人提出了嵌入氮掺杂三维碳纳米片中的硫化锌（ZnS）纳米粒子作为改性隔膜。在碳材料的高温碳化期间，发生硫化锌相变，导致阴离子空位（S^{2-}）及不饱和 Zn 中心。在保持催化活性的同时，ZnS 中的不饱和 Zn 中心充当路易斯酸，通过配位键与多硫化物结合。此外，氮杂原子的均匀分布可以有效地调节隔膜的 Li^+ 通量，从而实现锂负极的稳定循环[104]。

镍-铁金属化合物（Ni_3Fe）作为新型的电催化剂，可引发涉及多硫化物的高效表面反应。铁掺入立方镍相可引起强烈的电子相互作用和晶格畸变，从而将镍相活化为催化活性的 Ni_3Fe 相，促进锂硫电化学多相转化的氧化还原动力学。有研究发现，使用 Ni_3Fe 改性隔膜的锂硫电池在 0.1C 倍率时初始比容量为 1310.3mA·h/g，在 4C 时的初始比容量为 598mA·h/g，具有出色的倍率性能和在 1C 倍率下具有 1000 个循环的长寿命，每循环约 0.034% 的低容量衰减率。即使在苛刻的工作条件下，如高硫负载（7.7mg/cm^2）或低电解质/硫比（6μL/mg），Ni_3Fe 催化的电池仍具有出色的性能。这项工作为探索用于高倍率和长循环寿命的锂硫电池的先进金属催化剂提供了一个新途径[105]。

功能性隔膜的设计旨在提高硫的利用率，并抑制锂硫电池的多硫化物穿梭。有研究报道一种功能性隔膜，该隔膜是通过在聚乙烯隔膜上涂覆磺化的 UiO-66/Nafion 而获得的。这种改进的隔膜可抑制由于分子筛和静电排斥作用而引起的多硫化物扩散，并且由于其快速反应而促进了硫转化的氧化还原动力学，通过束缚在 MOF 和 Nafion 上的磺酸基进行电荷传输。因此，基于 MOF/Nafion 混合涂层隔膜的锂硫电池，在 0.1C 倍率时的放电比容量为 1127.4mA·h/g，在 3C 倍率时，相对于 0.1C 倍率的容量保持率为 66.8%，在 200 个充电/放电循环中的循环稳定性为 75.5%。这些值比原始和 Nafion 涂层隔膜的值大得多，这证实了 MOF/Nafion 混合涂层在功能性隔膜设计方面的优越性[106]。

有人开发了一种中间层，该中间层由两层化学气相沉积(CVD)生长的石墨烯组成，并由常规的聚丙烯(PP)隔膜支撑。与由不连续的纳米/微结构制成的中间层会增加隔膜的厚度和质量不同，CVD 石墨烯是完整的膜，厚度为 0.6nm，且具有面密度 $0.15\mu g/cm^2$，与 PP 隔膜相差不大。PP 隔膜上的 CVD 石墨烯是迄今为止最薄和最轻的中间层，能够抑制多硫化物的穿梭并提高硫的利用率，从而同时提高比容量、倍率性能和循环稳定性，并抑制自放电[107]。

花状分级碳球涂覆在用于多硫化物捕集器的商用 PP 隔膜上，可以增强电池性能。这种具有多尺度孔的碳球可强力吸收多硫化物，并且导电碳球还充当集电器以改善活性物质的导电性。有研究发现，电池在 0.2C 倍率时具有高达 1427mA·h/g 的初始放电比容量，在 730 次循环时具有 730mA·h/g 的高可逆比容量，在 500 次循环下的降解率仅为 0.061%[108]。此外，由插入在两层多壁碳纳米管之间的氧化石墨烯组成的涂层在锂硫电池用聚合物隔膜上形成多功能的多硫化物捕获界面。顶部和底部高导电性界面能够物理抑制多硫化物扩散，并在循环过程中有效地重新利用捕获的活性材料。另外，插入的带有负电荷羧基的超薄石墨烯层可静电排斥迁移的多硫化物阴离子。堆叠的石墨烯片还广泛地延长了多硫化物的迁移路径，散布在三重界面内的缓冲区容纳了迁移的多硫化物。夹层隔膜使电池具有高硫负载量($10mg/cm^2$)、高面积比容量($10.9mA·h/cm^2$)和稳定的循环性能[109]。

多硫化物的穿梭效应导致活性硫的大量损失，有研究报道一种基于"软硬酸碱"理论的用于锚固多硫化物的方法，在聚丙烯隔膜上聚合的叔胺层选择性地与正极中溶解的高阶 Li_2S_x 配位；同时，由于留有足够的孔传输 Li^+，因此不会中断 Li^+ 的传输。在 0.5C 倍率下进行 400 次充放电后，改性隔膜电池仍具有 865mA·h/g 的比容量[110]。通过不同的制备方法可以制备电纺聚酰亚胺(PI)纳米纤维膜作为锂硫电池的隔膜。与聚烯烃膜相比，在聚酰胺酸(PAA)膜中通过热压工艺制备的 PI 纳米纤维隔膜具有优良的热稳定性、高强度及良好地吸收和储存电解质的能力[111]。PI 大分子相互连通的孔结构和丰富的极性官能团，可以通过物理和化学吸附相互作用抑制多硫化物在电解质中的扩散和损失，表明特殊的热压电纺 PI 隔膜具有良好的循环稳定性，有广泛应用于锂硫电池的前景。

2.5 电解液

电解液是电化学设备的关键组成部分,它在电池中的正极和负极之间传输离子[112]。锂硫电池的性能很大程度受电解质影响,这是由于多硫化物溶解到电解质中,以及形成了固体电解质中间相。在充电和放电过程中,电解质及其功能的选择非常复杂,涉及多个反应和过程。选择合适的电解质(包括溶剂和盐)在很大程度上取决于其物理和化学性质,而电化学性质受到分子结构的影响。

聚合物已被广泛用作电池的黏结剂,考虑到特殊的电解质体系和充放电机理,验证通用聚合物是否适用于锂硫电池是非常必要的。为了提高锂硫电池中硫的利用率,人们探索了高介电常数电解液,但是由于锂金属负极的稳定性低,阻碍了它们的应用。有人提出了一种基于四甲基脲的自由基导向的多硫化物溶剂化高介电解液。Li/Li 对称电池实现了 200h 以上的循环,显示出基于四甲基脲电解液与锂金属中短链多硫化物的高溶解度,以及活性自由基的存在,电池可提供 1524mA·h/g 的放电比容量和 324W·h/kg 的能量密度[113]。

有研究显示,环丁砜中的高氯酸锂浓度(0.1~2.8mol/L)对锂硫电池性能具有重要影响。高氯酸锂的浓度会显著影响硫的电化学还原深度、多硫化锂的反应性及锂硫电池循环的库仑效率。高氯酸锂的浓度为 1mol/L 时,达到了电化学还原硫的最大深度,而在 2.8mol/L 时达到了最小深度。硫的电化学还原深度受游离溶剂分子数量的限制,锂盐浓度的增加提高锂硫电池的库仑效率。当锂盐的浓度高于 2.4mol/L 时,锂硫电池循环的库仑效率接近 100%。锂盐的浓度会影响多硫化锂的种类,影响在电解质溶液中的缔合-离解平衡及多硫化锂和锂盐中所含锂离子的溶剂化过程,从而决定了锂硫电池的性能[114]。

2.6 全固态锂硫电池

全固态锂硫电池采用固态电解质,具有更高能量密度,是未来新能源汽车动力电池等领域的重要发展方向之一。然而,硫和硫化锂的电导率较小,固态电解质的离子电导率较低,解决这些问题的一个潜在方法是研制由均匀分布的纳米活性材料、固体电解质和碳组成的硫纳米复合电极[115,116]。有研究报道了一种自下向上的方法制备这种纳米复合材料,将硫化锂作为活性物质溶解,聚乙烯吡咯烷酮作为碳前驱体,在乙醇中 Li_6PS_5Cl 作为固体电解质,然后进行共沉淀和高温碳化[117]。硫化锂活性物质和粒径在 4nm 左右的 Li_6PS_5Cl 固体电解质被均匀地限制在纳米级碳基体中。这种均匀的纳米复合电极由不同的纳米粒子组成,具有不同的锂存储能力、离子和电子导电性等,使得用于全固态锂硫电池的机械力学优良和混合导电(离子和电子导电)硫电极成为可能。室温条件下，在 50mA/g 的循环电流密度条件下，可获得 830mA·h/g 的大可逆比容量，相关研究为设计高性能全固态锂硫电池的机械强度好、混合导电的纳米复合电极提供了一种新的策略。

电极-电解质界面性质对锂硫电池的循环性能起着至关重要的作用。电极-电解质界面性质包括界面发生的电化学和化学反应、界面层的形成机理、界面层的组成结构特征、界面间的离子输运及界面的热力学和动力学行为。锂硫电池中常用的液体电解质与传统锂离子电池中的电解质相似，后者通常是由溶解在溶剂基质中的锂盐组成。然而，由于硫或多硫化物有关的一系列独特的特性，醚基溶剂通常用于锂硫电池中，而不是采用传统锂离子电池中普遍使用的碳酸盐类溶剂。此外，锂硫电池的电解质通常包括一种重要的添加剂——硝酸锂。锂硫电池独特的电解质成分，无法直接将传统锂离子电池的界面理论应用到锂硫电池。另外，锂硫电池在充放电过程中，溶解的多硫化物通过电池隔膜与锂负极发生反应，加剧了锂硫电池界面问题的复杂性。固体锂离子电解质已被尝试用于锂硫电池的开发，以消除多硫化物穿梭问题。一种方法基于全固态锂硫电池的概念，其中所有的电池组件都是固态的；另一种方法基于混合电解质锂硫电池的概念，其中固体电解质既作为锂离子导体进行电化学反应，又可以作为防止多硫化物穿梭的分离器。然而，除了固态电解质的离子电导率低之外，电极与固态电解质间的界面性能差也是一个关键问题[118]。

用固态聚合物电解质(SPE)代替传统的液体电解质，不仅可以更安全地使用锂金属负极，还可以灵活设计锂离子电池的形状。但是，基于 SPE 的全固态锂硫电池的实际应用在很大程度上受到多硫化物中间体的穿梭效应和电池运行过程中形成的锂枝晶的阻碍。有研究人员提出了一种无氟贵金属盐阴离子三氰胺 $[C(CN)^{3-}, TCM^-]$ 作为全固态锂硫电池的锂离子导电盐。与广泛使用的全氟化阴离子 $TFSI^-$ 相比，基于 LiTCM 的电解质显示出良好的离子电导性和热稳定性，以及足够的负极稳定性以适用于全固态锂硫电池。源自 LiTCM 分解的无氟固体电解质中间层具有良好的机械完整性和锂离子电导性，使基于 LiTCM 的锂硫电池具有良好的倍率性能和高库仑效率进行循环。传统锂硫电池中的多硫化物与有机电解质之间的穿梭导致了严重的问题，如低库仑效率和较差的循环稳定性。采用 $Li_{1.5}Al_{0.5}Ge_{1.5}(PO_4)_3$ (LAGP)固体陶瓷电解质代替液体电解质可开发出固态锂硫电池。该电池经过 30 次充放电后，保持比容量为 1400mA·h/g。同时，电池每一次循环的库仑效率几乎 100%，体现出优良的可逆循环特性[119]。

全固态锂硫电池的发展是解决硫的溶解和穿梭问题的一个有效途径。通过酯化反应将聚乙二醇(PEG)接枝到氧化石墨烯表面，可以合成由锂离子导体组成的碳基 GO-PEG。硫再原位沉淀到 GO-PEG 表面形成 GO-PEG@C/S 正极材料。氧化石墨烯正极材料中硫纳米粒子在离子和导电纳米薄片上呈均匀分布。制备的全固态锂硫电池在 0.2C 倍率循环，表现出高的初始放电比容量 1225mA·h/g，并且在2C倍率经过100次的充放电循环后，保持良好的循环稳定性，容量保持率为86.6%。许多研究人员在开发具有类似或优于锂磷氧氮(LiPON)玻璃聚合物前驱体电解质方面做出了大量贡献，这种前驱体在全固态电池电解质的 LiPON 的玻璃/陶瓷涂层方面具有很大的应用潜力。

近年来，人们对室温锂离子导体进行了大量研究，试图开发出可用于汽车电气化的固态电池。通过对材料合成的精细修饰，证明了固体锂离子导体具有与液体电解质相当的离子导电性能。然而，由于高导电固体电解质存在于整个电池结构的不同界面，因此将其集成到整个系统中仍然具有很大的挑战性[120]。有研究报道了一种双氟磺酰亚胺锂和聚环氧乙烷作为电解质材料与聚合物黏结剂组成固体聚合物电解质。基于双氟磺酰亚胺锂的锂硫全固态聚合物电池可以提供800mA·h/g 高放电比容量、0.5mA·h/cm² 高面积比容量和相对良好的倍率性能。双氟磺酰亚胺锂盐在锂-硫聚合物膜中的循环性能与传统的亚胺锂盐相比有了显著的提高，这是由于锂负极/电解液界面在双氟磺酰亚胺锂固相体系中的稳定性得到了改善[121]。

尽管有大量的研究，但固态电解质层的演化机制及多硫化物和其他电解质组分的具体作用尚未清晰。原位 X 射线光电子能谱和化学成像分析结合的分子动力学计算模型，揭示出锂负极上的固态电解质演化过程[122]。这些在分子水平上对锂硫电池固态电解质演化的新认识，对全固态锂硫电池的发展具有重要意义。

参 考 文 献

[1] Xue M, Lu W, Chen C, et al. Optimized synthesis of banana peel derived porous carbon and its application in lithium sulfur batteries. Material Research Bulletin, 2019, 112: 269-280.

[2] Zhu M, Li S, Liu J, et al. Promoting polysulfide conversion by V_2O_3 hollow sphere for enhanced lithium-sulfur battery. Applied Surface Science, 2019, 473: 1002-1008.

[3] 陈勇. 新能源汽车动力电池技术. 北京: 北京理工大学出版社, 2017.

[4] Zhou H Y, Sui Z Y, Liu S, et al. Nanostructured porous carbons derived from nitrogen-doped graphene nanoribbon aerogels for lithium-sulfur batteries. Journal of Colloid and Interface Science, 2019, 541: 204-212.

[5] 克里斯汀·朱利恩, 艾伦·玛格, 阿肖克·维志, 等. 锂离子电池科学与技术. 刘兴江, 等, 译. 北京: 化学工业出版社, 2018.

[6] 张强, 黄佳琦. 低维材料与锂硫电池. 北京: 科学出版社, 2020.

[7] Chung S H, Han P, Singhal R, et al. Electrochemically stable rechargeable lithium-sulfur batteries with a microporous carbon nanofiber filter for polysulfide. Advanced Energy Materials, 2015, 5: 1500738.

[8] Xu C, Wu Y, Zhao X, et al. Sulfur/three-dimensional graphene composite for high performance lithium-sulfur batteries. Journal of Power Sources, 2015, 275: 22-25.

[9] Liu J, Zhang W, Chen Y, et al. A novel biomimetic dandelion structure-inspired carbon nanotube coating with sulfur as a lithium-sulfur battery cathode. Nanotechnology, 2019, 30: 155401.

[10] 陈铭苏, 张会茹, 张琪, 等. 锂硫电池中钴磷共掺杂 MoS_2 催化性能的第一性原理研究. 高等学校化学学报, 2021, 8: 2540-2549.

[11] Wild M, O'Neill L, Zhang T, et al. Lithium sulfur batteries, a mechanistic review. Energy & Environment Science, 2015, 8: 3477-3494.

[12] Manthiram A, Chung S H, Zu C, et al. Lithium-sulfur batteries: progress and prospects. Advanced Materials, 2015, 27: 1980-2006.

[13] Jha H, Buchberger I, Cui X, et al. Li-S batteries with Li_2S cathodes and Si/C anodes. Journal of Electrochemical Society, 2015, 162: A1829-A1835.

[14] 李豫云, 李虹, 向明武, 等. 锂硫电池自支撑正极材料的研究进展. 功能材料, 2021, 52: 5033-5041.

[15] Eftekhari A, Kim D W. Cathode materials for lithium-sulfur batteries: a practical perspective. Journal of Materials Chemistry A, 2017, 5: 17734-17776.

[16] Zhao X H, Kim M, Liu Y, et al. Root-like porous carbon nanofibers with high sulfur loading enabling superior areal capacity of lithium sulfur batteries. Carbon, 2018, 128: 138-146.

[17] Guo B S, Bandaru S, Dai C L, et al. Self-supported $FeCo_2S_4$ nanotube arrays as binder-free cathodes for lithium-sulfur batteries. ACS Applied Materials & Interfaces, 2018, 10: 43707-43715.

[18] Li Y P, Jiang T Y, Yang H, et al. A heterostuctured Co_3S_4/MnS nanotube array as a catalytic sulfur host for lithium sulfur batteries. Electrochimica Acta, 2020, 330: 135311.

[19] Shen J D, Xu X J, Liu J, et al. Mechanistic understanding of metal phosphide host for sulfur cathode in high-energy-density lithium-sulfur batteries. ACS Nano, 2019, 13: 8986-8996.

[20] Wang Z S, Shen J D, Liu J, et al. Self-supported and flexible sulfur cathode enabled via synergistic confinement for high-energy-density lithium-sulfur batteries. Advanced Materials, 2019, 31: 1902228.

[21] Ali S, Waqas M, Chen N, et al. Three-dimensional twisted fiber composite as high-loading cathode support for lithium sulfur batteries. Composites Part B: Engineering, 2019, 174(1): 107025.

[22] Jiang M, Wang R X, Wang K L, et al. Hierarchical porous Fe/N doped carbon nanofibers as host materials for high sulfur loading Li-S batteries. Nanoscale, 2019, 11: 15156-15165.

[23] Liu Y, Haridas A K, Lee Y, et al. Freestanding porous sulfurized polyacrylonitrile fiber as a cathode material for advanced lithium sulfur batteries. Applied Surface Science, 2019, 472: 135-142.

[24] Zhou X X, Ma X T, Ding C M, et al. A 3D stable and highly conductive scaffold with carbon nanotubes/carbon fiber as electrode for lithium sulfur batteries. Materials Letters, 2019, 251: 180-183.

[25] Zeng Z P, Li W, Wang Q, et al. Programmed design of a lithium-sulfur battery cathode by integrating functional units. Advanced Science, 2019, 6: 1900711.

[26] Ma L B, Zhu G Y, Zhang W J, et al. Three-dimensional spongy framework as superlyophilic, strongly absorbing, and electrocatalytic polysulfide reservoir layer for high-rate and long-cycling lithium-sulfur batteries. Nano Research, 2018, 11: 6436-6446.

[27] Cho S H, Cho S M, Bae K Y, et al. Improving the electrochemical behavior of lithium-sulfur batteries through silica-coated nickel-foam cathode collector. Journal of Power Sources, 2017, 341: 366-372.

[28] Yuan G H, Wang G, Wang H, et al. A novel three-dimensional sulfur/graphene/carbon nanotube composite prepared by a hydrothermal Co-assembling route as binder-free cathode for lithium-sulfur batteries. Journal of Nanoparticle Research, 2015, 17: 36.

[29] Cheng J J, Song H J, Pan Y, et al. 3D copper foam/bamboo charcoal composites as high sulfur loading host for lithium-sulfur batteries. Ionics, 2018, 24: 4093-4099.

[30] Cheng X B, Peng H J, Huang J Q, et al. Three-dimensional aluminum foam/carbon nanotube scaffolds as long- and short-range electron pathways with improved sulfur loading for high energy density lithium-sulfur batteries. Journal of Power Sources, 2014, 261: 264-270.

[31] Lu Y, Jia Y N, Zhao S Y, et al. CF@rGO/PPy-S hybrid foam with paper window-like microstructure as freestanding and flexible cathode for the lithium-sulfur battery. ACS Applied Energy Materials, 2019, 2: 4151-4158.

[32] Xiang M W, Wu H, Liu H, et al. A flexible 3D multifunctional MgO-decorated carbon foam@CNTs hybrid as self-supported cathode for high-performance lithium-sulfur batteries. Advanced Functional Materials, 2017, 27: 1702573.

[33] Yu P, Xiao Z C, Wang Q Y, et al. Advanced graphene@sulfur composites via an *in-situ* reduction and wrapping strategy for high energy density lithium-sulfur batteries. Carbon, 2019, 150: 224-232.

[34] Wu Z, Wang W, Wang Y T, et al. Three-dimensional graphene hollow spheres with high sulfur loading for high-performance lithium-sulfur batteries. Electrochimica Acta, 2017, 224: 527-533.

[35] Huang X, Zhang K, Luo B, et al. Polyethylenimine expanded graphite oxide enables high sulfur loading and long-term stability of lithium-sulfur batteries. Small, 2019, 15: 29.

[36] 王颖, 陈宇, 李雪, 等. 硝酸锂添加剂在锂硫电池中作用的新理解. 科学通报, 2021, 66: 1262-1268.

[37] Liu K, Shang Y, Ouyang Q, et al. A data-driven approach with uncertainty quantification for predicting future capacities and remaining useful life of lithium-ion battery. IEEE Transactions on Industrial Electronics, 2021, 68: 3170-3180.

[38] 刘鑫, 冯平丽, 侯文烁, 等. 锂硫电池中间层的研究进展. 化工学报, 2020, 71: 4031-4045.

[39] Guo S, Qin L, Zhang T, et al. Fundamentals and perspectives of electrolyte additives for aqueous zinc-ion batteries. Energy Storage Materials, 2021, 34: 545-562.

[40] Schmid M, Gebauer E, Hanzl C, et al. Active model-based fault diagnosis in diagnosis in reconfigurable battery systems. IEEE Transactions on Power Electronics, 2021, 36: 2584-2597.

[41] Wu C, Fu L J, Maier J, et al. Free-standing graphene-based porous carbon films with three-dimensional hierarchical architecture for advanced flexible Li-sulfur batteries. Journal of Materials Chemistry A, 2015, 3: 9438-9445.

[42] Kim J, Kang Y K, Song S W, et al. Freestanding sulfur-graphene oxide/carbon composite paper as a stable cathode for high performance lithium-sulfur batteries. Electrochimica Acta, 2019, 299: 27-33.

[43] Tamate R, Saruwatari A, Nakanishi A, et al. Excellent dispersibility of single-walled carbon nanotubes in highly concentrated electrolytes and application to gel electrode for Li-S batteries. Electrochemistry Communications, 2019, 109: 106598.

[44] Kong W B, Yan L J, Luo Y F, et al. Ultrathin MnO$_2$/graphene oxide/carbon nanotube interlayer as efficient polysulfide-trapping shield for high-performance Li-S batteries. Advanced Functional Materials, 2017, 27: 1606663.

[45] Wang J G, Liu H Z, Zhang X Y, et al. Green synthesis of hierarchically porous carbon nanotubes as advanced materials for high-efficient energy storage. Small, 2018, 14: 1703950.

[46] Chen Y, Lu S T, Zhou J, et al. Synergistically assembled Li$_2$S/FWNTs@reduced graphene oxide nanobundle forest for free-standing high-performance Li$_2$S cathodes. Advanced Functional Materials, 2017, 27: 1700987.

[47] He J R, Luo L, Manthiram A. Yolk-shelled C@Fe$_3$O$_4$ nanoboxes as efficient sulfur hosts for high-performance lithium-sulfur batteries. Advanced Materials, 2017, 29: 1702707.

[48] Williams B P, Joo Y L. Tunable large mesopores in carbon nanofiber interlayers for high-rate lithium sulfur batteries. Journal of Electrochemical Society, 2016, 163: A2745-A2756.

[49] Cohen Y B. Biomimetics: Biologically Inspired Technologies. United States: Taylor & Francis Group, 2005.

[50] Liu K S, Yao X, Jiang L. Recent developments in bio-inspired special wettability. Chemical Society Reviews, 2010, 39: 3240-3255.

[51] Zhang C Q, McAdams D A, Grunlan J C. Nano/micro-manufacturing of bioinspired materials: A review of methods to mimic natural structures. Advanced Materials, 2016, 28: 6292-6321.

[52] Manoj M, Jasna M, Anilkumar K M, et al. Sulfur-polyaniline coated mesoporous carbon composite in combination with carbon nanotubes interlayer as a superior cathode assembly for high capacity lithium-sulfur cells. Applied Surface Science, 2018, 458: 751-761.

[53] Li W, Liang Z, Lu Z, et al. A sulfur cathode with pomegranate-like cluster structure. Advanced Energy Materials, 2015, 5: 1500211.

[54] Dai C, Lim J M, Wang M, et al. Honeycomb-like spherical cathode host constructed from hollow metallic and polar Co_9S_8 tubules for advanced lithium-sulfur batteries. Advanced Functional Materials, 2018, 28: 1704443.

[55] Wang P, Zhang Z, Yan X, et al. Pomegranate-like microclusters organized by ultrafine Co nanoparticles@ nitrogen-doped carbon subunits as sulfur hosts for long-life lithium-sulfur batteries. Journal of Materials Chemistry A, 2018, 6: 14178-14187.

[56] Cui Z, Mei T, Yao J, et al. Cabbage-like nitrogen-doped graphene/sulfur composite for lithium-sulfur batteries with enhanced rate performance. Journal of Alloys and Compounds, 2018, 753: 622-629.

[57] Zhao X, Kim M, Liu Y, et al. Root-like porous carbon nanofibers with high sulfur loading enabling superior areal capacity of lithium sulfur batteries. Carbon, 2018, 128: 138-146.

[58] Sun D, Razaq R, Xin Y, et al. Tremella-like nitrogen-doped microporous carbon derived from housefly larvae for efficient encapsulation of small S_{2-4} molecules in Li-S batteries. Materials Research Express, 2019, 6: 085509.

[59] Huang J, Cao B, Zhao F, et al. A mulberry-like hollow carbon cluster decorated by Al-doped ZnO particles for advanced lithium-sulfur cathode. Electrochimica Acta, 2019, 304: 62-69.

[60] Chen X, Ding X, Muheiyati H, et al. Hierarchical flower-like cobalt phosphosulfide derived from Prussian blue analogue as an efficient polysulfides adsorbent for long-life lithium-sulfur batteries. Nano Research, 2019, 12: 1115-1120.

[61] Chen Y, Ji X. Bamboo-like Co_3O_4 nanofiber as host materials for enhanced lithium-sulfur battery performance. Journal of Alloys and Compounds, 2019, 777: 688-692.

[62] Walle M D, Zeng K, Zhang M, et al. Flower-like molybdenum disulfide/carbon nanotubes composites for high sulfur utilization and high-performance. Applied Surface Science, 2019, 15: 540-547.

[63] Li H, Sun L, Zhao Y, et al. Blackberry-like hollow graphene spheres synthesized by spray drying for high-performance lithium-sulfur batteries. Electrochimica Acta, 2019, 295: 822-828.

[64] Chang Z, Ding B, Dou H, et al. Hierarchically porous multilayered carbon barriers for high-performance Li-S batteries. Chemistry-A European Journal, 2018, 24: 3768-3775.

[65] Cui Z, Mei T, Yao J, et al. Cabbage-like nitrogen-doped graphene/sulfur composite for lithium-sulfur batteries with enhanced rate performance. Journal of Alloys and Compounds, 2018, 53: 622-629.

[66] Ji S, Imtiaz S, Sun D, et al. Coralline-like N-doped hierarchically porous carbon derived from enteromorpha as a host matrix for lithium-sulfur battery. Chemistry-A European Journal, 2017, 23: 18208-18215.

[67] Liu G, Feng K, Cui H, et al. MOF derived in-situ carbon-encapsulated Fe_3O_4@C to mediate polysulfides redox for ultrastable lithium-sulfur batteries. Chemical Engineering Journal, 2020, 381: 122652.

[68] Baumann A E, Han X, Butala M M, et al. Lithium thiophosphate functionalized zirconium MOFs for Li-S batteries with enhanced rate capabilities. Journal of the American Chemical Society, 2019, 141: 17891-17899.

[69] Liu S, Zhao T, Tan X L, et al. 3D pomegranate-like structures of porous carbon microspheres self-assembled by hollow thin-walled highly-graphitized nanoballs as sulfur immobilizers for Li-S batteries. Nano Energy, 2019, 63: 103894.

[70] Baumann A E, Burns D A, Diaz J C, et al. Lithiated defect sites in Zr metal-organic framework for enhanced sulfur utilization in Li-S batteries. ACS Applied Materials & Interfaces, 2019, 11: 2159-2167.

[71] Liu X F, Guo X Q, Wang R, et al. Manganese cluster-based MOF as efficient polysulfide-trapping platform for high-performance lithium-sulfur batteries. Journal of Materials Chemistry A, 2019, 7: 2838.

[72] Li W, Qian J, Zhao T, et al. Boosting high-rate Li-S batteries by an MOF-derived catalytic electrode with a layer-by-layer structure. Advanced Science, 2019, 6:1802362.

[73] Ren J, Song Z, Zhou X, et al. A porous carbon polyhedron/carbon nanotube based hybrid material as multifunctional sulfur host for high-performance lithium-sulfur batteries. ChemElectroChem, 2019, 6: 3410-3419.

[74] Baumann A E, Aversa G E, Roy A, et al. Promoting sulfur adsorption using surface Cu sites in metal-organic frameworks for lithium sulfur batteries. Journal of Materials Chemistry A, 2018, 6: 4811-4821.

[75] Jiang H, Liu X, Wu Y, et al. Metal-organic frameworks for high charge-discharge rates in lithium-sulfur batteries. Angewandte Chemie International Edition, 2018, 57: 3916-3921.

[76] Zhang H, Zhao W, Zou M, et al. 3D mutually embedded MOF@carbon nanotube hybrid networks for high-performance lithium-sulfur batteries. Advanced Energy Materials, 2018, 8: 1800013.

[77] Wang Z, Xu X, Liu Z, et al. Hollow spheres of $Mo_2C@C$ as synergistically confining sulfur host for superior Li-S battery cathode. Electrochimica Acta, 2020, 332: 135482.

[78] Zhang Y, Zong X, Zhan L, et al. Double-shelled hollow carbon sphere with microporous outer shell towards high performance lithium-sulfur battery. Electrochimica Acta, 2018, 284: 89-97.

[79] Malik R, Zhou F, Ceder G. Kinetics of non-equilibrium lithium incorporation in $LiFePO_4$. Nature Materials, 2011, 10: 587-590.

[80] Zhang K, Lee J T, Li P, et al. Conformal coating strategy comprising N-doped carbon and conventional graphene for achieving ultrahigh power and cyclability of $LiFePO_4$. Nano Letters, 2015, 15: 6756-6763.

[81] Chan C K, Hailin P, Gao L, et al. High-performance lithium battery anodes using silicon nanowires. Nature Nanotechnology, 2008, 3: 31-35.

[82] Cui L, Ruffo R, Chan C, et al. Crystalline-amorphous core-shell silicon nanowires for high capacity and high current battery electrodes. Nano Letters, 2009, 9: 491-495.

[83] Cao B, Li D, Hou B, et al. Synthesis of double-shell $SnO_2@C$ hollow nanospheres as sulfur/sulfide cages for lithium-sulfur batteries. ACS Applied Materials & Interfaces, 2016, 8: 27795-27802.

[84] Li Z, Zhang J, Guan B, et al. A sulfur host based on titanium monoxide@carbon hollow spheres for advanced lithium-sulfur batteries. Nature Communications, 2016, 7: 13065.

[85] Salhabi E H M, Zhao J, Wang J, et al. Hollow multi-shelled structural TiO_{2-x} with multiple spatial confinement for long-life lithium-sulfur batteries. Angewandte Chemie International Edition, 2019, 58: 9078.

[86] Ma S, Wang L, Wang Y, et al. Palladium nanocrystals-imbedded mesoporous hollow carbon spheres with enhanced electrochemical kinetics for high performance lithium sulfur batteries. Carbon, 2019, 143: 878-889.

[87] Li H, Sun L, Zhao Y, et al. Blackberry-like hollow graphene spheres synthesized by spray drying for high-performance lithium-sulfur batteries. Electrochimica Acta, 2019, 295: 822-828.

[88] Zeng P, Chen M, Luo J, et al. Carbon-coated yttria hollow spheres as both sulfur immobilizer and catalyst of polysulfides conversion in lithium-sulfur batteries. ACS Applied Materials & Interfaces, 2019, 11: 42104-42113.

[89] Wang F, Ding X, Shi R, et al. Facile synthesis of Ti$_4$O$_7$ on hollow carbon spheres with enhanced polysulfide binding for high performance lithium-sulfur batteries. Journal of Materials Chemistry A, 2019, 7: 10494-10504.

[90] Lin W, He G, Huang Y, et al. 3D hybrid of Co$_9$S$_8$ and N-doped carbon hollow spheres as effective hosts for Li-S batteries. Nanotechnology, 2020, 31: 035404.

[91] Wu W, Pu J, Wang J, et al. Biomimetic bipolar microcapsules derived from staphylococcus aureus for enhanced properties of lithium-sulfur battery cathodes. Advanced Energy Materials, 2018, 8: 1702373.

[92] Lin L, Pei F, Peng J, et al. Fiber network composed of interconnected yolk-shell carbon nanospheres for high-performance lithium-sulfur batteries. Nano Energy, 2018, 54: 50-58.

[93] Ren W, Xu L, Zhu L, et al. Cobalt-doped vanadium nitride yolk-shell nanospheres@carbon with physical and chemical synergistic effects for advanced Li-S batteries. ACS Applied Materials & Interfaces, 2018, 10: 11642-11651.

[94] Wu Y, Xiao Q, Huang S, et al. Facile synthesis of hierarchically γ-Al$_2$O$_3$@Cyolk-shell microspheres for lithium-sulfur batteries. Materials Chemistry and Physics, 2019, 221: 258-262.

[95] Sun W, Liu C, Li Y, et al. Rational construction of Fe$_2$N@C yolk-shell nanoboxes as multifunctional hosts for ultralong lithium-sulfur batteries. ACS Nano, 2019, 13: 12137-12147.

[96] Liu H, Chen Z, Zhou L, et al. Interfacial charge field in hierarchical yolk-shell nanocapsule enables efficient immobilization and catalysis of polysulfides conversion. Advanced Energy Materials, 2019, 9: 1901667.

[97] Hong Y, Lee J K, Kang Y C. Yolk-shell carbon microspheres with controlled yolk and void volumes and shell thickness and their application as a cathode material for Li-S batteries. Journal of Materials Chemistry A, 2017, 5: 988-995.

[98] Park S K, Lee J K, Kang Y C. Yolk-shell structured assembly of bamboo-like nitrogen-doped carbon nanotubes embedded with Co nanocrystals and their application as cathode material for Li-S batteries. Advanced Functional Materials, 2018, 28: 1705264.

[99] Wu F, Zhao S, Chen L, et al. Electron bridging structure glued yolk-shell hierarchical porous carbon/sulfur composite for high performance Li-S batteries. Electrochimica Acta, 2018, 292: 199-207.

[100] 杜宗玺, 汪滨, 华超, 等. 锂硫电池隔膜的应用研究进展. 功能材料, 2021, 52: 2050-2056.

[101] Fang D L, Wang Y L, Liu X Z, et al. Spider-web-inspired nanocomposite-modified separator: structural and chemical cooperativity inhibiting the shuttle effect in Li-S batteries. ACS Nano, 2019, 13: 1563-1573.

[102] Song Y Z, Zhao S Y, Chen Y R, et al. Enhanced sulfur redox and polysulfide regulation via porous VN-modified separator for Li-S batteries. ACS Applied Materials & Interfaces, 2019, 11: 5687-5694.

[103] Li H P, Sun L C, Zhao Y, et al. A novel CuS/graphene-coated separator for suppressing the shuttle effect of lithium/sulfur batteries. Applied Surface Science, 2019, 466: 309-319.

[104] Li Z, Zhang F, Tang L B, et al. High areal loading and long-life cycle stability of lithium-sulfur batteries achieved by a dual-function ZnS-modified separator. Chemical Engineering Journal, 2020, 390: 124653.

[105] Zhang Z, Shao A H, Xiong D G, et al. Efficient polysulfide redox enabled by lattice-distorted Ni$_3$Fe intermetallic electrocatalyst-mdified separator for lithium-sulfur batteries. ACS Applied Materials & Interfaces, 2020, 12: 19572-19580.

[106] Kim S H, Yeon J S, Kim R, et al. A functional separator coated with sulfonated metal-organic framework/Nafion hybrids for Li-S batteries. Journal of Materials Chemistry A, 2018, 6: 24971-24978.

[107] Du Z Z, Guo C K, Wang L J, et al. Atom-thick interlayer made of CVD-grown graphene film on separator for advanced lithium-sulfur batteries. ACS Applied Materials & Interfaces, 2017, 9: 43696-43703.

[108] Liao H Y, Zhang H Y, Hong H Q, et al. Novel flower-like hierarchical carbon sphere with multi-scale pores coated on PP separator for high-performance lithium-sulfur batteries. Electrochimica Acta, 2017, 257: 210-216.

[109] Chang C H, Chung S H, Nanda S, et al. A rationally designed polysulfide-trapping interface on the polymeric separator for high-energy Li-S batteries. Materials Today Energy, 2017, 6: 72-78.

[110] Dong Q, Shen R P, Li C P, et al. Construction of soft base tongs on separator to grasp polysulfides from shuttling in lithium-sulfur batteries. Small, 2018, 14: 1804277.

[111] Wang L, Deng N P, Fan L L, et al. A novel hot-pressed electrospun polyimide separator for lithium-sulfur batteries. Material Letters, 2018, 233: 224-227.

[112] 陈人杰. 先进电池功能电解质材料. 北京: 科学出版社, 2020.

[113] Zhang G, Peng H J, Zhao C Z, et al. The radical pathway based on a lithium-metal-compatible high-dielectric electrolyte for lithium-sulfur batteries. Angewandte Chemie International Edition, 2018, 57: 16732-16736.

[114] Karaseva E V, Kuzmina E V, Kolosnitsyn D V, et al. The mechanism of effect of support salt concentration in electrolyte on performance of lithium-sulfur cells. Electrochimica Acta, 2019, 296: 1102-1114.

[115] 贾政刚, 张学习, 钱明芳, 等. 全固态锂硫电池中界面问题的研究现状. 材料导报, 2021, 35: 9097-9107.

[116] 李栋, 郑育英, 南皓雄, 等. 高安全、高比能固态锂硫电池电解质. 化学进展, 2020, 32: 1003-1014.

[117] Han F D, Yue J, Fan X L, et al. High-performance all-solid-state lithium-sulfur battery enabled by a mixed-conductive Li_2S nanocomposite. Nano Letters, 2016, 16: 4521-4527.

[118] Yu W, Manthiram A. Electrode-electrolyte interfaces in lithium-sulfur batteries with liquid or inorganic solid electrolytes. Accounts of Chemical Research, 2017, 50: 2653-2660.

[119] Hao Y J, Wang S, Xu F, et al. A design of solid-state Li-S cell with evaporated lithium anode to eliminate shuttle effects. ACS Applied Materials & Interfaces, 2017, 9: 33735-33739.

[120] Wu B B, Wang S Y, Evans W J, et al. Interfacial behaviours between lithium ion conductors and electrode materials in various battery systems. Journal of Materials Chemistry A, 2016, 4: 15266-15280.

[121] Judez X, Zhang H, Li C M, et al. Lithium bis(fluorosulfonyl)imide/poly(ethylene oxide) polymer electrolyte for all solid-state Li-S cell. Journal of Physical Chemistry Letters, 2017, 8: 1956-1960.

[122] Nandasiri M I, Forero L E C, Schwarz A M, et al. *In situ* chemical imaging of solid-electrolyte interphase layer evolution in Li-S batteries. Chemistry of Materials, 2017, 29: 4728-4737.

第3章　钠离子电池

3.1　概　　述

在不断增长的电动汽车市场和其他领域，锂离子电池依然面临价格、安全性和能量密度等方面的挑战。锂在地壳中分布广泛，但其在地壳中的丰度仅为20ppm[①]。而且锂资源分布不均(主要分布在南美)，因此，锂离子电池的生产依赖于从南美进口的锂。与锂相比，钠在地壳中含量丰富得多，广泛存在于海洋中。此外，钠元素的性质非常接近于同属于碱金属元素的锂。从材料丰度和标准电极电位角度，可充电钠离子电池(SIBs)是锂离子电池的理想替代品[1,2]。钠离子电池可在自然环境中工作，且金属钠不用作负极，这不同于已经商业化的高温钠电池技术，如Na/S和Na/NiCl$_2$电池。高温钠电池利用氧化铝基固体陶瓷电解质，在约300℃的高温下使活性材料处于液态，以确保与固体电解质的良好接触。因为熔融的钠和硫被用作活性材料，电池的安全性对于普通消费者难以接受。相反，钠离子电池由钠插层材料和非质子溶剂的电解质构成，因此不含金属钠，除非有过充等不良反应导致电池故障，其安全性能和锂离子电池相媲美。钠离子电池的材料、结构和电荷存储机制基本上与锂离子电池一样，除了锂离子被替换为钠离子[3-5]。

钠离子电池的研究是随着锂离子电池的发展而兴起的。1980年，Newman等[6]报道室温下Na$^+$可逆地嵌入层状化合物TiS$_2$中。随后，具有与LiCoO$_2$相同结构的Na$_x$CoO$_2$电化学性质也被研究[7]。此后发展出来的钠离子电池正极材料包括层状化合物和聚阴离子化合物等，负极材料主要包括基于合金、插层和转化机制的金属单质与化合物[8-11]。总的来说，钠离子电池的工作原理与锂离子电池类似，不同点在于钠离子取代了锂离子电池中的锂离子作为工作介质，在充放电过程中循环于正负电极之间。但与锂离子电池相比，钠离子电池在体积能量密度和质量能量密度方面没有优势。得益于碳负极材料的开发与应用，锂离子电池在20世纪90年代成功商业化。而在当时钠离子在碳材料中的可逆插层并不成功，放缓了钠离子电池的相关研究。钠离子电池商业化比较成功的是用于电网储能系统的高温钠硫电池[12]。进入21世纪后，大规模储能需求日益增大，锂离子电池在资源和使用成本上受到很大的限制，钠离子电池的研究逐渐兴起。各种碱金属元素的物

---

① 1ppm=10^{-6}。

理化学性质如表 3.1 所示。

表 3.1　碱金属元素的物理化学性质[13]

	Li	Na	K	Mg
相对原子质量	6.94	23.00	39.10	24.31
质量/电子数	6.94	23.00	39.10	12.16
离子半径/Å	0.76	1.02	1.38	0.72
$E^{\ominus}$/V (vs. 标准氢电极)	−3.04	−2.71	−2.93	−1.55
单质熔点/℃	180.5	97.7	63.4	650
质量比容量/(mA·h/g)	3861	1166	685	2205
体积比容量/(mA·h/cm³)	2062	1131	591	3837
$ACoO_2$ 质量比容量/(mA·h/g)	274	235	206	260*
$ACoO_2$ 体积比容量/(mA·h/cm³)	1378	1193		
电导率/(S·cm²/mol，$AClO_4$/PC)	6.54	7.16		
去溶剂化能/(kJ/mol，PC)	218	157		572
配位特性	八面体 四面体	八面体 棱柱		八面体 四面体

*相对于 $Mg_{0.5}CoO_2$。

钠离子电池具有以下的优势[14-16]：①资源丰富，价格低廉，容易获取。钠在地壳中的丰度处于第 6 位，质量分数为 2.6%，广泛存在于海洋和矿物中。②电化学过程与锂离子电池类似，需要克服的困难较少。③由于钠的过渡金属化合物相对锂的化合物丰富，因此在发展高性能电极材料方面极具潜力。④由于负极可以用铝箔代替铜集流体，以及将锂离子电池生产线转换到钠离子电池不需要新生产设施，从而降低了制造成本。⑤即使在高电荷状态下，正极也具有优异的安全性能。⑥较大的离子半径可以提高电池动力学性能。半径大的离子在极性溶剂中的溶剂化能比半径小的离子小，由于脱溶剂能对电解质界面上碱金属离子嵌入过程的动力学有很大的影响，因此相对较低的脱溶剂能有利于设计大功率电池。与同价的 Na^+ 相比，Li^+ 在离子周围的电荷密度相对较高。Li^+ 需要通过接受来自溶剂化极性分子的更多电子来保持稳定，即 Li^+ 是一种相对较强的路易斯酸。因此，Na^+ 的去溶剂化过程需要相对较小的能量。⑦钠基电解液的高离子导电性也有利于提高电池的性能。对 $NaClO_4$ 和 $LiClO_4$ 摩尔电导率的比较研究表明，与 $LiClO_4$ 溶液相比，$NaClO_4$ 与非质子溶剂形成的溶液的黏度相对较低，电导率也较高（10%～20%）。钠离子电池的不足之处：①Na^+ 半径为 0.102nm，远远大于 Li^+ 0.076nm。在电极材料中的扩散速度慢导致倍率性能不理想；在插层/脱嵌 Na^+ 的时候，材料的结构变化导致容量衰减。②Na^+/Na 氧化还原电对(以下简称电对)的标准电势比 Li^+/Li 高约 0.3V，能量密度比锂离子电池低，以 $LiCoO_2$ 和 $NaCoO_2$ 为例，在 Co^{3+}/Co^{4+}之间发生氧化还原时，二者的理论比容量分别为 274mA·h/g 和 235mA·h/g，比容量差距为 14%。③金属钠反应活性比锂高，需要在碱性溶液中使用，从而引起负极上形成金属钠沉积，严重威胁钠离子电池的安全。

3.2 工作原理

钠离子电池在本质上是一种浓差电池，钠离子在充放电过程中可逆地往返于正负极之间，与锂离子电池在工作原理上一致[17]。电池在充电时，Na^+ 从正极材料的晶格中脱出，经电解液到达负极，此时正极和负极分别处在贫钠和富钠状态，正极电势升高而负极电势降低并产生电势差，电子则由外电路从正极流向负极。在放电时与上述过程刚好相反，Na^+ 从负极材料中释放，经电解液/隔膜到达正极并嵌入正极材料的晶格，同时电子由外电路从负极移动到正极并做功。如图 3.1 所示，以 $NaMO_x$(M=Ni、Co、Ni、Fe 等)和 C 代表典型的层状正极材料和负极材料[18]。

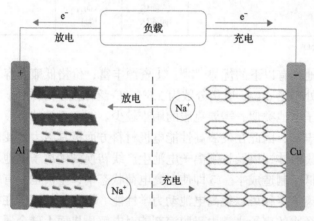

图 3.1 钠离子电池的工作原理示意图

3.3 正极材料

钠离子电池正极材料最早由 Hagenmuller 等于 1980 年开始研究，同一年，锂离子电池发展史上还发生了一个重大事件，即 Goodenough 等首次报道 $LiCoO_2$ 正极材料。Hagenmuller 等报道了四种结构的 Na_xCoO_2 钠离子电池正极材料。1982 年，Abraham 综述了钠离子插层材料。同年，Hagenmuller 报道了 $NaCrO_2$ 和 $NaNiO_2$

的可逆 Na^+ 嵌脱。三年后，Hagenmuller 进一步报道了 Na_xMnO_2 的性能。遗憾的是，钠离子电池因为能量密度低未能在随后的发展中取得与锂离子电池同样的机遇[19-21]。随着 1990 年锂离子电池的商业化，相对于锂离子电池研究的蓬勃发展，钠离子电池的研究逐渐边缘化。值得高兴的是，锂离子电池的研究积累对于钠离子电池来说非常有益。正是借助这些成果，在 2010 年前后，聚阴离子和各种其他类型的钠离子正极材料的研究得以顺利地开展[22, 23]。

3.3.1 层状氧化物正极材料

最常见的层状结构是由一层共边的 MO_6 八面体构成，共边 MO_6 八面体层沿 c 轴不同方向层叠（图 3.2）。钠基层状材料可分为两大类，O3 型或 P2 型，其中 Na^+ 存在于八面体（O 代表八面体）或三棱柱中心（P 代表三棱柱），数字 2、3 代表最小重复对应的堆垛层数。O3 型 $NaMO_2$ 由氧立方紧密堆积组成，由于 Na^+ 的离子半径（1.02Å）远大于 3 价 3d 过渡金属离子（<0.7Å），钠和 3d 过渡金属离子（如 Co、Ni）处在不同的八面体空隙。O3 型层状相属于阳离子有序岩盐型超结构氧化物，共边的 NaO_6 和 MO_6 八面体在[111]方向垂直交替，分别形成 NaO_2 和 MO_2 层。需要注意的是，$NaMO_2$ 层状结构是由 3 层不同的 MO_2 组成，即图 3.2(a)中的 AB、CA 和 BC 层，MO_2 层的堆砌方式与 $CdCl_2$ 同构，Na^+ 处在 MO_2 层之间的八面体（O）位。因此，结构归类为 O3 型 3R 相层状结构，其空间群为 $R\bar{3}m$。与 O3 型不同的是，P2 型 Na_xMO_2 包括 2 个 MO_2 层，即 AB 和 BA 层，钠的环境也与 O3 型不同。Na^+ 可以位于三角"棱柱"(P)位。当合成中 Na^+ 偏离化学计量比时，在 Na_xMO_2 中通常为 $0.6<x<0.7$，P2 型相在经验上已知为稳定结构。P2 型层状结构也通常归类为 2H 相，空间群为 P63/mmc。此外，当晶格包含面内畸变时，缩写词中还加了一个符号"'"，如单斜晶格的 O'3 型 $NaMnO_2$（空间群 C2/m）、具有正交晶格的 P'2 型 Na_xMnO_2（空间群 Cmcm）[24, 25]。

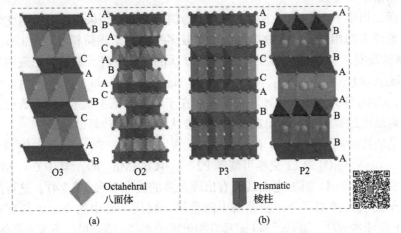

图 3.2 层状材料堆砌方式示意图（扫码见彩图）

将 Na$^+$从 O3 和 P2 相中移出通常会导致相变。O3 相中的 Na$^+$最初稳定在和 MO$_6$ 八面体共边的八面体空隙。当 Na$^+$从 O3 相中部分移出后，处于棱柱空隙的 Na$^+$在能量上变得稳定，同时形成空位，类似于 P2 相。棱柱状空隙的形成是在通过不破坏 M—O 键的情况下，由 MO$_2$ 层的滑动造成的。因此，氧的堆积方式从 "AB-CA-BC" 变为 "AB-BC-CA"，该相被归类为 P3 相。实验证实，P3 相可以直接通过固相反应合成而无需电化学脱钠过程。例如，P3-P2 型 Na$_{2/3}$[Ni$_{1/3}$Mn$_{2/3}$]O$_2$ 被称为低温相和高温相。然而，P3/O3 到 P2 相的转变在钠离子电池中不能实现，因为此种相转变是通过破坏并重组 M—O 化学键而达到，需要更高的温度环境。相反，P2 相转变为 O2 相可以在钠离子电池中实现。因为在 P2 相中较大的棱柱空隙由大的 Na$^+$存在而稳定，在 Na$^+$移出后 MO$_2$ 层滑移形成八面体空隙。这种 MO$_2$ 滑移导致具有独特的氧堆积方式的新相形成，即 "AB-AC-AB" 堆积。O2 相包含了 2 种不同的具有 AB 和 AC 氧堆积的 MO$_2$ 层。AB 和 AC 层之间存在八面体空隙，即 O2 相。O3 和 O2 相皆具有氧的紧密堆积。在 O3 相中为立方紧密堆积(CCP)，即 ABC 型氧紧密堆积，NaO$_2$ 层仅与两边的 MO$_2$ 层共享边缘。相反，O2 相是由 ABA 型和 ACA 型氧紧密堆积构成，也就是说，局部结构可归类为氧的六角紧密堆积[26, 27]。

1. 钴酸钠

Na$_{1-x}$CoO$_2$ 在为热电材料和超导材料方面具有独特的应用，同时，也是一种重要的钠离子插层材料。Na$_{1-x}$CoO$_2$ 可以非常容易地通过 500～800℃高温固相反应来合成，其物相取决于温度和氧气压力。已报道的包括以下几种物相：P′3 (0.4≤x≤0.45)、P2 (0.26≤x≤0.36)、O′3 (x = 0.23)、O3 (x = 0)。Boddu 等[28] 和 Xie 等[29]认为具有氧缺陷的 Na$_{1-x}$CoO$_{2-y}$ 稳定态是由不稳定的 Co^{4+} 与 Co^{3+} 共同存在于晶格中而导致。

然而，相比于 LiCoO$_2$，Na$_{1-x}$CoO$_2$ 作为钠离子电池正极材料时，电化学过程中存在着较多的相变，使充放电曲线出现较多平台而呈现阶梯状(图 3.3)。原位 XRD 测试表明，当 0.45≤x≤0.9，有多达 9 次的电压下降。而其中出现的有序相包括 Na$_{0.5}$CoO$_2$、Na$_{0.67}$CoO$_2$、Na$_{0.72}$CoO$_2$、Na$_{0.76}$CoO$_2$、Na$_{0.79}$CoO$_2$。由此可以看出，Na$_{1-x}$CoO$_2$ 作为钠离子电池正极的缺点在于放电电压不稳定。大多数的研究集中于提高放电过程中的材料稳定性，掺杂被认为是一条较好的途径[30-32]。

常见的掺杂原子为与 Co 相近的过渡元素，如 Mn、Fe、Ni 等。例如，通过 Na$^+$与 LiCo$_{2/3}$Mn$_{1/3}$O$_2$ 中 Li$^+$交换可制备 P2-Na$_{2/3}$[Co$_{2/3}$Mn$_{1/3}$]O$_2$，其中 Co、Mn 的氧化态分别为+3 和+4。其放电曲线没有出现过多的放电平台(图 3.4)，这可能是由于杂原子的引入抑制了 Na$^+$在晶格中的重排。取代晶格中的 Na$^+$也是有效提升 Na$_x$CoO$_2$性能的方法，如 Ca^{2+}与 Na$^+$具有相近离子半径，掺杂可以不改变晶体结构。

获得的 $Na_{2/3-x}Ca_xCoO_2$ 可以有效抑制充放电过程中的多相转变，而且充放电过程中的比容量衰减得到有效的抑制。当然，由于 Ca^{2+} 不参与电化学过程，$Na_{2/3-x}Ca_xCoO_2$ 的理论比容量有所下降。有研究表明，材料的微结构对性能有一定的提升作用，如微球结构中活性物质与电解质的接触面积最小。P2-$Na_{0.7}CoO_2$ 微球在高可逆比容量方面表现出增强的钠存储电化学性能（在 5mA/g 时为 125mA·h/g）、优异的倍率性能和长循环寿命（300 次循环中 86%的比容量保留）。

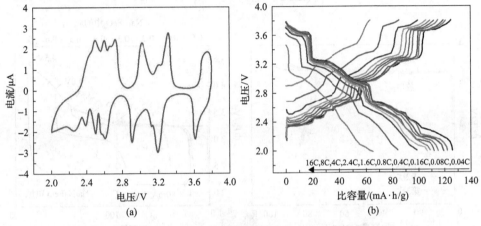

图 3.3　$Na_{0.7}CoO_2$ 的 CV 曲线（a）和充放电曲线（b）

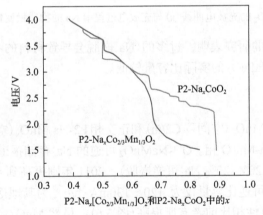

图 3.4　P2-$Na_{2/3}Co_{2/3}Mn_{1/3}O_2$ 和 P2-Na_xCoO_2 放电电压与 x 之间的关系

2. 铁酸钠

从元素组成角度，$NaFeO_2$ 无疑是最为合适的钠离子电池正极材料，Fe 资源丰富，价格低廉且环境友好。O3 和 P2 相 $NaFeO_2$ 是非常理想的正极材料，其理论比容量为 242mA·h/g，且合成方便。材料在 300℃ 以下保持稳定，实际应用中安全性优良。由于 $NaFeO_2$ 容易和水反应生成 $NaOH$ 和 $FeOOH$，材料需要隔水保存。相比于 $Na_{1-x}CoO_2$，铁基正极的 3.3V 电压平台(没有特别说明，本章的电压平台都相对于 Na^+/Na 电对)如图 3.5 所示。在首次放电中，1mol $NaFeO_2$ 最多可嵌脱 0.42mol Na^+，比容量为 85mA·h/g。穆斯堡尔谱研究表明，18%的 Fe^{3+} 被氧化为 Fe^{4+}。其电化学反应式可以表达如下:

$$NaFeO_2 \rightleftharpoons Na_{0.7}FeO_2 + 0.3Na^+ + 0.3e^-$$

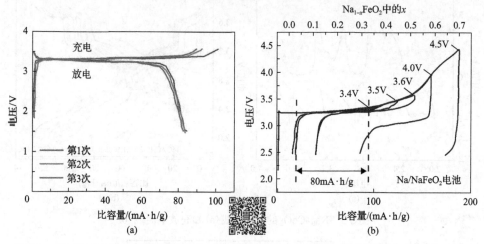

图 3.5　O3 相 $NaFeO_2$ 的充放电曲线(a)与充放电过程中 Na 的物质量变化(b)(扫码见彩图)

提高截止电压的研究表明，过多的 Na^+ 嵌脱会导致材料的不可逆相变和结构塌陷。因此，$O3-NaFeO_2$ 的实际比容量较低。

3. 锰酸钠

单斜相 $O'3-NaMnO_2$(空间群 C2/m)和正交相 $P2-Na_xMnO_2$(空间群 Cmcm)都是热力学稳定态的 Na-Mn-O 相。$O'3-NaMnO_2$ 可逆的 Na^+ 存储报道于 1985 年，但材料的可逆程度仅为 20%(20% Na^+ 可逆嵌脱)，2011 年则提高到 80%，但随后的比容量衰减较严重，可逆比容量仅为 120~130mA·h/g，为其理论比容量的 50%。$P2-Na_xMnO_2$ 的可逆性相比前者有所提高(图 3.6)。虽然 MnO_2 层中电子/空穴的面内传导对于这两种物相基本相同，性能差异可能来源于 MnO_2 层之间的面内 Na^+ 传导方式。对于 O3 型层状氧化物，因为从一个八面体位置直接跳到相邻的八面体位置需要克服很高的活化能垒，故 Na^+ 通过四面体间隙位置迁移(类似于 $O3-Li_xCoO_2$)。而在 P2 型的层状氧化物中，对于 Na^+ 的迁移存在开放的路径，扩散势垒比 O3 型低。Na^+ 从一个棱柱状空隙通过开放的氧四方形孔道迁移至相邻的位置，因为没有四面体间隙位置而与 O3 结构不同。对离子电导率的研究也表明，

P2 型层状结构比 O3 型具有更好的离子电导。然而，值得注意的是，O3 型 $Na_x[Fe_{1/2}Co_{1/2}]O_2$ 显示出良好的倍率性能，可能是由于在 Na^+ 嵌脱中 O3 相转变为 P3 相而导致更好的离子传导。核磁共振（NMR）研究表明，Na^+ 的迁移率在 P2-和 P3-Na_xCoO_2 中 NMR 时间尺度上明显不同，Na^+ 作为电极材料的迁移率差别目前还不清楚。因此，对 Na^+ 在材料中不同的阶段扩散过程进行系统研究还有待开展。

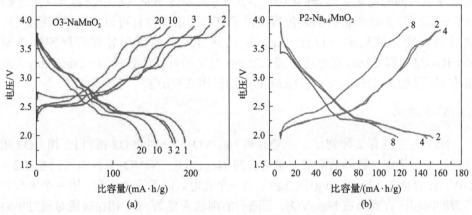

图 3.6　O3 相（a）与 P2 相（b）$NaMnO_2$ 的比容量电压曲线

图中数字为循环次数

4. 铬酸钠

$NaCrO_2$（空间群 $R\bar{3}m$）具有与 $LiCrO_2$ 相同的结构。然而，它们的电化学性能差异显著。$NaCrO_2$ 在 3V 处具有良好的电化学平台［图 3.7（a）］，可逆比容量约为 120mA·h/g（1mol 正极材料约 0.5mol Na^+）且具有良好的比容量保持性。相比之下，

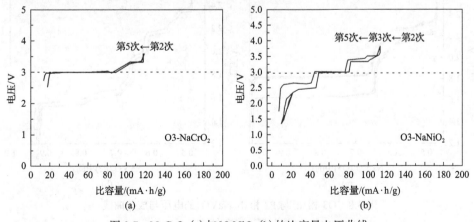

图 3.7　$NaCrO_2$（a）与 $NaNiO_2$（b）的比容量电压曲线

其锂类似物 $LiCrO_2$ 没有电化学活性。在 $LiCrO_2$ 中，去除 Li 后，Cr^{4+} 倾向于不成比例地转化为 Cr^{6+}（$3Cr^{4+} = 2Cr^{3+} + Cr^{6+}$）。而离子半径更小的 Cr^{6+} 则不可逆地迁移到 Li 层，导致可逆性差。在 $NaCrO_2$ 中，Na^+ 嵌脱后，X 射线吸收证实生成的 $Na_{1-x}CrO_2$ 中 Cr^{4+} 更稳定。较大的 Cr^{4+}（相对于 Cr^{6+}）将留在过渡金属（TM）层，从而确保了 Na^+ 的可逆储存。$LiCrO_2$ 和 $NaCrO_2$ 在碱金属离子嵌脱时的电荷转移机理不同的原因还有待进一步研究。$NaCrO_2$ 中电荷转移机制和碱金属离子大小可能是导致不同的电化学性质的原因。$NaCrO_2$ 需要在还原气氛中制备，以保持 Cr 处在 +3 价，这为此类材料的碳包覆提供了有利的条件并且可以提高循环稳定性。通过沥青碳化的碳层可以使 $NaCrO_2$ 达到 150C 的倍率且循环稳定。单斜 $NaNiO_2$（空间群 C2/m）在电压区间 1.25～3.75V 的可逆比容量为 $123mA \cdot h/g$，晶格中 Na^+ 嵌脱为 52%，与 $O'3\text{-}NaMnO_2$ 接近［图 3.7（b）］。

5. 钒酸钠

$NaVO_2$ 主要有 2 种物相，$NaVO_2$ 和 $Na_{0.7}VO_2$，分别为 O3 相和 P2 相。O3 相在空气中不稳定，数秒后形成有钠空位的 $Na_{1-x}VO_2$。$NaVO_2$ 充放电区间在 1.2～2.4V，比容量为 $120mA \cdot h/g$（图 3.8）。第一个充电区间有三个平台，第一个平台为典型的两相区直到形成 $Na_{2/3}VO_2$，而随后的则较为复杂。O3 相在嵌脱时通过单斜相扭曲而过渡到 O'3 相。与前述 $NaCrO_2$ 类似的是，1mol $NaVO_2$ 在嵌脱 0.5molNa 后，V^{5+} 会迁移到 Na^+ 的空位。P2 相 $NaVO_2$ 中，其电化学可逆性在 1.2～2.6V 电压区间表现良好，比容量为 $105mA \cdot h/g$，但电化学过程中的相转变较为复杂。XRD 研究表明 $NaVO_2$ 在充放电过程中呈现 4 个单相和处在其中间的过渡相。与 $NaCrO_2$ 类似，$NaVO_2$ 的合成需要还原性气氛，可以在合成过程中进行碳包覆并减小空气中氧的影响。有效的碳包覆有利于提高材料的导电性与倍率性能。

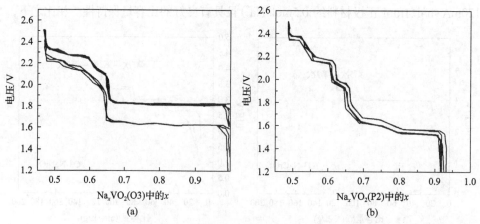

(a)　　　　　　　　　　　　　　　　(b)

图 3.8　O3 相（a）与 P2 相（b）$NaVO_2$ 的电压与成分曲线
图中为前 3 次的循环曲线

6. 钌酸钠

O3 相 Na_2RuO_3 是 Li_2MO_3 同系物，六方相(空间群 $R\bar{3}m$)，但不存在 Li_2MnO_3 的有序超结构。Na_2RuO_3 具有良好的金属导电性，可逆比容量为 $150mA\cdot h/g$ 且比容量保持性能良好，倾斜的电压截面的平均电压平台略低于 3V，在电化学过程中呈现 2 个六方相的相互转变。由于金属 Ru 的价格相对较高，开发具有 Na_2MO_3 结构的材料是未来高性能氧化物正极材料的重要方向之一。

7. 多元过渡金属离子氧化物

以单一过渡金属离子作为电化学活性中心的正极材料通常在充放电时面临不可逆相变，使材料的循环性能下降。在处理这类问题时，可以着手对过渡金属进行调节，并引入多个金属离子来稳定充放电过程中可能发生的结构塌陷。$O3\text{-}NaNi_{1/3}Mn_{1/3}Co_{1/3}O_2$ 在空气中不稳定，在实际操作中存在困难，在充放电时，1mol 正极材料可以嵌脱 $0.5mol\ Na^+$，在 $2\sim3.75V$ 电压区间比容量为 $120mA\cdot h/g$。$O3\text{-}NaNi_{1/3}Mn_{1/3}Fe_{1/3}O_2$ 也同样具有较好的结构稳定性和循环性能。层状 $NaNi_{0.5}Ti_{0.5}O_2$ 也显示出超过 $100mA\cdot h/g$ 的大比容量，这与 Ni^{4+}/Ni^{2+} 氧化还原过程耦合。P2 型 $1mol\ Na_{2/3}Co_{2/3}Mn_{1/3}O_2$ 在 $1.5\sim4V$ 电压范围内可逆地嵌脱 $0.5mol\ Na^+$，且有一个稳定的电压平台。这可能是由于 Co^{3+} 和 Mn^{4+} 的共存阻止了 Na^+/VNa^+(V 表示空位)有序化重排，从而避免复杂的结构演化。$P2\text{-}Na_{2/3}Ni_{1/3}Mn_{2/3}O_2$ 可以提供高达 $160mA\cdot h/g$ 的比容量，几乎所有的 Na^+ 都可以嵌脱。然而，$P2\text{-}Na_{2/3}Ni_{1/3}Mn_{2/3}O_2$ 的循环寿命还不清楚。$P2\text{-}Na_{0.45}Ni_{0.22}Co_{0.11}Mn_{0.66}O_2$ 和 $P2\text{-}Na_{0.67}Ni_{0.15}Co_{0.2}Mn_{0.65}O_2$ 的比容量为 $135\sim141mA\cdot h/g$，在中等倍率下就有良好的循环性能。然而，在约 2.3V 时提供的部分比容量是由 Na 负极在首次放电过程中提供的。

Johnson 等提出了一种重要的 Li^+ 取代的层状 $P2\text{-}Na_{1.0}Li_{0.2}Ni_{0.25}Mn_{0.75}O_y$。少量的 Li^+ 稳定了 TM 层，并且使位点/电荷重排最小化，可逆比容量可达 $100mA\cdot h/g$，具有良好的倍率性能、卓越的循环寿命和倾斜的充放电电压曲线。在大多数 O3 和 P2 相层状氧化物中，O3 相化合物的可逆比容量约为 $120mA\cdot h/g$。P2 则可提供更高的比容量和更好的循环寿命。这一现象可能是归因于 O3 和 P2 相的结构差异。Na^+ 在 P2 相占据较大的三角棱柱位置，而在 O3 相中为八面体位置，因此 Na^+ 在 P2 相中的传输速度可能比 O3 快。另外，从 P2 到其他相的相变比较困难，因为涉及 MO_6 八面体的旋转和 M—O 键断裂。由于没有明显的结构转变，P2 相具有更好的循环性能。但是，从实际应用的角度来看，P2 相还需要进一步加强结构稳定性并提升比容量。因此，确定碱金属离子层可容纳的钠含量范围有利于 P2 相化合物设计为更高比容量的 P2 相正极。

3.3.2　聚阴离子正极材料

由于金属钠的标准电极电势比锂高(–2.17V vs. –3.03V)，钠离子电池的能量密度在同等条件下比锂离子电池低，所以可通过提高正极材料的放电电压来获取同等的能量密度。相比于层状氧化物，聚阴离子在放电电压方面具有优势。在锂离子电池中，基于轻质且基团较小的硫酸盐、磷酸盐、硼酸盐、硅酸盐等正极材料曾被广泛研究。这些材料具有两方面的优势[33, 34]，一是在相同的氧化还原电对条件下可以提高放电电压。二是在本质上提高了电池的安全性，即晶格氧不容易失去。这些优势使橄榄石相 LiFePO$_4$ 商业化取得成功。

聚阴离子正极材料的电压提升源自局域化学键的分子轨道理论中的诱导效应。图 3.9 给出了过渡金属的 3d 轨道与氧 2s2p 轨道群的能级图。共价作用导致反键轨道主要呈现金属的 3d 特性，而氧的 2s2p 轨道群主要出现在成键轨道。当 M—O 的共价性增强，成键轨道与反键轨道的能级分裂变大，反键轨道被推高。这会导致反键轨道与真空能级的能量差(Δ)减小，氧化还原电势减小。当其他原子 X，如 P、S、Si、B 等，被引入到 MO 晶格中形成 M—O—X 键时，诱导效应出现。如果 X 原子具有比金属原子 M 更强的电负性，M—O 之间的共价性会被减弱，能量差 Δ 增大并导致氧化还原电势增大。为提高氧化还原电势，一些电负性较大的离子被引入到正极材料中，如 F$^-$、OH$^-$，形成(XO_4)$^{n-}Z^{m-}$类型的聚阴离子团，从而有效地提高了正极的氧化还原电势。诱导效应很好地解释了聚阴离子材料的电压增大现象。更为精确的对电极电势的预测来自理论计算，基于第一性原理的从头计算(ab initio)方法可以很容易地计算出电极在充放电时的能量，并且根据式(3.1)，获

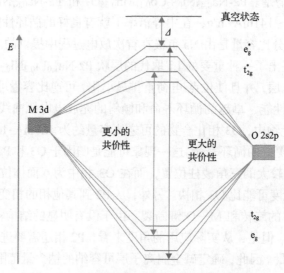

图 3.9　M—O 键的共价性对分子轨道能级的影响

Δ 为电子移动至真空需要的能量，与电压成正比

得聚阴离子材料的放电电压,从而印证诱导效应对电压提高的作用。

$$E = (G_{Li} + G_{charged} - G_{discharged})/nF \tag{3.1}$$

式中,E 为电压;G 为自由能;n 为电子转移数量;F 为法拉第常数。

1. 磷酸盐

1)$NaFePO_4$、$NaMnPO_4$、$NaCoPO_4$

在 $LiFePO_4$(LFP)基础上发展出来的 $NaFePO_4$(NFP)具有大理石和橄榄石 2 种结构,结构如图 3.10 所示,其中大理石相 NFP 是热力学稳定态。橄榄石相 NFP 作为热力学不稳定态,不能通过简单的高温固相反应来合成,一般由 LFP 经电化学或化学脱锂再嵌钠而获得。两种结构皆为正交相(空间群 Pnma),只是具有不同的晶胞参数。NFP 中,Na 是孤立的,结构中的 P、Fe 分别与 O 产生 4 配位和 6 配位,形成四面体和八面体单元。在橄榄石相中 FeO_6 结构单元扭曲较大理石相更严重。在大理石相中,共边的 FeO_6 八面体沿 b 轴呈链状排列,处在四面体空隙处的 P 将这些链连接起来形成三维开放网络。在橄榄石相中,FeO_6 八面体以共顶点的方式沿 bc 方向形成层状结构,处在四面体空隙位置的 P 将 FeO_6 层连接起来形成 3D 结构。

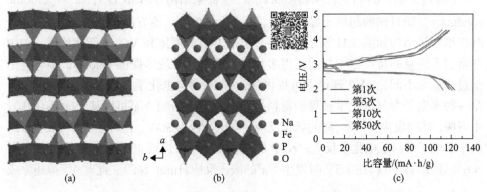

图 3.10　大理石相(a)与橄榄石相(b)NFP 的结构示意图及橄榄石相 NFP 充放电曲线(c)(扫码见彩图)

大理石相 NFP 因为缺少阳离子通道,一直以来被认为没有电化学活性。但材料在纳米化后,钠可以嵌脱并形成无定型态 $FePO_4$,从而表现出电化学活性。大理石相 NFP 的首次放电比容量为 $140mA \cdot h/g$,与 $154mA \cdot h/g$ 理论比容量接近,循环 200 次后比容量保持率为 95%。

由于与 LFP 同构,橄榄石相 NFP 被认为是非常有前途的正极材料。但由于热力学不稳定性,通常对橄榄石相的 NFP 研究从 $FePO_4$ 入手。图 3.10(c)的充放电研究表明,其具有较高的开路电压(2.8~2.9V)和 $120mA \cdot h/g$ 的比容量,几乎全部的 Na^+ 可以可逆地嵌脱。两个中间稳定相(分别位于 2/3Na 和 5/6Na)参与了电化学过程,故可以观测到 2 个电压平台。有报道认为原子层厚度的 $FePO_4$ 性能显著提高，在 0.1C 倍率时初次放电比容量为 $170mA·h/g$，1000 次循环后比容量保持率为 92.3%。优良的性能来自纳米片具有更短的扩散路径、更大的表面积和更好的界面电容。对橄榄石相 NFP 的动力学研究表明，$FePO_4$ 在嵌钠时动力学迟缓并且活化能较大。

$NaMnPO_4$ 与 NFP 具有相同的结构，即大理石相和橄榄石相，其性质也具有相同之处。其中大理石相是热力学稳定态，不具有电化学活性；而橄榄石相与 LFP 同构，可以通过离子交换或者软化学法制备。例如，使用 $NH_4MnPO_4·H_2O$ 为前驱体，超声条件下可以制备橄榄石相 $NaMnPO_4$。此种方法还可以用在 $NaMn_{0.5}Fe_{0.5}PO_4$ 的制备上。在非纳米尺度下，$NaMnPO_4$ 的电化学可逆性不佳。

$NaCoPO_4$ 的大理石相和橄榄石相目前无相关报道，亚稳相单斜结构的 $NaCoPO_4$(空间群 $P2_1/c$)可以由微波辅助的方法合成。结构单元由 CoO_5 三角双锥与 PO_4 四面体相连，并形成足够容纳 Na^+ 的通道。在 $4.1\sim4.4V$ 电压区间显示了 Co^{3+}/Co^{2+} 电对的活性，$30mA·h/g$ 的实验比容量意味着 $NaCoPO_4$ 还有较大的比容量提升空间。

2) $Na_3V_2(PO_4)_3$、$NaTi_2(PO_4)_3$

$Na_3V_2(PO_4)_3$(NVP) 是 NASICON 相三维框架结构(NASICON：Na^+ super ionic conductor，源自钠的超离子导体 $Na_{1+x}Zr_2P_{3-x}Si_xO_{12}$)，菱方晶系(空间群 $R\bar{3}c$)。其三维框架结构如图 3.11 所示，由共顶点的 PO_4 四面体和 VO_6 八面体构成。NVP 非常引人注意的特点在于与前面很多材料每摩尔材料最多提供 1mol Na^+ 参与电化学过程非常不同，NVP 理论上可提供 3mol Na^+ 参与电化学反应，实际为 2mol，是一种多电子参与电化学过程的材料。在电池中，2mol Na^+ 可以从 $Na_3V_2(PO_4)_3$ 中嵌脱，此时发生 V^{4+}/V^{3+} 间的氧化反应，电压平台为 3.3V，比容量为 $117mA·h/g$。由于多电子参与了电化学反应，NVP 的能量密度可以达到 $400W·h/kg$。有趣的是，$Na_3V_2(PO_4)_3$ 还可以在 1.5V 时发生 Na^+ 的嵌入反应(1mol Na^+)，此时 V^{3+} 被还原成

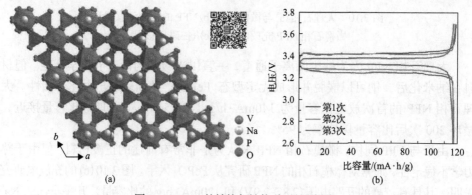

图 3.11 NVP 的结构与性能(扫码见彩图)
(a)NVP 的晶体结构，由共顶点的 PO_4 四面体和 VO_6 八面体共同支撑；(b) 比容量-电压曲线

V^{2+}。此反应的电压较低，此时 NVP 可以被当成负极，所以可以只使用 NVP 来构成一个对称的电池(NVP/NVP)。NVP 的优点包括很好的充电稳定性和优良的离子通过能力等，缺点则为 NVP 的导电性差引起的倍率性能不佳。后续的研究表明，材料纳米化、碳包覆、元素掺杂等方法可以提升其倍率性能。

$NaTi_2(PO_4)_3$(NTP)也是一种 NASICON 相材料，其有两个重要的特征使其成为非常重要的一种正极材料，一是理论比容量为 133mA·h/g，以及充放电过程中结构"零应变"的稳定性，二是价格低廉、良好的热稳定性和对环境友好。NTP 的晶体结构与 NVP 相同，如图 3.12 所示，由 TiO_6 八面体和 PO_4 四面体通过共顶点的方式形成三维网络结构，但 Na^+ 的数量明显少于 NVP。NTP 相对于 Na^+/Na 的电压平台为 2.1V，电压处在中间位置，所以 NTP 既可以作正极，也可以作负极。NTP 也具有聚阴离子正极材料的常有的缺点，如导电性和离子扩散动力学不佳。因此，将材料的尺寸降低到纳米级并进行碳包覆是提高其性能的主要方法。

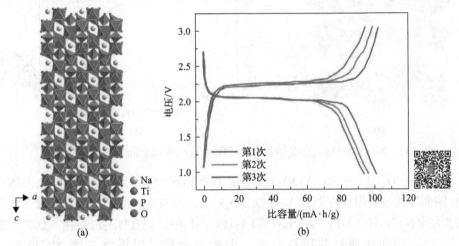

图 3.12　$NaTi_2(PO_4)_3$ 的晶体结构(a)与充放电曲线(b)(扫码见彩图)

2. 氟磷酸盐

使用大电负性的原子(N、F)取代磷酸盐中的氧原子是提高磷酸盐氧化还原电势的有效方法，其中氟原子取代研究较为常见。$NaVPO_4F$ 有四方相结构(空间群 I4/mmm)和单斜结构(空间群 C2/c)两种。四方相由 F 相连的 VO_4F_2 八面体与 PO_4 四面体共用氧原子顶点，形成 Na^+ 的开放通道。与石墨组成全电池后比容量为 80mA·h/g，呈现 2 个电压平台，基于 V^{4+}/V^{3+} 电对的平均电压为 3.7V，比 $Na_3V_2(PO_4)_3$ 电压平台提高 0.4V。单斜结构 $NaVPO_4F$ 是低温相，全电池比容量可达 100mA·h/g，2 个电压平台的电压分别为 3.4V 和 3.7V。电导率低和循环性能不佳使多相 NaVPO$_4$F 的电化学活性需要通过铬离子掺杂和碳包覆来提高。单一相的 NaVPO$_4$F 合成相对困难，经常得到偏离化学计量比的化合物，如 Na$_{1.5}$VOPO$_4$F$_{0.5}$。Na$_{1.5}$VOPO$_4$F$_{0.5}$ 由通过 F 原子相连的 VO$_5$F 八面体与 PO$_4$ 四面体共用顶点氧原子，如图 3.13 所示。理论比容量为 156mA·h/g，而实测容量为 87mA·h/g，2 个电压平台分别位于 4V 和 3.6V。如果提高结构中 F 的含量，可提高其电化学性能。例如，同构的 Na$_{1.5}$VOPO$_{4.8}$F$_{0.7}$ 由 VO$_5$F 和 VO$_4$F$_2$ 八面体与 PO$_4$ 共同构成。基于 V^{5+}/V$^{3.8+}$ 电对（V 的价态由于 F 的增加而提高）的 2 个电化学平台分别位于 3.61V 和 4.02V。可逆比容量提升至 135mA·h/g，且具有高度的循环可逆性和良好的倍率性能。

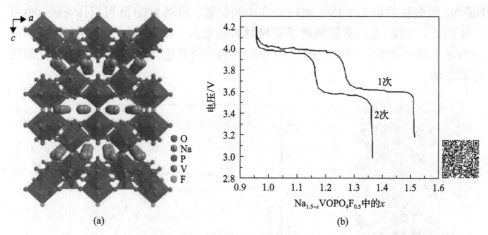

图 3.13　Na$_{1.5}$VOPO$_4$F$_{0.5}$ 的晶体结构(a)和恒电位间歇滴定曲线(b)(扫码见彩图)

Na$_3$V$_2$(PO$_4$)$_2$F$_3$ 与 Na$_3$(VO$_2$)$_2$(PO$_4$)$_2$F 具有相同的晶体结构。VO$_4$F$_2$ 八面体与 PO$_4$ 四面体通过共用顶点形成 V$_2$(PO$_4$)$_2$O$_2$F 层，层与层间通过共顶点形成三维网络结构的 Na$_3$V$_2$(PO$_4$)$_2$F$_3$。在 Na$_3$(VO$_2$)$_2$(PO$_4$)$_2$F 中，V$_2$(PO$_4$)$_2$F$_3$ 层由 VO$_5$F 八面体与 PO$_4$ 四面体通过共顶点形成。两种结构都可以提供二维 Na$^+$ 通道。Na$_3$V$_2$(PO$_4$)$_2$F$_3$ 在 0.2C 条件下放电比容量为 105mA·h/g，电压平台为 3.76V。通过构筑纳米结构并与碳复合，其在 1C 倍率条件下可以达到 120mA·h/g 的比容量。Na$_3$(VO$_2$)$_2$(PO$_4$)$_2$F 在 Ru 掺杂后，20C 条件下比容量高达 102.5mA·h/g。

此外，四方相 Na$_{1.5}$MPO$_4$F$_{1.5}$（M 为 Ti、Fe、V，空间群 P4$_2$/mnm）也有报道，但在 Ti 和 Fe 的化合物中，其可逆比容量仅分别为 60mA·h/g、40mA·h/g。但四方相 Na$_{1.5}$VPO$_4$F$_{1.5}$ 的可逆比容量高达 160mA·h/g。基于 V^{4+}/V^{3+} 电对有 3.6V 和 4.1V 两个电压平台。在 1.2V 平台还可以出现 V^{3+}/V^{2+} 平台。Na$_{1.5}$VPO$_4$F$_{1.5}$ 与 NaTi$_2$(PO$_4$)$_3$ 构成全电池比容量为 110mA·h/g 且具有很好的倍率动力学。

虽然 V 基正极材料可以提供更高的电压，但其毒性和价格阻碍了其大规模应用。因此，无毒、廉价的 Fe 是很好的备选方案。Na_2FePO_4F 与 Na_2FePO_4OH、Na_2CoPO_4F 同构，为正交相结构（空间群 Pbcn）。FeO_4F_2 八面体通过共面形成 $Fe_2O_7F_2$ 双八面体，在 a 轴方向通过公用 F 顶点排列成平行的链状结构。链与链之间通过 PO_4 四面体沿 c 轴相连形成 $FePO_4F$ 无限循环的片层结构，并形成 2 种不同的 Na 位点（图 3.14）。两个电压平台分别位于 2.91V 和 3.06V，动力学性能良好，比容量为 $100mA \cdot h/g$。二维 Na 扩散通道和较低的迁移能（$0.5 \sim 0.6eV$）是其电化学性能良好的原因。同构的 Na_2CoPO_4F 具有相对高的 4.3V 电压平台和 $100mA \cdot h/g$ 的比容量，但循环稳定性不佳。Na_2MnPO_4F 由 MnO_4F_2 八面体共顶点形成 $Mn_2F_2O_8$ 链，链与链之间由 PO_4 桥连形成三维单斜结构（空间群 $P2_1/n$）。其比容量为 $100mA \cdot h/g$，但极化严重使其比容量衰减严重。故可以认为 Na_2FePO_4F 是这些材料中比较有前途的正极材料。

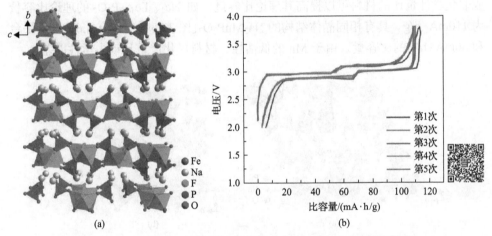

图 3.14　Na_2FePO_4F 的晶体结构（a）与充放电曲线（b）（扫码见彩图）

3. 焦磷酸盐

焦磷酸为 2 个磷酸分子脱去 1 个水分子获得的产物，焦磷酸根的表达式为 $P_2O_7^{4-}$。焦磷酸盐 $(MoO_2)_2P_2O_7$ 在 2003 年被首次报道具有电化学活性，与 $LiFePO_4$ 具有相同的正交相（空间群 Pnma）。每一个结构单元的 $(MoO_2)_2P_2O_7$ 可以容纳 3.1mol Na^+，其比容量可达 $190mA \cdot h/g$，但倍率性能不佳。已报道的焦磷酸盐正极材料包括 $Na_2FeP_2O_7$、$Na_2MnP_2O_7$、$Na_2CoP_2O_7$、$NaVP_2O_7$、$Na_2VOP_2O_7$ 等。$Na_2MP_2O_7$ 的晶体结构与金属离子和合成方法有关。例如，$Na_2CoP_2O_7$ 包含三斜、正交和四方相结构，其中正交相容易合成。正交相 $Na_2CoP_2O_7$ 由 CoO_6 八面体与 P_2O_7 基团交互连接构成。$Na_2FeP_2O_7$ 和 $Na_2MnP_2O_7$ 则经常呈现热力学稳定的三斜相，其结构通常由共顶点 M_2O_{11} 二聚体与 P_2O_7 桥连而构成，Na^+ 位于扭曲的四边金字塔空位。

$Na_2FeP_2O_7$ 具有三斜晶相的晶体(空间群 P$\bar{1}$)，FeO_6 八面体通过共顶点形成 Fe_2O_{11} 二聚体，二聚体与 P_2O_7 通过共顶点以共边的方式结合形成三维结构 [图 3.15(a)]。FeO_6 八面体与 PO_4 四面体交错排列，沿晶体[110]方向形成通道以容纳 Na^+。$Na_2FeP_2O_7$ 在 2.5V 和 3V 有 2 个放电平台，表明材料在充放电过程中存在 Na^+/V(空位)的有序化现象(即结构重排，形成新的物相)，研究表明高的电压平台为两相反应主导，而低电压平台为单一相反应。基于理论化学计算的研究则指出，Na^+ 在 $Na_2FeP_2O_7$ 晶体中各个方向的长程扩散的活化能都比较低，存在三维扩散，这种三维扩散与传统的孔道型正极材料的单一方向离子扩散完全不同。因此，$Na_2FeP_2O_7$ 在高倍率下的性能表现较好，这与 Na^+ 的三维扩散能力及其较低的活化能有关。由于 $Na_2FeP_2O_7$ 中每一个过渡金属离子(Fe^{3+})对应 2 个磷酸根，在电化学活性离子不变的条件下，分子量变大，理论比容量只有 97mA·h/g。因此合成非化学计量比的材料可以提高其理论比容量，如 $Na_{1.66}Fe_{1.17}P_2O_7$ 的理论比容量为 110mA·h/g。具有相同晶体结构的 $Na_2MnP_2O_7$[图 3.15(b)]具有 3.6V 电压平台和 80mA·h/g 的比容量。由于 Mn 的低活性，材料极化严重且动力学性能差。

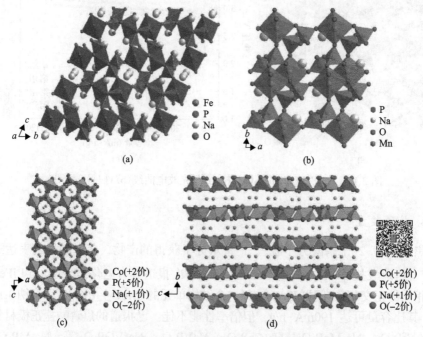

图 3.15　焦磷酸盐正极材料的晶体结构(扫码见彩图)

(a)三斜相 $Na_2FeP_2O_7$(空间群 P$\bar{1}$)；(b)四方相 $Na_2MnP_2O_7$(空间群 P1)；(c)正交相 $Na_2CoP_2O_7$ 的
晶体结构的 b 轴；(d)正交相 $NaCoP_2O_7$ 的晶体结构 a 轴方向视图(空间群 Pna21)

$Na_2CoP_2O_7$ 具有三种物相，低温介稳相为三斜结构(空间群 P$\bar{1}$)；玫瑰色 $Na_2CoP_2O_7$ 三斜相在合成时需要有效控制缺陷生成。可逆比容量为 80mA·h/g，且

有 Co^{3+}/Co^{2+} 电对产生的 4V 电压平台。高温固态合成得到热力学稳定的正交相 [空间群 Pna21，图 3.15(c) 和 (d)]，其对称的层状结构由 CoO_4 和 PO_4 四面体构成的 $[Co(P_2O_7)]^{2-}$ 层形成，倾斜的电化学平台平均电势为 3V，可逆比容量为 $80mA \cdot h/g$。有缺陷的三斜相 $Na_{2-x}CoP_2O_7$ 中，Na^+ 空位 (不足) 被认为可以稳定三斜相。平均电压平台有所提高，可达 4.3V。$NaVP_2O_7$ 为单斜结构 (空间群 $P2_1/c$)，由于 V^{4+}/V^{3+} 电对的存在而出现 3.4V 电压平台，但可逆比容量只有 $40mA \cdot h/g$，且 V^{3+} 不稳定。在 $Na_2VOP_2O_7$ 中的氧化还原电对为 V^{5+}/V^{4+}，电压平台和比容量皆有所提高，分别为 3.8V 和 $80mA \cdot h/g$。

　　总体而言，焦磷酸盐虽然在结构丰富性和脱 Na^+ 行为上非常引人注意，但由于其很难实现 2 电子参与的电化学过程而将 Na^+ 完全嵌脱，其容量非常有限。如何实现其 2 电子的电化学过程或者研究新的体系 (如 Ti、Cu、Cr) 有利于焦磷酸盐体系的发展。

4. 偏磷酸盐

　　偏磷酸盐因聚阴离子正极材料发展而得到研究。例如，固相反应合成的 $NaFe(PO_3)_3$，但不能实现 Na^+ 的嵌脱。其具有正交相结构 (空间群 $P2_12_12_1$)，由 PO_4 四面体和 FeO_6 八面体交互连接构成三维结构。每个 PO_4 四面体与相邻的 2 个 PO_4 共用顶点的氧原子并沿着 a 轴形成 PO_3^- 的一维通道，此一维结构由 FeO_6 八面体连接，并形成开放 Na^+ 迁移通道，但 1.17eV 的 Na^+ 迁移势垒使 Na^+ 嵌脱困难。通过优化合成条件且与碳材料复合，$NaFe(PO_3)_3$ 显示出基于 Fe^{3+}/Fe^{2+} 电对的 2.8V 平台，且比容量为 $20mA \cdot h/g$，与其理论比容量 ($85mA \cdot h/g$) 相差甚远。与 $NaFe(PO_3)_3$ 具有相同正交相结构的 $NaCo(PO_3)_3$ (空间群 $Pa\bar{3}$) 也可通过 Co^{3+}/Co^{2+} 电对实现可逆电化学反应，具有 3.2V 电压平台和 $50mA \cdot h/g$ 的比容量。偏磷酸盐的理论比容量偏低阻碍其发展。

　　对偏磷酸盐采取氮取代的方式有利于提高材料的性能。在 $Na_3Ti(PO_3)_3N$ 中，立方相 (空间群 $P2_13$) 结构由 TiO_6 八面体与三个相邻的 PO_3N 通过共顶点的方式相连形成 $[(PO_3)_3N]^{6-}$ 单元。3 个 Na^+ 中的 2 个可以嵌脱。材料中 Ti^{4+}/Ti^{3+} 电对可以提供 2.7V 的平均电压和 $67mA \cdot h/g$ 的比容量 (嵌脱一个 Na^+ 的理论比容量为 $74mA \cdot h/g$)。材料的氧化还原过程为单一相固溶体机制且体积改变量仅 0.5%，长循环性能良好。虽然 $Na_3Ti(PO_3)_3N$ 材料有一定的优点，碍于其有限的理论比容量，有必要引入多价态氧化还原中心。在其同系物中，通过氨解法合成的 $Na_3V(PO_3)_3N$ 性能有所提高，V^{4+}/V^{3+} 电对的平台为 4V，可以提供 $70mA \cdot h/g$ 的比容量，且材料的充放电过程中的体积变化只有 0.25%。

3.3.3　混合聚阴离子正极材料

　　混合磷酸盐由磷酸根和焦磷酸根组成，其典型构成为 $Na_4M_3(PO_4)_2P_2O_7$(M

为 Fe、Co、Ni、Mn、V)。晶体结构为 Pn21a 空间群的正交相,由 PO₄ 四面体和 MO₆ 八面体共顶点构成。$M_3P_2O_{13}$ 单元平行于晶体 bc 面,而 P_2O_7 沿 c 轴将这些单元连接起来形成三维孔道,这些孔道有利于 4 种类型 Na 的传输[图 3.16(a)]。

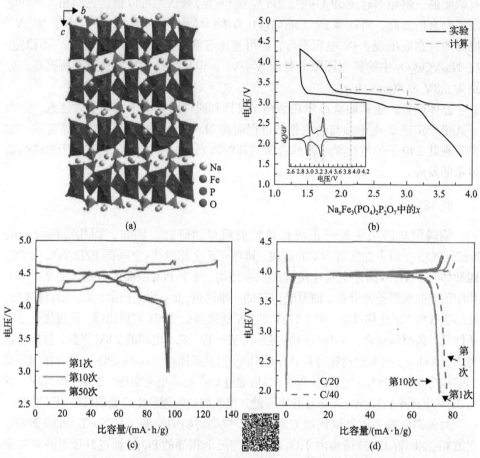

图 3.16　混合聚阴离子正极材料的晶体结构与性能(扫码见彩图)
(a) $Na_4Fe_3(PO_4)_2P_2O_7$ 晶体结构;(b) 成分-电压曲线及 CV 曲线;
(c)、(d) $Na_4Co_3(PO_4)_2P_2O_7$ 和 $Na_7V_4(PO_4)P_2O_7$ 的充放电曲线

$Na_4Fe_3(PO_4)_2P_2O_7$ 是一种较早发现的 Fe^{2+} 基混合磷酸盐正极材料,其 Na^+ 的迁移活化能在各方向皆为 0.8eV,非常有利于 Na^+ 的迁移与反应。材料的放电比容量与平均放电电压分别为 105mA·h/g 和 3.2V,如图 3.16(b)所示。放电平台与微分容量曲线说明 1mol 正极材料中有 3mol Na^+ 参与了电化学反应。在分子量很大的前提下,由于 1mol 正极材料可以释放 3mol Na^+,混合磷酸盐性能优于焦磷酸盐,理论比容量可以达到 129mA·h/g。在充放电过程中,材料以固溶体机制充放电,P_2O_7 单元的扭曲使材料有 4% 的形变。倍率动力学表现维持在中等水平,且具有良好的长循环性能。

$Na_4Co_3(PO_4)_2P_2O_7$ 是钠离子电池正极材料中放电电压最高的材料。基于 Co^{3+}/Co^{2+} 电对可以提供 4.5V 电压和 95mA·h/g 的比容量[图 3.16(c)]。三维钠离子通道使其电化学反应活化能仅为 0.2~0.24eV，扩散系数为 10^{-11}~$10^{-10}cm^2/s$，是具有很好的动力学性能的正极材料。阶梯式电压平台意味着材料在结构有序化过程中的相变。提高材料的能量密度可能需要使用其他 3d 过渡金属掺杂。$Na_4Mn_3(PO_4)_2P_2O_7$ 在 Mn^{3+}/Mn^{2+} 转化中可实现 3.8V 的电压和 416W·h/kg 的能量密度。$Na_7V_4(PO_4)P_2O_7$ 具有四方相结构(空间群 $P\bar{4}21c$)，PO_4 四面体与 4 个 VO_6 八面体以共顶点方式连接，相邻的 VO_6 八面体通过与其共顶点的 P_2O_7 桥连。放电电压和比容量分别为 3.88V 和 80mA·h/g，如图 3.16(d)所示。混合磷酸盐具有多电子电化学过程，在电化学性能和安全性等方面的优势使其具有较好的商业前景。

$Na_3MPO_4CO_3$(M 为 Fe、Co、Ni、Mn、V)是另外一种类型的混合聚阴离子正极，由于其相对分子质量比前述的混合阴离子材料减小，理论比容量有所提升。1mol $Na_3MPO_4CO_3$ 正极材料在可逆嵌脱 2mol Na^+ 情况下，基于 M^{4+}/M^{2+} 的电化学反应可以提供 191mA·h/g 的比容量。$Na_3MnPO_4CO_3$ 的实际比容量为 125mA·h/g，能量密度达 374W·h/kg。原位 XRD 研究揭示其充放电过程为固溶体类型的可逆拓扑结构演变。非原位 NMR 说明大于 1 个 Na^+ 发生了可逆的嵌脱。

1. 硫酸盐

磷酸盐类正极材料具有可大规模合成、化学性质稳定、电化学使用安全等方面的优势。但磷酸盐类正极工作电压普遍较低，同时由于聚阴离子单元有较大的相对分子质量而造成理论比容量降低，使材料的能量密度难以达到需求。这一缺陷可以通过提高工作电压来弥补，即提高阴离子单元的电负性。除了前述的 F 掺杂之外，使用硫酸根作为阴离子也是提高电压的一种方式。根据鲍林(Pauling)电负性原理，理论上硫酸盐类正极材料可以提高材料的氧化还原电势。由此，羟磷锂铁石(LiFePO_4OH)相的 $LiFeSO_4F$[3.6V (vs. Li^+/Li)]及其衍生物被广泛研究。氟硫酸盐也是一种潜在的框架结构正极材料。$NaFeSO_4F$ 与 $LiFePO_4OH$ 是同构的羟磷锂铁石相。虽然由第一性原理计算表明 Na^+ 沿[101]方向扩散，但 $NaFeSO_4F$ 的可逆性非常有限。

磷锰钠石相 $Na_2Fe_2(SO_4)_3$[单斜相，C2/c 空间群，图 3.17(a)]的理论比容量为 120mA·h/g，实际比容量可达 100mA·h/g，即使在 20C 的倍率下，循环 30 次比容量仍达 60mA·h/g。由于硫酸根具有更高的电负性，$Na_2Fe_2(SO_4)_3$ 的工作电压比 NFP(2.8~2.9V)有所提高。$Na_2Fe_2(SO_4)_3$ 放电电压为 3.8V，是所有铁系 Na^+ 正极材料中最高的。为防止硫酸根在 400℃以上分解，磷锰钠石相 $Na_2Fe_2(SO_4)_3$ 可以在 350℃以固相合成的方法合成。$Na_2Fe_2(SO_4)_3$ 中 FeO_6 八面体通过共边的方式结合，并由 SO_4 四面体桥连，从而在 c 轴方向形成大的孔洞以允许 Na^+ 通过。

图 3.17(b)中的 CV 显示了四对氧化还原峰,第 1 次与第 2 次的 CV 峰不完全重合,表明材料在充放电过程中发生了不可逆的结构转变。研究认为材料生成了新的物相 $Na_{2+2x}Fe_{2-x}(SO_4)_3$ 并且在随后的循环中稳定下来,充放电曲线的倾斜也说明电化学反应为 $Na_{2+2x}Fe_{2-x}(SO_4)_3$ 参与的单一相反应。较高的放电电压可能来自铁中心离子周围有较多的电负性大的 SO_4^{2-},且共边形成的双八面体减小了 Fe-Fe 之间的距离,提高了充电状态的自由能。即使在微米级和不与碳复合的情况下,$Na_2Fe_2(SO_4)_3$ 仍然展现优异的倍率动力学性能与循环稳定性。这与磷锰钠石相 $Na_2Fe_2(SO_4)_3$ 在电化学过程中的一维 Na^+ 扩散方式、单一相参与的氧化还原反应机制、3.5%的体积改变有重要的关系。

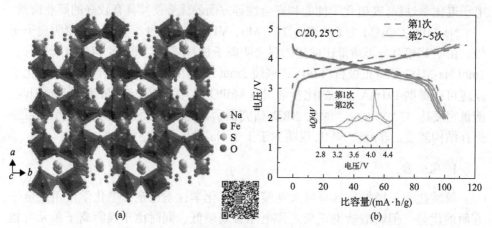

图 3.17　$Na_2Fe_2(SO_4)_3$ 的晶体结构(a)与充放电曲线(b)(扫码见彩图)
(b)中插图为前 2 次 CV

$Na_2Fe(SO_4)_2·2H_2O$ 可以使用经典的溶解/沉淀法制备,为赝层状单斜框架结构,Na^+ 在螺旋结构的通道中迁移。在与石墨烯复合形成三明治结构之后,比容量为 72mA·h/g。$NaFe(SO_4)_2$ 层状正极材料在充放电过程中为单一相转变反应。Fe^{3+}/Fe^{2+} 电对可产生 3.2V 电压,可逆比容量为 78mA·h/g,与理论比容量 99mA·h/g 有一定的差距。菱方 NASICON 相 $Fe_2(SO_4)_3$ 具有 SO_4 四面体与 FeO_6 共顶点的结构,充放电过程为单一相转化过程。仅 1mol Na^+ 可以可逆嵌脱,与锂在 $NaFe(SO_4)_2$ 中的 2mol Li^+ 反应完全不同。

在钠离子电池中,$NaMSO_4F$ 通常通过 NaF 与 MSO_4 前驱体经离子热合成、固态反应、溶剂沉淀等低温方法合成。由于 Na^+ 较大,$NaMSO_4F$ 不再是三斜结构羟磷锂铁石相,而是单斜结构(空间群 C2/c)。图 3.18(a)表明 $NaMSO_4F$ 由共顶点的 MO_4F_2 八面体沿着[001]方向由 SO_4 四面体桥连形成,Na^+ 处在空位中。$NaMSO_4F$ 有两种结构变体,一种在 $NaCuSO_4F$ 中因 Jahn-Teller 畸变形成扭曲的 CuO_4F_2,一种畸变为氟磷铁锰矿,如 $NaMnSO_4F$。

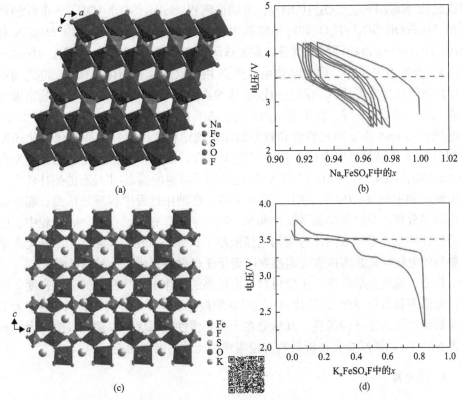

图 3.18　NaFeSO$_4$F 的晶体结构与充放电曲线[(a)、(b)]和
KFeSO$_4$F 的晶体结构与充放电曲线[(c)、(d)](扫码见彩图)

虽然 NaMSO$_4$F 具有和 LiMSO$_4$F 一样的离子电导率(10^{-7}S/cm),但很多时候没有电化学活性。NaFeSO$_4$F 在 3.5V 附近只能可逆存储少量 Na$^+$,且循环性能逐渐降低。原子尺度模拟解释了其电化学性能不佳的原因:Na$^+$是一维 Z 字形扩散,而不是多维度扩散;材料充放电过程中形变高达 16%;Na$^+$扩散活化能较高,为 0.9eV。因此,能否在氟硫酸盐体系中寻找新的正极材料成为疑问。KMSO$_4$F 正是在这样的要求下被合成出来,使用 KF 和硫酸盐在封闭的石英管中 380℃反应 4d 可获得样品。由于 K$^+$半径较大,在固相反应时扩散速度低,完成反应的时间较长。同样,较大的 K$^+$半径使 KMSO$_4$F 的结构偏离了锂或钠的同系物,其结构为正交相[空间群 Pna2$_1$,图 3.18(c)],与 KTiOPO$_4$相同。扭曲的 MO$_4$F$_2$八面体链由 SO$_4$四面体桥连,F 在顺、反两个位置交替。KFeSO$_4$F 经化学氧化后获得具有大的开放孔道的正交相 FeSO$_4$F(空间群 Pnna),这一结构可以有效容纳 Na$^+$,阶梯平台的平均电压为 3.5V 且可以提供 120mA·h/g 的比容量。

除氟之外,羟基也可以被引入到硫酸盐正极材料中。虽然化学计量比的羟基硫酸盐 NaMSO$_4$OH 还没有报道,铁系羟基硫酸盐正极已发现多种组成,如黄

钾铁矾相 $Na_{0.84}Fe_{2.86}(SO_4)_2(OH)_6$、黄钠铁矾相 $NaFe_3(SO_4)_2(OH)_6$、准纤钠铁矾相 $Na_2FeOH(SO_4)_2 \cdot H_2O$ 和纤钠铁矾相 $Na_2FeOH(SO_4)_2 \cdot 3H_2O$。由 Na_2SO_4 和 $Fe_2(SO_4)_3 \cdot nH_2O$ 液相沉淀法制备的黄钾铁矾相 $Na_{0.84}Fe_{2.86}(SO_4)_2(OH)_6$ 为层状三方结构(空间群 $R\bar{3}m$)。层状结构由共顶点 $FeO_4(OH)_2$ 八面体链构成,链之间由 SO_4 四面体连接并形成六边形空隙以容纳 Na^+。这种宿主框架具有足够的空隙可以嵌入多个碱金属离子。在半电池测试时,基于 Fe^{3+}/Fe^{2+} 电对,该材料具有 2.72V 的电压、120mA·h/g 的比容量和较好的循环稳定性,因材料的固溶体氧化还原机制而形成了倾斜电压曲线。在 Na^+ 嵌入以后,黄钾铁矾相转变成为无定型态 $Na_3Fe_3(SO_4)_2(OH)_6$,XRD 和 TEM 研究证明了可逆的晶态-非晶态的拓扑转化。黄钾铁矾相中的 $[Fe_3(SO)_4(OH)_6]$ 层非常薄,在钠化过程中容易被扭曲、起皱而与相邻层分离,只保留多面体特性和原子间化学键。相反,在脱 Na^+ 过程中,应力消失并形成晶态。虽然比容量与电压限制了黄钾铁矾相的实际应用,其无定型态参与的电化学机制为探索无定型聚阴离子正极材料提供了一种新的尝试。

总之,硫酸盐聚阴离子正极材料具有较高的工作电压、较大的能量密度、可以在低温下制备(<350℃)等优点,同时硫酸盐是一种非常经济的材料,通常为工农业的副产品,经济性优良。其缺点在于需要惰性气氛保护以避免吸湿。因此开发含 Na、Fe 的硫酸盐类正极材料有望实现经济性的电网储能。

2. 硅酸盐

正硅酸盐类 Na_2MSiO_4(M 为 Mn、Fe、Co)材料的制备原料储量丰富且生产制备无污染等优点。1mol Na_2MSiO_4 理论上可以嵌脱 2mol Na^+,理论比容量高达 278mA·h/g,是非常有吸引力的一类材料。通过溶胶凝胶法合成的碳包覆 Na_2MnSiO_4 在 0.1C(13.9mA/g)倍率下,使用离子液体电解质,不同环境温度条件时可逆比容量分别为 70mA·h/g(298K)、94mA·h/g(323K)、125mA·h/g(363K)。即使比容量为 125mA·h/g,也只有 0.9mol Na^+ 参与电化学过程,较低的相纯度可能是其比容量受限的原因。Na_2CoSiO_4 可以通过简单的溶剂热反应制备。在三电极体系中,Na_2CoSiO_4 作为钠离子电容器可以实现 249F/g 的比容量(电流强度 1A/g)。密度函数理论结合 X 射线衍射技术研究认为 Na_xFeSiO_4 是零应变材料,具有与金刚石结构类似的 Fe-Si 框架,在 Na^+ 嵌脱过程中非常稳定。通过固相反应或溶胶凝胶法合成的 Na_2FeSiO_4 具有 $F\bar{4}3m$ 空间群,1.5~4.0V 电压区间的可逆比容量为 106mA·h/g。1.9V 电压平台对应于 Fe^{3+}/Fe^{2+} 电对的氧化还原反应。材料充电至 2.5V、3.5V、4.0V 电压,Na^+ 嵌脱后,体积仅分别收缩 0.5%、0.6%、0.9%。这样的体积改变量远小于其他聚阴离子材料,如 $LiFePO_4$ 为 6.7%、$Na_4Fe_3(PO_4)_2P_2O_7$ 为 4%。结构在充放电过程中的超稳定性使 Na_2FeSiO_4 具有非常好的循环稳定性,在 10~200mA/g 电流密度下,比容量皆保持在 91%以上。纯相的 Na_2FeSiO_4 制备上具有一定的困难，因为要防止 $NaSiO_3$ 的生成及 Fe^{2+} 的部分氧化。而且，Na_2FeSiO_4 的 Na^+ 嵌脱机制较复杂，有待进一步研究。

虽然硅酸盐类为零应变材料，成本低廉，是非常值得研究的体系，但材料总体上存在工作电压较低的问题，因此，提高其工作电压是提高其实用性的关键，如对 Fe、Co、Mn 进行部分的取代。

3.3.4　普鲁士蓝类框架化合物

普鲁士蓝类化合物(Prussian blue：PB)的通式为 $A_xM_A[M_B(CN)_6]\cdot nH_2O$($0\leqslant x\leqslant 2$)，其中 A 为碱金属离子，M 为过渡金属离子，面心立方结构(空间群 $Fm\overline{3}m$)。过渡金属离子分别与氰根中的 C 和 N 形成六配位，形成 MN_6 和 MC_6 八面体，这些八面体通过 CN 单元交替连接形成框架结构，而碱金属离子处于框架结构的孔隙[图 3.19(a)]。这种大的三维多通道结构可以实现碱金属离子的嵌脱。同时，通过选用不同的过渡金属离子，如 Ni^{2+}、Cu^{2+}、Fe^{2+}、Mn^{2+}、Co^{2+} 等，可以获得丰富的结构体系，表现出不同的储存 Na^+ 性能。普鲁士蓝类过渡金属六氰酸酯是正极材料中较为特殊的一类，其特点包括开放的孔洞结构，丰富的氧化还原位点，强的结构稳定性等[35, 36]。

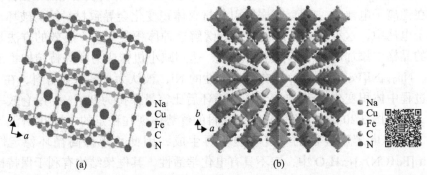

(a)　　　　　　　　　　　　　　(b)

图 3.19　$Na_2M^{II}[Fe^{II}(CN)_6]$ 结构示意图(a) 和 $Na_xMnFe(CN)_6$ 的结构示意图(b)(扫码见彩图)

在结构上，MN_6 和 FeC_6 八面体在—CN 的桥连下形成的三维刚性框架具有开放的离子通道，空旷的内部空间。这种结构特性和可调的化学成分为 Na^+ 在晶格中的存储提供了很多优势。首先，普鲁士蓝晶格中的碱金属离子 A 处的位置具有 4.6Å 直径的大空间，孔洞直径为 3.2Å。因此，扩散系数可达 $10^{-9}\sim10^{-8}cm^2/s$，相比于氧化物和磷酸盐具有更好的离子导电性。大的孔道结构为普鲁士蓝提供了非常良好的可逆存储与传输 Na^+ 的能力。1 个普鲁士蓝分子含有 2 个不同的氧化还原中心，即 M^{3+}/M^{2+} 与 Fe^{3+}/Fe^{2+} 电对都可以参与电化学反应，并提供 2 个电子参与，如反应式(3.2)和式(3.3)所示：

$$Na_2M^{II}[Fe^{II}(CN)_6] \Longleftrightarrow NaM^{III}[Fe^{II}(CN)_6]+Na^++e- \tag{3.2}$$

$$\text{NaM}^{\text{III}}[\text{Fe}^{\text{II}}(\text{CN})_6] \Longleftrightarrow \text{M}^{\text{III}}[\text{Fe}^{\text{III}}(\text{CN})_6] + \text{Na}^+ + \text{e}^- \tag{3.3}$$

根据相对分子质量，计算其理论比容量约为 170mA·h/g。这一比容量优于大多数氧化物（100～150mA·h/g）和磷酸盐类（120mA·h/g），因此适合钠离子电池的实用化需求。

另外，一种结构上的优势在于丰富的结构可变性，在普鲁士蓝中的 Fe 元素可以部分或者全部被 Ni、Co、Mn 取代而不产生结构破坏。这种结构可变性为调节普鲁士蓝的电化学性能提供可能。$\text{Na}_2\text{FeFe-PB}$ 的电压平台位于 3.2V 附近，而 $\text{Na}_2\text{MnFe-PB}$ 和 $\text{Na}_2\text{CoFe-PB}$ 的充放电平台有所提高，分别位于 3.6V 和 3.8V。电压的提升来源于 Fe 与 Co 原子配位，而 M 则与更高电负性的 N 原子配位。研究表明 $\text{Fe}^{3+}/\text{Fe}^{2+}$ 电对在 $\text{Na}_2\text{CoFe-PB}$、$\text{Na}_2\text{NiFe-PB}$ 和 $\text{Na}_2\text{CuFe-PB}$ 中电势分别提高了 0.9V、0.45V、0.58V，皆比 $\text{Fe}(\text{CN})_6^{4-}/\text{Fe}(\text{CN})_6^{3-}$ 的标准电势 0.16V 有较大的提高，这是由于在普鲁士蓝衍生物中强的电荷自旋晶格耦合。这种耦合效应有利于提高普鲁士蓝类正极材料的能量密度。此外，元素替代可以用来提高普鲁士蓝的比容量。当 Fe 被 Mn 完全取代，$\text{Na}_2\text{MnMn-PB}$ 的比容量可以提升到 200mA·h/g，是迄今为止报道的高比容量正极之一。普鲁士蓝类正极材料由于大孔的存在，充放电过程中材料的应变几乎为零，晶体结构的可逆性非常好，几乎不发生形变，因此非常适合作为实用化的正极材料。

在锂离子电池中，Li^+ 反复嵌脱引起材料体积变化会导致材料结构破坏。在钠离子电池中，这种影响可能被放大。缓解这种体积变化一个有效的方法是在材料的晶格中添加电化学惰性金属原子，达到减小机械应力和保持结构稳定的效果。$\text{Na}_{0.84}\text{Ni}[\text{Fe}(\text{CN})_6]_{0.71}$ 具有化学惰性的 Ni，被认为是零应变材料，在 Na^+ 嵌脱过程中体积变化小于 1%。200 次循环后比容量保持为 99.7%，库仑效率几乎为 100%[图 3.20(a)]。这种零应变材料的优势体现在稳定的电极/电解液界面阻止了固体电解质界面的反复破裂与再生成，因此可以提高循环稳定性。$\text{Na}_2\text{Zn}_3[\text{Fe}(\text{CN})_6]_2 \cdot x\text{H}_2\text{O}$ 中，锌不具有电化学活性，其框架结构有利于保持比容量[图 3.20(b)]。研究发现，其作为正极材料时循环性能并不理想，可能是因为结构中的水分子在循环过程中从晶格中离开，并导致结构破坏。还有一种单电子转移正极为 $\text{Cu}_3[\text{Fe}(\text{CN})_6]_2$，在低倍率下的比容量为 44mA·h/g[图 3.20(c)]。由于上述材料在储钠过程中的单电子转移特征，其比容量处在 40～70mA·h/g 的水平，难以实用化。实际上，即使到现在，如何设计尽可能少的电化学惰性原子取代铁来获取零应变材料依然是个难题。

$\text{Na}_x\text{Fe}[\text{Fe}(\text{CN})_6]$ 是研究历史最长的一种具有电化学活性的配位结构材料，在电分析化学与电催化化学中被广泛应用。但长期以来，实际作为正极材料的比容量与理论比容量相差较大。为深入研究 $\text{Na}_x\text{Fe}[\text{Fe}(\text{CN})_6]$ 材料不良的电化学机制，具有良好的无空位单晶结构被制备出来。这种高度晶化的材料展现了 120mA·h/g 的比容量且库仑效率为 100%，即使在 20C 的倍率下，500 次循环后的比容量保持

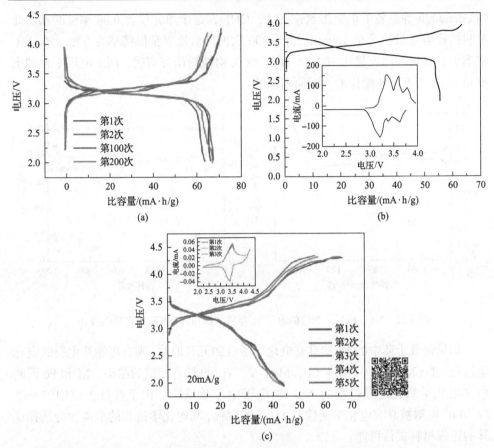

图 3.20　三种单电子参与的普鲁士蓝正极材料 $Na_xM[Fe(CN)_6]$（M= Ni、Zn、Cu）的
充放电/比容量曲线及 CV 曲线（扫码见彩图）

(a) $Na_{0.84}Ni[Fe(CN)_6]_{0.71}$；　(b) $Na_2Zn_3[Fe(CN)_6]_2·xH_2O$；　(c) $Cu_3[Fe(CN)_6]_2$

率可达 87%。这一研究揭示了晶格空位导致水分子进入是其比容量衰减的主要原因。晶格中的水分子占据并阻止 Na^+ 在电化学过程中与氧化还原中心的结合与迁移。因此，获得高比容量普鲁士蓝类材料需要材料高度晶化且无配位水。

　　基于此，很多方法被用来制备高质量晶体，如使用 $Na_4Fe(CN)_6$ 作为唯一铁源制备 $Na_{0.61}FeFe(CN)_{0.94}$ 晶体。材料可以实现 2 个 Na^+ 的完全释放，比容量可达 $170mA·h/g$，并具有非常好的倍率性能和接近 100% 的库仑效率（图 3.21）。但材料中的钠空位对比容量有一定的影响。富钠相 $Na_{1.56}FeFe(CN)_6$ 可以使用 $Na_4Fe(CN)_6$ 在 NaCl 溶液中制备，高含量的钠可以有效减少空位、结构中的水，并增加结构稳定性。进一步提高钠含量需要一定的条件，$Na_{1.63}Fe_{1.89}(CN)_6$ 在制备时需要使用抗坏血酸作为还原剂并使用氮气保护。材料在第一次循环时可实现 $150mA·h/g$ 的比容量，200 次循环后比容量保持率为 90%。为进一步减少晶格中的水和空位，

Goodenough 等制备了正交相 $Na_{1.92}FeFe(CN)_6$，每个单元仅含 0.08 单位的水。此材料的比容量被提升至 $160mA \cdot h/g$，800 次循环后比容量保持率为 80%。在 15C 倍率下，材料的比容量达 $100mA \cdot h/g$。软 X 射线谱研究表明，两个电压平台的出现是由 Fe 与 C、N 配位的不同而引起的。

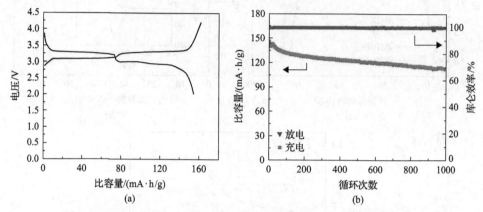

图 3.21 $Na_{1.92}FeFe(CN)_6$ 的电压/比容量曲线(a)和循环/比容量曲线(b)

如果普鲁士蓝中的 Fe 被具有电化学活性的元素取代，则有可能产生新的电化学过程。$Na_xMFe(CN)_6$(M= Co、Mo、V、Ti 等)具有相似的结构，M 和 Fe 同时参与电化学氧化还原过程而产生 2 电子电化学反应。由于普鲁士蓝中的一半 Fe^{3+}/Fe^{2+}电对被具有电化学活性的 M^{3+}/M^{2+}取代，其电化学过程的多样性为选择优异的正极材料提供可能。

Mn 由于具有成本低廉、能发生可逆的氧化还原反应等优点而引起重视。通过电沉积的方式获得的 $Na_{1.32}Mn[Fe(CN)_6]_{0.83} \cdot 3.5H_2O$ 具有 2 个电压平台，3.2V 和 3.6V 的氧化还原电位分别归属于 Fe^{3+}/Fe^{2+}和 Mn^{3+}/Mn^{2+}电对。材料在 0.5C 和 20C 倍率下的比容量分别为 $109mA \cdot h/g$ 和 $80mA \cdot h/g$。斜方相 $Na_{1.72}Mn[Fe(CN)_6]_{0.99} \cdot 2H_2O$ 具有 3.5V 电压和 $130mA \cdot h/g$ 的比容量，但循环性能不佳。通过移除晶格中的水分子，$Na_{1.72}Mn[Fe(CN)_6]_{0.99}$ 出现了单一的电压平台和非常平滑的充放电曲线。在充放电过程中出现了可逆的斜方相与四方相之间的转化。材料在 0.7C 倍率下，500 次循环后比容量保持率为 75%(图 3.22)。$Na_3Mn^{II}Mn^{I}(CN)_6$中可以实现 3 电子过程，最终生成 $Mn^{III}Mn^{III}(CN)_6$。在 $40mA/g$ 的电流密度下比容量为 $209mA \cdot h/g$，100 次循环后比容量保持率为 75%，如图 3.23 所示。研究表明与 C 配位的 Mn 在电化学过程中呈现+1、+2、+3 氧化态，而与 N 配位的 Mn 只出现了+2、+3 氧化态的转化。然而，此材料的电压平台为阶梯状，并不适合商业化。虽然 Mn 取代的普鲁士蓝材料取得了一定的进展，但仍然还有很多问题需要解决。例如，Mn^{3+} 的 Jahn-Teller 效应会引起晶格畸变和锰的溶解，使循环稳定性下降。

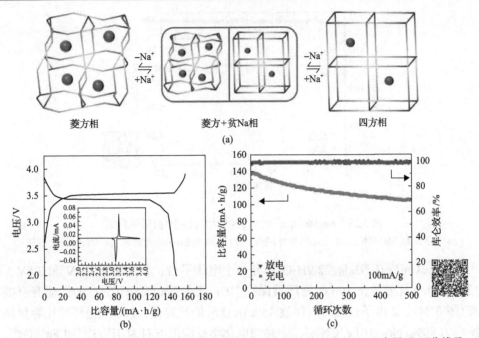

图 3.22　无水 $Na_{1.72}Mn[Fe(CN)_6]_{0.99}$ 在电化学过程中的结构变化(a)、比容量/电压曲线及 CV 曲线(b) 和循环性能(c)(扫码见彩图)

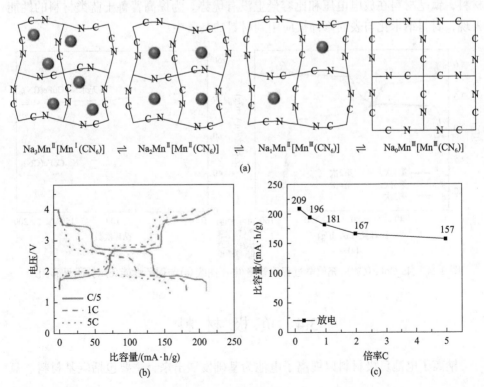

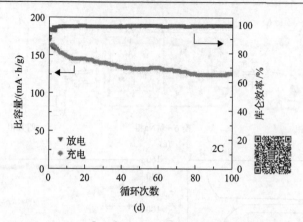

(d)

图 3.23　Na₃MnᴵᴵMnᴵ(CN)₆的结构与性能(扫码见彩图)

(a)为 Na₃MnᴵᴵMnᴵ(CN)₆充放电过程的结构变化；(b)～(d)为比容量/电压曲线、倍率性能与循环性能

Na$_{1.60}$Co[Fe(CN)$_6$]$_{0.90}$·2.9H$_2$O 具有 2 个电压平台，分别位于 3.4V 和 3.8V。139mA·h/g 比容量在 100 次循环后保持 70%。无水 Na$_2$CoFe(CN)$_6$ 的性能有所提高(图 3.24)，2 电子过程可以释放 150mA·h/g 的比容量，200 次循环后比容量保持率为 90%。Na$_{0.7}$Ti[Fe(CN)$_6$]$_{0.9}$ 中参与电化学反应的电对为 Ti^{4+}/Ti^{3+} 和 Fe^{3+}/Fe^{2+}，2 个放电平台分别位于 2.6V 和 3.2V，比容量为 90mA·h/g。相比于其他普鲁士蓝材料，钛基材料在放电电压和比容量上没有优势。为提高普鲁士蓝类材料的性能表现，材料纳米化与表面修饰被应用到材料的制备中。

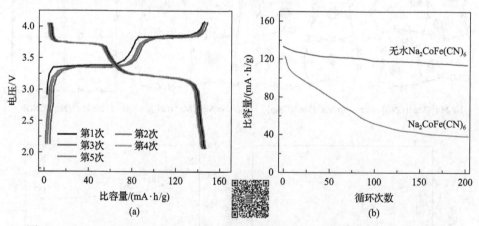

图 3.24　Na$_2$CoFe(CN)$_6$充放电过程比容量/电压曲线(a)与循环性能(b)(扫码见彩图)

3.4　负 极 材 料

钠离子电池负极材料以锂离子电池为基础发展出来，主要包括碳基材料、氧

化物、硫化物、聚阴离子、p 区元素与合金等。这些材料与钠发生电化学反应的主要机制包括插层反应、合金化、转化机制，这些机制和元素之间的关系，如表 3.2 所示[37,38]。由于电极材料的电势相对 Na^+/Na 电对处在 $0\sim1V[-3\sim2V(vs.$ 一般氢电极)]，电解液在负极的分解对材料的循环性能有着至关重要的影响。电解液添加剂、黏合剂对表面钝化层，即固体电解质膜的形成也有一定的影响[39,40]。

表 3.2　元素及其化合物在钠离子电池负极中电化学反应机制

H																	He
Li	Be		■插层机制　■转化机制　■合金机制　■混合机制									B	C	N	O	F	Ne
Na	Mg											Al	Si	P	S	Cl	Ar
K	Ca	Sc	Ti	V	Cr	Mn	Fe	Co	Ni	Cu	Zn	Ga	Ge	As	Se	Br	Kr
Rb	Sr	Y	Zr	Nb	Mo	Tc	Ru	Rh	Pd	Ag	Cd	In	Sn	Sb	Te	I	Xe
Cs	Ba	La*	Hf	Ta	W	Re	Os	Ir	Pt	Au	Hg	Tl	Pb	Bi	Po	At	Rn
Fr	Ra	Ac*	Rf	Db	Sg	Bh	Hs	Mt	Ds	Rg	Cn	Uut	Fl	Uup	Lv	Uus	Uuo

*为镧系和锕系元素。

3.4.1　插层类材料

钠离子电池插层类材料包括石墨和钛基氧化物。硬碳的比容量为 $300mA \cdot h/g$，相对于 Na^+/Na 电对的电压接近于 0V，因此可认为具有很好的前景，但钠在硬碳中的存储机制尚未明确。钛基氧化物在电压和价格方面有一定的优势，如 TiO_2、$Li_4Ti_5O_{12}$，$Na_xTi_yO_z$ 也是负极材料有力的竞争者[41,42]。

1. 碳基材料

石墨碳与钠的电化学作用研究早在 1980 年就已开展。但钠离子的嵌入并不像锂离子那样顺利，而且电解液与电解质材料的性能衰减也非常明显。早期的研究认为这是由于 Na^+ 的半径较大(0.102nm)，而石墨的层间距较小(0.334nm)，因而 Na^+ 在石墨中无法有效插层。随后，研究发现层间距为 0.43nm 的膨胀石墨的储钠性能有所提高，在 100mA/g 的电流密度下循环 2000 次后比容量可以达到 $184mA \cdot h/g$。但膨胀石墨的充放电曲线表面电化学过程是非典型的插层机制，因为曲线呈现典型无定型炭的比容量随电压逐渐变化的斜坡特征。通过第一性原理计算发现，由于离子键逐渐减弱，碱金属(Li、Na、K、Rb、Cs)-石墨插层化合物的形成能在离子半径从 Cs 降低至 Na 时会逐渐增加，至 NaC_6 时，其形成能达到正值，因此 Na 与石墨难以形成稳定的插层化合物。Na^+ 在石墨中无法插层的原因并非石墨的层间距太小，钠在石墨中的高扩散能垒和钠-石墨插层化合物高的形成能使钠在石墨内的插层过程是一种对热力学平衡不利的过程，因此钠在石墨中无法有效进行插层。最近的研究表明 Na^+ 可以与溶剂分子结合后再嵌入石墨中，形成三元石墨碳杂合物。溶剂化的碱金属离子以共嵌入的形式进入石墨碳：

$$C_n + e^- + A^+ + y\,sol \rightleftharpoons A^+(sol)_y C_n^- \quad (sol: solvent, 溶剂)$$

在嵌入的过程中，溶剂化的 Na^+ 进入石墨晶格需经过阶段演变，形成了一系列三元石墨嵌入物。醚类电解液由于具有较多的电子给予体可以形成稳定的钠离子溶剂化物种并嵌入石墨中。对不同电解液的研究表明，醚类电解液可有效抑制电解液分解，在石墨表面几乎不形成 SEI 膜，使溶剂化的 Na^+ 容易嵌入石墨晶格。而在碳酸酯类电解液中，溶剂化的 Na^+ 被表面较厚的 SEI 阻碍，难以进入晶格并进一步反应。石墨在醚类电解液中经 2500 次循环后仍具有 $150mA \cdot h/g$ 的比容量，在 $10A/g$ 的电流密度下比容量可达 $75mA \cdot h/g$。

软炭是一类特殊的碳材料，其内部碳微晶的碳片层呈现出短程有序-长程无序的堆积特点，因而是一种乱层堆积结构，该结构的碳层排列规整度比硬炭要好，因而具有更高的导电性，此外，软炭可在高温热处理(2000℃以上)后转变为高度石墨化炭，因此软炭又称为可石墨化炭，其主要的存在形式为石油系或煤系的焦炭及将富含稠环芳烃化合物炭化后的产物。软炭储存 Na^+ 的性能研究较早，其储存 Na^+ 行为呈现出比容量随电压逐渐变化的斜坡特征。通过原位 TEM 和 XRD 详细研究了软炭储存 Na^+ 时的结构变化，表明 Na^+ 在乱层结构中插层时会引发层间的膨胀且部分 Na^+ 会被困在插层位，软炭的斜坡区储钠的可逆性要比硬炭材料更高。软炭材料储存 Na^+ 时具有较好的循环性能和倍率保持率，利用软炭的高导电特性改善硬炭材料以发展动力钠离子电池负极材料则是未来重点发展方向。

硬碳内碳微晶在晶体 c 轴方向上的碳片层堆积较少且整体呈现出随机取向排列的特点，其内部存在较多的纳米空隙因而可较好地容纳活性离子以进行电化学储能。硬炭的储存 Na^+ 性能在早期被研究报道过，其具有储存 Na^+ 容量高、储存 Na^+ 电势低的优势(在 $0.1V$ 的平台区具有较高的储钠容量)，因而受到了较多的关注与研究。通过蔗糖在 1300℃碳化的硬炭在第一次放电钠化时出现 $0.8V$ 不可逆平台，可能与电解液分解及表面钝化层形成有关。在随后的放电过程中，电压平台为 $0.1V$，比容量为 $300mA \cdot h/g$(图 3.25)，且具有很好的可逆性。硬炭材料的储存 Na^+ 机理是目前研究的重点，在硬碳材料中主要有三种储钠方式：表面活性位的 Na^+ 吸附机制、纳米孔内的填充/吸附储钠机制及层间嵌入储钠机制，许多研究者对储钠方式与比容量-电压曲线中对应的区域归属有着不同的理解和认识。Stevens 和 Dahn 等使用原位 X 射线小角散射(SAXS)详细研究了硬炭材料的储钠过程，其研究结果表明高电位区是 Na^+ 嵌入碳微晶的层间；低电势的储钠平台区是 Na^+ 填充至硬炭的纳米空隙内，并提出了第一种储存 Na^+ 机理，即 "嵌入吸附" 型储存 Na^+ 机制。Komaba 等通过非原位 XRD 和 SAXS 详细研究了硬炭储存 Li^+/Na^+ 时斜坡区和平台区内碳微晶的结构变化，其结果表明在斜坡区储存 Li^+/Na^+ 时伴随着层间距增大的现象(即离子嵌入层间而导致层间距的增加)，而在平台区内储存 Li^+/Na^+ 时碳层间距几乎稳定不变(即通过微孔填充机制储存活性离子)，即再次确认了斜坡区嵌入层间储存 Na^+-平台区通过微孔填充储存 Na^+ 的机理。也有人认为在比容量-电压曲线的斜坡区中通过缺陷位吸附储存 Na^+，平台区通过在碳微晶内嵌入和孔内填充储存 Na^+。虽然硬碳的储存 Na^+ 机制有待明确，但储存 Na^+ 过程及机制可以归纳如下：① Na^+ 在材料表面电解液可浸润的地方通过电容型吸附储存 Na^+；② Na^+ 在材料近表面处通过赝吸附的方式储存 Na^+；③ Na^+ 通过嵌入反应储存 Na^+；④ Na^+ 在闭孔内形成原子团簇。

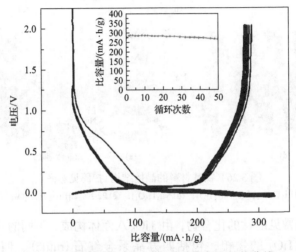

图 3.25　硬炭的比容量/电压曲线及循环性能曲线

近年来，新颖的碳基材料不断出现为钠离子电池负极材料的发展提供了大量粉料可供选择。例如，石墨烯具有高的比表面积、优良的导电性和柔韧性，高的比表面积为 Na^+ 存储提供了更多的活性位点，优良的导电性可以提高电池的动力学性能，尤其是倍率性能，而柔韧性则可以有效地缓冲充放电过程中的压力并提高循环性能。通过氮、磷的掺杂可以显著提高材料的比容量与倍率性能。但石墨烯在价格、密度和首次库仑效率方面不具有优势，通常更倾向于将其作为导电添加剂。一维的碳纳米纤维具有很好的结构稳定性和柔性。使用聚丙烯腈为碳源，通过静电纺丝和炭化制备了氮掺杂的碳纳米纤维，在 50mA/g 下可逆比容量可达 293mA·h/g，并表现出优良的循环性能和倍率性能。其原因在于碳纳米纤维具有较大的层间距和良好的导电网络。

2. 钛基材料

TiO_2 和 $Li_4Ti_5O_{12}$ 等钛基材料是锂离子电池负极材料的重要研究对象。除此之外，很多钛基材料都具有良好的锂离子存储能力，各类型的钛基材料晶体结构如

图 3.26 所示。在钠离子电池中,较早的研究主要集中于 NASICON 相 $NaTi_2(PO_4)_3$
和 TiS_2。

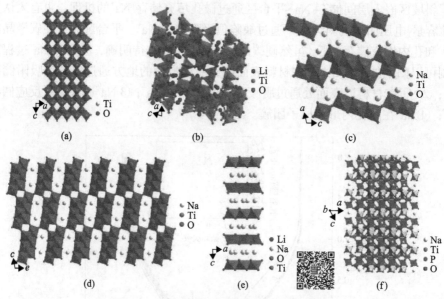

图 3.26　钛基材料的晶体结构(扫码见彩图)
(a)锐钛矿;　(b)$Li_4Ti_5O_{12}$;　(c)$Na_2Ti_3O_7$;　(d)$Na_2Ti_6O_{13}$;　(e)$P2$-$Na_{0.66}[Li_{0.22}Ti_{0.78}]O_2$;　(f)$NaTi_2(PO_4)_3$

　　二氧化钛是常见的钛的化合物,由 TiO_6 八面体构成,不同的八面体之间的连
接方式决定了 TiO_2 的物相,包括四方晶系金红石(rutile)、四方晶系锐钛矿
(anatase)、斜方晶系板钛矿(brookite)、单斜青铜矿[也表示为 TiO_2(B)]等 4 种物
相。由于 Ti^{4+}无 d 电子,TiO_2 各种物相都是电子绝缘体。TiO_2 具有非常优越的稳
定性、无毒、价廉、储量丰富等诸多优点,因此在锂离子电池插层类负极材料中
受到广泛关注。在各种 TiO_2 变体中,自然界矿物中的锐钛矿 TiO_2 由 TiO_6 八面体
之间通过共用四顶点的方式连接,形成三维框架结构,其中氧为扭曲的立方紧密
堆积。锐钛矿 TiO_2 微晶在理论计算中显示对 Na^+的扩散与锂离子相似,但在实际
中没有储存 Na^+活性。实验证实,尺寸小于 30nm 的纳米晶具有储存 Na^+活性。因
此,减小 Na^+迁移的距离被认为是提高 TiO_2 电化学活性的重要途径。在 0~2.0V
的电压区间其比容量为 $150mA \cdot h/g$,与 $0.5mol$ Na^+嵌入对应。由于纳米材料的大
比表面积,首次库仑效率为 42%,放电曲线呈现斜坡状而无电压平台[图 3.27(a)]。
与无定型 TiO_2、纳米级金红石 TiO_2 和纳米级青铜矿 TiO_2 的放电曲线相同。

　　1)$Li_4Ti_5O_{12}$

　　$Li_4Ti_5O_{12}$ 在锂离子电池中称为"零应变"材料。当其作为钠离子电池负极时,
可逆比容量为 $155mA \cdot h/g$,电压平台为 $0.7V$[图 3.27(b)]。由于电压平台低于 1V,
电解液分解与 SEI 膜形成不可避免,从而导致了较低的库仑效率。黏结剂对于提

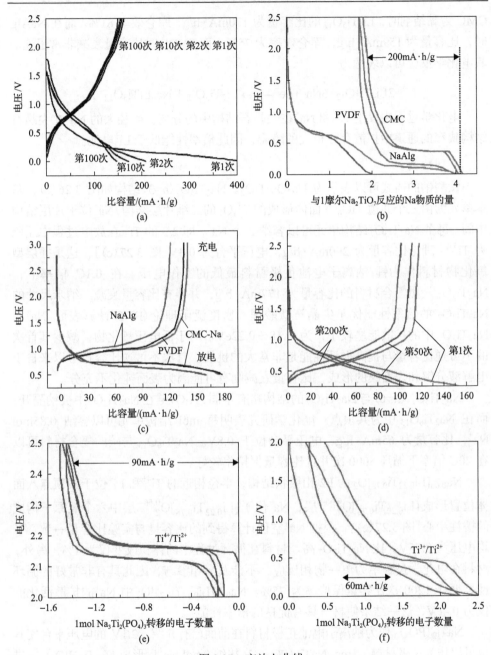

图 3.27　充放电曲线

(a)纳米锐钛矿；(b)Li₄Ti₅O₁₂在不同的黏结剂中的首次充放电；(c)Na₂Ti₃O₇；(d) P2-Na₀.₆₆[Li₀.₂₂Ti₀.₇₈]O₂；
(e)、(f)NaTi₂(PO₄)₃分别在2.0~2.5V、0~2.0V电压区间的充放电曲线

高其循环性非常重要，通过比较 PVDF、海藻酸钠（NaAlg）、CMC 在 1mol/L 双氟
磺酰亚胺钠［bis（fluorosulfonyl）amide，NaFSA］EC：DEC 电解液中的循环性能。在

CMC 为黏结剂时，$Li_4Ti_5O_{12}$ 的比容量为 $170mA \cdot h/g$，库仑效率 81%。而在 NaAlg 时，比容量为 $159mA \cdot h/g$，库仑效率为 75%。而 PVDF 时比容量衰减非常迅速。其电化学反应可以表达为

$$2Li_4Ti_5O_{12}+6Na^++6e^- \longrightarrow Li_7Ti_5O_{12} + Na_6LiTi_5O_{12}$$

电化学过程中发生 Li^+ 和 Na^+ 在尖晶石结构中的分离。半径大的 Na^+ 在尖晶石结构狭窄的通道中扩散存在很大的障碍，因此倍率性能低于 Li^+ 电池。

2) 钛酸钠

钛酸钠的通式可以表示为 $Na_2O \cdot nTiO_2$。$Na_2Ti_3O_7$（$n=3$）结构如图 3.26(c)，基本单元为由三个共边 TiO_6 八面体形成的 Ti_3O_7 的二维片层结构，Na^+ 位于片层结构中间。每个 $Na_2Ti_3O_7$ 结构单元可以容纳 2 个 Na^+，即 2/3 的 Ti^{4+} 在放电过程中还原为 Ti^{3+}，理论比容量为 $200mA \cdot h/g$，电压平台为 0.3V[图 3.27(c)]，这是插层型氧化物材料作为锂/钠离子电池负极材料最低的工作电压。在 0.1C 倍率下，$Na_2Ti_3O_7$/炭黑复合材料的比容量为 $177mA \cdot h/g$，并伴有比容量衰减。纳米尺寸的 $Na_2Ti_3O_7$ 的倍率性能优于尖晶石钛酸锂。密度泛函理论(DFT)计算表面 Na^+ 在 $Na_2Ti_3O_7$ 中的扩散能垒较小，为 $0.18 \sim 0.22eV$。对于低电压氧化物，减少其首次的不可逆比容量与提高循环性能是非常大的挑战。首次不可逆比容量可以来自于电解液分解和表面膜的形成；比容量衰减则有可能因为表面钝化不充分。

$Na_2Ti_6O_{13}$（$n=6$）与 $Na_2Ti_3O_7$ 的结构略有不同，Ti_3O_7 链在 $Na_2Ti_3O_7$ 中被钠隔开，而在 $Na_2Ti_6O_{13}$ 中为共顶点。电化学研究表明每 mol 结构单元可以容纳 0.85mol Na^+，比容量为 $65mA \cdot h/g$，电压平台位于 0.8V。$Na_2Ti_6O_{13}$ 与碳的复合材料可以在 20C 倍率下循环 5000 次并且比容量保持率较好。

$Na_{0.66}[Li_{0.22}Ti_{0.78}]O_2$ 为 P2 相层状结构，半径相近的 Ti^{4+} 和 Li^+ 位于共顶点八面体位置形成 $[Li_{0.22}Ti_{0.78}]O_2^{0.66-}$ 层，Na^+ 位于 $[Li_{0.22}Ti_{0.78}]O_2^{0.66-}$ 层中六个氧原子构成的棱柱中心[图 3.27(e)]。根据 Na^+ 空位计算得到的比容量与实验比容量一致。平均电压为 0.75V，比 $Na_2Ti_3O_7$ 高。材料在循环过程中的体积改变仅为 1%，另外，材料在电化学过程中为单一物相反应，不涉及多相参与，因此具有非常好的循环性。循环 1200 次比容量保持率为 75%。$Na_{0.66}[Li_{0.22}Ti_{0.78}]O_2$ 中 Na^+ 的扩散活化能仅为 0.4eV，这一结果使材料具有优良的倍率性能。

$NaTi_2(PO_4)_3$ 作为钠离子电池正极材料在前面已有介绍，2.1V 的电压平台使其也可以作为负极材料，1mol $NaTi_2(PO_4)_3$ 在接纳 2mol Na^+ 后形成 $Na_3Ti_2(PO_4)_3$，进一步还原形成 $Na_4Ti_2(PO_4)_3$，部分还原的 Ti^{3+}/Ti^{2+} 电对的电压为 0.4V[图 3.27(f)]。比较有趣的是，可以使用 $Na_3Ti_2(PO_4)_3$ 的 Ti^{4+}/Ti^{3+} 和 Ti^{3+}/Ti^{2+} 两个电对来构成一个对称的 1.7V 电池(正负极材料相同，如同对称的电容器)。2.1V 电压平台限制了 $NaTi_2(PO_4)_3$ 在使用质子化电解液的钠离子电池中的应用。但这样的劣势在水系电

池中却变成了优势，在 Ti^{4+}/Ti^{3+} 电对可逆转变时不会使得中性的水电解，这对可逆水系钠离子电池的研究带来了很好的期待。

3.4.2　合金类材料

基于插层反应的钠离子电池负极材料虽然具有较好的可逆性能，但此类材料在容量方面不具有优势，使电池的整体能量密度偏低。在充放电过程中呈现合金化-去合金化过程的材料，一方面具有较大的容量，另一方面工作电压较低（<1.0V），因此具有很好的潜力。此类材料在电化学储存 Na^+ 过程中通常与 Na^+ 产生一对多反应，即一个原子可以接纳多个 Na^+ 与电子，以获得较高的容量[43]。其反应通式如下：

$$x\mathrm{Na}^+ + xe^- + \mathrm{M} \longrightarrow \mathrm{Na}_x\mathrm{M}$$

合金机制负极材料集中在第Ⅳ、Ⅴ、Ⅵ主族，包括金属 Sn、Bi，半导体 Si、Ge、As、Sb，非金属 P。然而，合金类材料在循环过程中会出现极大的体积改变（表 3.3，142%～423%），引起电极的破碎与粉化，这种粉化极可能产生较大的界面电阻，甚至使活性材料与电极失去良好的电接触，最终影响电池寿命。目前，材料与电极的结构设计有望解决此类问题。

表 3.3　二元 $\mathrm{Na}_x\mathrm{M}$ 合金的空间群、密度、理论体积膨胀

元素 (E)	空间群	密度 /(g/cm³)	V/E /(Å³/E)	还原产物 (RP)	空间群	密度 /(g/cm³)	V/RP (Å³/RP)	ΔV/%	ΔV/Na (Å³/Na)
				Na	Im3m	0.97	39.3		39.3
Si	Fd$\overline{3}$m	2.33	20.0	NaSi	C2/c	1.75	48.5	142	28.5
Sn	I4₁/amd	7.29	27.1	Na₃.₇₅Sn	I$\overline{4}$3d	2.40	141.8	423	30.6
Sb	R$\overline{3}$m	6.70	30.2	Na₃Sb	P6₃/mmc	2.67	118.6	293	29.5
P		2.16	23.8	Na₃P	P6₃/mmc	1.78	93.3	292	23.2

硅在锂离子电池中具有极高的比容量，最终的合金化合物为 $Li_{4.4}Si$，理论比容量高达 $4000\mathrm{mA\cdot h/g}$。而在钠离子电池中，相图显示一个 Si 最多可以容纳一个 Na^+，且具有较差的 Na^+ 扩散动力学，因此硅最初不被认为是合格的负极材料。最近的理论计算发现，通过合适的电极设计，如结构改良和活化能垒控制，可以改善 Na^+ 在硅中的嵌入与迁移。结构改良的硅被认为具有更好的电化学表现，如无定型硅更容易与钠结合。同时无定型硅具有合适的活化能垒，在 0.4eV 时 Na^+ 可以在无定型硅中迁移。基于理论计算的指导，无定型与结晶态复合的纳米硅颗粒被制备出来，并具有良好的可逆比容量。在 20mA/g 时稳定比容量为 $248\mathrm{mA\cdot h/g}$。钠存储机制如下。

钠化，放电过程：$x\mathrm{Na} + \mathrm{Si} \longrightarrow x\mathrm{NaSi} + (1-x)\mathrm{Si}$

去钠化，充电过程：$NaSi \longrightarrow Na_{1-x}Si + xNa$

对微米级晶态硅的电化学研究表明，此材料的容量几乎可以忽略不计，而在纳米级晶态硅中，材料具有低于 0.5V 的放电平台，与 CV 曲线中 0.2V 的还原峰一致[图 3.28(a)]。上述的研究结果表明晶态硅的电化学活性依赖其尺寸。原位拉曼光谱与 XRD 分析显示，晶态硅在第一次充放电后出现部分不可逆的转变，并最终成为非晶[图 3.28(b)]，具有无序结构的非晶硅可以有效地可逆存储 Na^+。进一步的研究认为上述充放电过程可以分为四步：第一步，Na^+首先扩散至硅(111)面之间的四面体空隙，因为此空隙是最稳定的钠嵌入位点；第二步，随着 Na^+浓度增加，Si—Si 化学键断裂，钠与硅形成稳定的化学键；第三步，随着钠进一步增多，Si—Si 键彻底断裂，Na-Si 无定型合金形成；第四步，脱钠化以后，无定型结构保留，形成无定型硅参与循环。

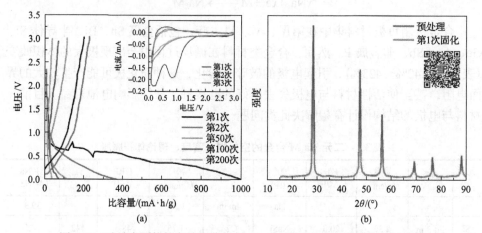

图 3.28　硅纳米颗粒的充放电曲线与 CV 曲线(a)和硅纳米颗粒循环前与
循环后的 XRD(b)(扫码见彩图)

锗与钠的合金和硅相同，只能容纳一个钠原子，理论比容量为 396mA·h/g。最初的理论计算结果认为，由于钠在合金化时具有高达 1.5eV 的活化能垒，晶态锗不具有储存 Na^+活性。因此，有人提出将材料纳米化与重新设计电极结构，如薄膜状和纳米线状无定型锗。在薄膜状无定型锗电极中，可逆的钠比容量可达 350mA·h/g，已接近理论比容量。充放电过程中的电压平台稳定且平直，说明储存 Na^+反应为典型的两相反应机制，即富钠相和贫钠相随着反应进行在材料中传递。

与硅、锗处在同一主族的锡是非常有潜力的储存 Na^+材料。与前两种材料不同，锡可以生成 $Na_{15}Sn_4$ 合金，理论比容量可达 847mA·h/g。根据 Na-Sn 合金相图，锡的合金化过程较为复杂：$Sn \rightarrow NaSn_5 \rightarrow NaSn \rightarrow Na_9Sn_4 \rightarrow Na_{15}Sn_4$。DFT 计算和原位 XRD 技术表明，锡的钠化过程有以下四步：

第一步：$Na + 3Sn \longrightarrow NaSn_3$

第二步：$2Na+NaSn_3 \longrightarrow 3a\text{-}NaSn$

第三步：$5Na+4(a\text{-}NaSn) \longrightarrow Na_9Sn_4$（a 表示无定型态）

第四步：$6Na+Na_9Sn_4 \longrightarrow Na_{15}Sn_4$

　　显然，相图和实际的钠化过程并不完全一致，有待进一步解释。但锡作为储钠材料最大的障碍在于材料充放电过程中极大的体积改变，这种体积改变使材料逐渐粉化，从而失去良好的电接触，使比容量衰减。因此，目前的主要工作集中于改善这一情况。碳包覆、与二维和三维碳材料复合被认为是非常有效的缓冲体积应力、改善电导性的方法。如图 3.29 所示，将 15nm 的锡纳米颗粒包覆于碳材料中，并使用石墨烯作为导电网络，可以有效地将循环性能提高到 100 次而无明显衰减，比容量保持在 $413mA \cdot h/g$。

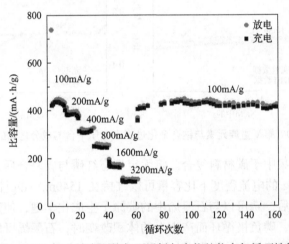

图 3.29　Sn@C 纳米颗粒与石墨烯复合物的倍率与循环性能

　　第 V 主族元素 P、As、Sb、Bi 皆具有与 Na 形成 Na_3M 合金的能力，因此具有较高的比容量（图 3.30）。但与第 IV 主族元素类似，材料在合金化过程中的体积改变量巨大，并引起循环性能下降。在成品电池中，这种膨胀可能引起电池外包装破裂，导致安全问题。因此，克服体积改变带来的影响是首先要解决的问题。

　　磷的相对原子质量为 30.97，且能与钠通过电化学反应生成 Na_3P，理论比容量达到 $2596mA \cdot h/g$，是已知负极材料中理论比容量最高的物质。但充放电过程中 490% 的体积改变对于磷作为负极材料来说是一个巨大的挑战。磷有三种同素异形体，白磷、红磷和黑磷，结构如图 3.31(a) 所示。白磷有毒且室温条件下在空气中可以自燃，在安全性方面不符合负极材料的要求。红磷是最常见的一种磷单质，稳定且价廉，为无定型态。黑磷为结晶态磷单质，正交相层状结构，是磷在热力学上最稳定的相，导电性优于红磷，550℃ 以下稳定，温度更高则转变为红磷。提高红磷的导电

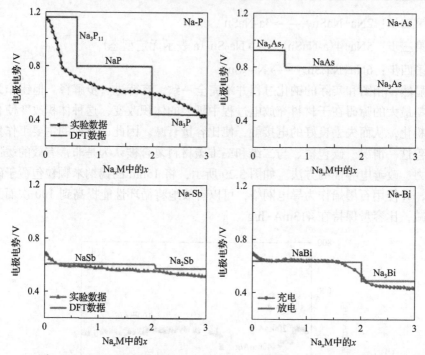

图 3.30　第 V 主族元素与钠合金化过程中电压平台与成分之间的关系

与循环性能主要集中于碳材料复合。将无定型态红磷与碳复合后，电压平台位于 0.4V，在 2.86A/g 的电流密度下比容量可以维持在 1540mA·h/g[图 3.31(c)]。在与石墨烯复合以后，磷可以与石墨烯中的碳原子生成化学键，使磷与石墨烯之间的结合更为紧密，磷负极循环而产生大的体积改变时，石墨烯可以帮助保持导电性和稳定固体电解液界面。循环 60 次后比容量可以达到 1700mA·h/g。黑磷由间距 3.08Å 的磷烯(即磷的单原子层二维晶体，类似于石墨烯)构成，1.04Å 的 Na^+ 可以存储在磷烯层之间。理论计算表明磷烯层间最大可嵌入 0.25Na，即形成 $Na_{0.25}P$。进一步增加 Na^+ 浓度则会开始合金化过程。虽然可以将上述过程分为插层与合金化两个过程，但材料体积线性增大则始终伴随在反应过程之中。因此，将黑磷与碳材料复合不可避免。例如，将石墨烯与寡层黑磷这两种层状材料复合，在 0.05A/g 电流密度下，初始比容量为 2440mA·h/g，循环 100 次容量保持率为 83%。在黑磷放电完成后，由正交相转变为六方相 Na_3P。充电后则变成无定型态，类似于红磷，而非黑磷，即黑磷在充放电完成后不可逆地变成无定型态。

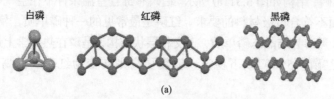

(a)

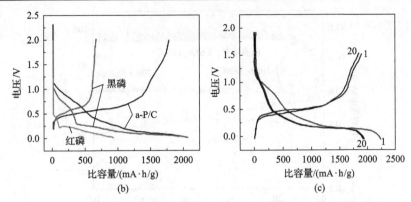

(b)

(c)

图 3.31　白磷、红磷、黑磷的晶体结构(a)、三种磷的比容量电压曲线(b)及
红磷/碳复合材料的 1 次和 20 次比容量电压曲线(c)

　　锑与钠的合金为 Na_3Sb，理论比容量为 660mA·h/g。充放电过程经 CV 结合原位 XRD 分析可以表达如图 3.32(a)和(b)所示。

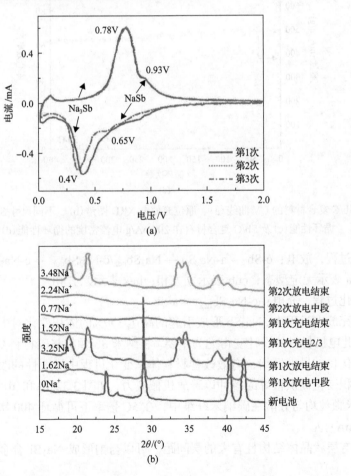

(a)

(b)

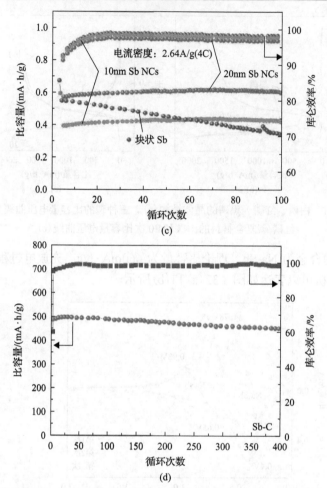

(c)

(d)

图 3.32 Sb/C 复合材料的 CV 曲线(a)、原位充放电 XRD 图谱(b)、不同尺寸 Sb 纳米颗粒的
循环性能(c)及 Sb/C 复合材料在 200mA/g 电流密度的循环性能(d)

钠化过程,放电:c-Sb → a-Na$_x$Sb → Na$_3$Sb$_{hex}$/c-Na$_3$Sb$_{cub}$ → c-Na$_3$Sb$_{hex}$(c 表示
立方相;a 表示无定型态;cub 表示立方相;hex 表示六方相)

去钠化过程,充电:c-Na$_3$Sb$_{hex}$ → a-Sb

然而充放电过程中,Na$_3$Sb 形成引起的高达 390%的体积变化对电池来说非常
不利,因此电极材料的设计变得尤为重要。将纳米 Sb 颗粒与碳材料复合,一方面
可以提供优良的导电网络,有效改善材料体积变化过程中导电性的改变;另外也
可以为体积变化提供很好的缓冲以释放机械应力,如图 3.32(c)和(d)所示。例如,
将 Sb 纳米颗粒均匀分散在碳纳米纤维中,在 5C 倍率下可循环 400 次,比容量保
持在 337mA·h/g。

铋具有层状晶体结构且有大的层间距,可以与钠形成 Na$_3$Bi 合金,理论比容

量为 385mA·h/g。合金在形成的时候与 Na-Bi 二元合金相图保持一致。对纳米级铋颗粒的研究发现，在 NaBi 生成以后，进一步钠化可以形成立方相 Na_3Bi。而六方相 Na_3Bi 则不易得到，可能是 NaBi 转化为六方相 Na_3Bi 导致晶体结构有更大的变动。在石墨烯与铋的复合材料中，钠被认为以插层机制与铋发生电化学反应，这与铋的 c 轴有较大的层间距有关，$d(003)=3.95$Å。

3.4.3 转化类材料

基于转化反应的钠离子负极材料研究历史可以追溯到 20 世纪 70 年代，其具有与插层、合金机制的负极完全不一样的反应机制，典型的反应可以表达如下：

放电过程：$MX+Na^++e^- \longrightarrow M+NaX$

充电过程：$NaX+M \longrightarrow MX+Na^++e^-$

从上述的充放电机制可以看出，化合物在放电过程中被还原，而在充电过程中又回到初始状态。转化类型材料具有典型的特征：①材料为金属化合物，包括氧化物、硫/硒属化合物、磷化物和不常见的氟化物与氮化物等；②金属易于被还原，通常为过渡金属，也有部分主族元素金属；③插层和合金类与钠反应时，钠可逆地从主体材料嵌脱，而转化类型材料则形成多种新物质。

转化类型材料大多可以发生多电子转移反应，因此具有较高的容量，其工作电压与 M—X 化学键的离子性有关。这类材料的缺点与其反应机制有很大关系：由于转化反应会产生新的物质，从而不可避免地产生新的界面，而新界面的产生需要形成新的 SEI 膜，因此转化类型材料的首次库仑效率较低；循环过程中往复形成的物相具有不确定性（不可能完全与初始物质完全一致），导致材料的循环稳定性下降；欧姆电压降、活性物质空间成分分布不均一、过电势（与 M—X 离子性分数成正比）等引起的电压滞后。

1. 氧化物

氧化物负极材料的研究开始于 2000 年以后，大多数氧化物具有价格低廉、容易大规模制备、比容量大等特点，因此受到重视。氧化物的反应机制基本相同，以转化机制为主，但也有氧化物会同时发生合金化反应，即混合反应机制。这里将以 Fe_3O_4 为例说明转化机制负极材料的电化学反应特征，其他钴、镍、锰等可以此类推。基于可逆的反应：$Fe_3O_4+8e^-+8Na^+ \Longrightarrow 3Fe+4Na_2O$，$Fe_3O_4$ 的理论比容量为 925mA·h/g，放电平台约为 0.04V。在实验研究中，Fe_3O_4 的首次充放电效率为 50%～70%（图 3.33），这与其转化机制有密切的关系，完全放电后，Fe 纳米颗粒分散在 Na_2O 中。低倍率下实际比容量可达到 600mA·h/g 左右。与碳复合以后，在 1A/g 的电流密度下比容量可以达到 300mA·h/g。

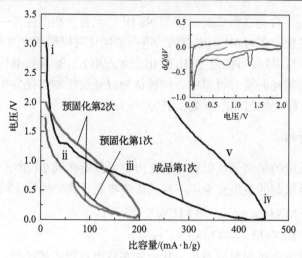

图 3.33　Fe$_3$O$_4$/C 的首次充放电曲线（20mA/g，0～2V）

小图为微分电容曲线

锡的氧化物有 SnO 和 SnO$_2$（理论比容量 782mA·h/g）两种，原位透射研究表明，钠先嵌入 SnO$_2$ 中，然后发生置换反应，形成无定型 Na$_x$Sn 纳米颗粒分散于 Na$_2$O 中，Na$_x$Sn 进一步钠化可以形成晶态 Na$_{12}$Sn$_4$。在去钠化过程，Na$_x$Sn 形成 Sn 纳米颗粒。随着去合金化的发生，材料留下孔洞，形成 Sn 镶嵌于多孔 Na$_2$O 中。这些孔洞产生增加了电阻，使 SnO$_2$ 的循环稳定性较差。基于非原位 XRD 的研究进一步表明，SnO 和 SnO$_2$ 在储存 Na$^+$ 过程中发生了转化与合金化反应：

SnO：$SnO+2Na^++2e^- \Longrightarrow Sn+Na_2O$，转化

$\qquad Sn+Na_2O+xNa^++xe^- \Longrightarrow Na_xSn+Na_2O$，合金化

SnO$_2$：$SnO_2+4Na^++4e^- \Longrightarrow Sn+2Na_2O$，转化

$\qquad Sn+2Na_2O+xNa^++xe^- \Longrightarrow Na_xSn+2Na_2O$，合金化

与碳基材料复合是提高 SnO$_2$ 循环性能较为有效的方法，如将氮掺杂石墨烯与其复合，在 20mA/g 下比容量为 339mA·h/g。CuO 与 Cu$_2$O 在地壳中含量较高，在作为电极材料时化学性质稳定，比容量高。在 0.1C 倍率下，Cu$_2$O 的容量可达到 600mA·h/g。CuO 在 20mA/g 电流密度下比容量为 640mA·h/g，稳定循环可达400 次。原位透射电极研究表明，其可能的反应机制如下：

$$2CuO+2Na^++2e^- \Longrightarrow Cu_2O+Na_2O$$

$$Cu_2O+Na_2O \Longrightarrow 2NaCuO$$

$$7NaCuO+Na^++2e^- \Longrightarrow Na_6Cu_2O_6+Na_2O+5Cu$$

与其他氧化物一样，铜氧化物在充放电过程中仍然会产生较大体积变化，与

碳材料复合有望提高其性能。

2. 金属硫化物

金属硫化物钠离子电池负极材料以转化反应为主,除了与氧化物具有同样的容量高、来源丰富、价格低廉等特点外,其在热力学上比氧化物有优势。M—S 化学键通常比 M—O 化学键弱,有利于转化反应的进行。因此,硫化物由于更小的体积变化而具有更好的机械稳定性,同时 Na_2S 的可逆性优于 Na_2O,有利于提高首次库仑效率。Ti、Mn、Fe、Co、Ni、Cu、Zn、Mo、W 的硫化物具有潜在的应用价值并得到研究。这些硫化物在储存 Na^+ 反应中大多数为转化机制,也有部分发生插层与合金化反应。

硫化钴(CoS、CoS_2、Co_9S_8、Co_3S_4)是研究较多的一种硫化物,其物相取决于材料制备过程中的条件。CoS_2 作为负极材料时只发生转化反应:

$$CoS_2 + 4Na^+ + 4e^- \Longleftrightarrow Co + 2Na_2S$$

其理论比容量为 871mA·h/g,在模拟电池中,CoS_2/多壁碳纳米管复合材料的比容量可达到 826mA·h/g,库仑效率为 93%。Co_3S_4 中的电化学反应过程则结合了插层与转化机制。通过 CV 研究发现(图 3.34),在 0.98V 处的正极峰对应于钠嵌入反应:

$$Co_3S_4 + xNa^+ + xe^- \Longleftrightarrow Na_xCo_3S_4$$

在 0.72V 的 CV 峰则对应于转化反应:

$$Na_xCo_3S_4 + (8-x)Na^+ + (8-x)e^- \Longleftrightarrow 4Na_2S + 3Co$$

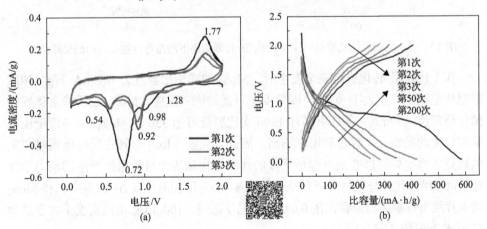

图 3.34　Co_3S_4 的 CV(0.1 mV/s)曲线(a)与充放电曲线(200mA/g)(b)(扫码见彩图)

三方晶系 MoS_2 是极具代表性的二维硫化物材料,Mo/S 原子以共价键结合形成二维层状结构,Mo 夹在 S 原子中形成 S-Mo-S 三明治结构,层层之间以范德瓦耳斯力结合[图 3.35(a)]。在钠化过程中,Na^+ 首先以插层机制嵌入层间,形成插层化合物；随着钠化的进行，插层化合物进一步以转化机制反应。而这两种机制取决于反应进行时的电压，0.4V 以上时，以插层机制反应，低于 0.4V，则发生转化反应 [图 3.35(b)]。

大于 0.4V：$MoS_2 + xNa^+ + xe^- \longrightarrow Na_xMoS_2$

小于 0.4V：$Na_xMoS_2 + (4-x)Na^+ + (4-x)e^- \longrightarrow 2Na_2S + Mo$

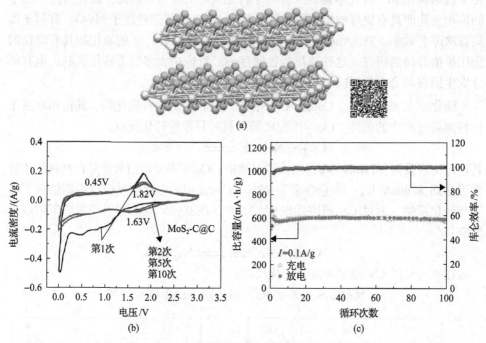

图 3.35　MoS_2 的晶体结构(a)、CV 曲线(b) 和低倍率下的循环性能(c)(扫码见彩图)

在上述插层-转化机制完全发生时，MoS_2 的理论比容量为 668mA·h/g。如果限制放电截止电压大于 0.4V，即只发生可逆的嵌入反应，MoS_2 显示非常良好的循环稳定性，50mA/g 条件下循环 1500 次比容量可达 350mA·h/g，但与理论比容量有较大的差距，比容量利用率不高。因此，克服 MoS_2 在转化反应出现时产生的缺点非常重要。这些缺点包括严重的体积变化和活性材料重构产生的动力学性能下降。纳米化并与碳材料复合是目前改善 MoS_2 性能的主要方法。例如，将 MoS_2 纳米片层与石墨烯结合后，在 0.01~3V 电压区间，100mA/g 电流密度下比容量为 570mA·h/g[图 3.35(c)]。

常见的硫化锡包括 SnS 和 SnS_2，在储存 Na^+ 时呈现多种反应机制，正交相 SnS 在发生电化学反应时呈现转化与合金机制：

$$SnS + 2Na^+ + 2e^- \rightleftharpoons Na_2S + Sn$$

$$Sn+3.75Na^++3.75e^- \rightleftharpoons Na_{3.75}Sn$$

在 SnS 纳米颗粒与碳复合后，SnS 在 20mA/g 条件下比容量为 568mA·h/g。而三方晶系的 SnS_2 具有与 MoS_2 相同的层状结构，层层间距为 5.90Å，因此可以容纳钠离子。在储钠时则出现三种机制：

插层机制：$xNa^++SnS_2+xe^- \longrightarrow Na_xSnS_2$

转化机制：$4Na^++SnS_2+4e^- \longrightarrow 2Na_2S+Sn$

合金机制：$Sn+3.75Na^++3.75e^- \longrightarrow Na_{3.75}Sn$

多种反应机制的参与使 SnS_2 具有较高理论容量，但与其他硫化物一样，与碳材料复合能有效减小机械应力、提高离子电子的传输效率，使循环稳定性大大提高。

3. 磷化物

磷在充放电过程中易极化，容量保持性能不佳。由此金属磷化物被逐渐重视，因为金属的加入可以在充放电过程中产生中间相（Na_xM 或 Na_xP），可以有效抑制极化的产生。由此结合转化与合金化机制可以有效克服充放电过程中体积膨胀。具有代表性的磷化物为 Sn_4P_3，其反应机制如下：

$$Sn_4P_3+9Na \rightleftharpoons 4Sn+3Na_3P$$

$$4Sn+15Na \rightleftharpoons Na_{15}Sn_4$$

在半电池中的可逆比容量达到 718mA·h/g 且循环 100 次无明显衰减。这可能是 Sn、P 在合金化过程中产生的极化（破碎、损坏、Sn 团聚），在可逆的转化反应部分被修复，可以称为"自修复"过程。类似的循环稳定现象也出现在 SnP_3 中。虽然 Co、Ni、Cu、Fe 的磷化物储存 Na^+ 性能较好，但磷化物在合成方面具有一定难度，电极材料配方优化等问题还有待进一步克服。

3.5　电解质材料

电解质是一种负责离子传输的介质。电解液的离子电导率、电导率、黏度、界面性质、蒸汽压、闪点、着火温度或着火次数等性质对电池的性能及正极和负极材料的选择都有重要影响。因此，在过去的几年里，人们一直在努力开发适合不同类型充电电池商业应用的电解质。一般来说，电解液，特别是液体电解液，可以通过改变其成分来优化，包括盐、溶剂、添加剂和它们在给定电解液中的相对比例。图 3.36(a) 中显示了需要为每个组件考虑的一些特殊属性。图 3.36(b) 总结了各电解质组分对特性（包括离子电导率、机械、电化学、热稳定性和电压稳定性及安全性）的影响程度，其中不同颜色矩形的高度表示溶剂影响的程度，盐和添加剂分别针对特定特性。盐的选择会影响化学/电化学稳定性和离子导电性。电解质中阴离子的氧化通常控制电化学稳定窗口的上限电压，而溶剂的还原决定了下限电压。有效载流子的数量取决于离子-离子相互作用的强度，离子间的相互作用影响离子的导电性，而离子间的相互作用也与温度有关。

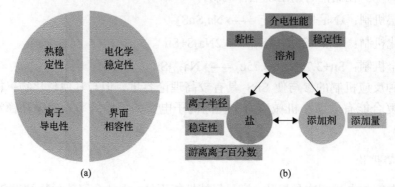

图 3.36　(a) 电解质需要考虑的各项因素；(b) 电解质各组分对特性的影响程度

　　理想情况下，在一组最佳盐浓度和适宜温度的条件下，可获得最大离子电导率。溶剂的性质也会直接影响电解液的总离子传输能力，特别是其导电性或流动性（即与黏度成反比），以及电解质的热稳定性。例如，普通有机溶剂具有较低的蒸气压，不能在相对较高的温度下操作（由于产生易燃蒸气）。相反，相同条件下，聚合物或离子液体的蒸气压没有升高。此外，电解液添加剂的应用弥补了一些不能通过调整盐或溶剂来优化的缺点。理想情况下，添加剂的目标是解决定向性能，如提高化学和电化学稳定性或拓宽电压窗口。但是，由于添加剂的存在可能会引起一些不可预测的复杂副反应，增加额外的成本，因此建议尽量减少添加剂的数量和用量。

　　商用钠硫电池在使用陶瓷电解质时具有较高的工作温度（约 300℃），这限制了其室内应用。对于室温钠离子电池，主要问题在于开发可靠的电解液。目前，许多研究者正在努力开发新的电解质，这种电解质具有高的 Na^+ 导电性。在室温或相对低温下能形成优良的电极-电解质界面。

　　近几年来，用于钠离子电池的有机液体电解质因其独特的性能而得到了广泛的研究。通常研究的用于钠离子电池的有机液体电解质是由经典钠盐和单一/二元有机溶剂组成。最近，Ponrouch 等[44]研究了不同离子盐（$NaClO_4$、NaTFSI 和 $NaPF_6$）溶于几种单一溶剂（EC、DMC、PC、DME、DEC 和 TEG）和二元有机液体溶剂（EC:DMC、EC:DME、EC:PC 和 EC:TEG）中的不同电解质的黏度、离子导电性、热稳定性和电化学稳定性。他们证实，二元溶剂电解质比单一溶剂电解质具有更高的离子导电性，其中，$NaPF_6$/EC:PC 电解质具有最宽的电化学窗口和增强的热稳定性。此外，Bhide 等[45]还研究了温度和盐的物质的量浓度与离子电导率的关系。电解质为 $NaPF_6$、$NaClO_4$ 和 $NaCF_3SO_3$，溶剂为 EC:DMC（30:70，质量比）。结果表明，$NaPF_6$、$NaClO_4$ 和 $NaCF_3SO_3$ 在最大离子电导率时的浓度分别为 0.6mol/L、1mol/L 和 0.8mol/L。此外，$NaPF_6$/EC:DMC 在所有实验温度下都具有良好的离子导电性，是最适合实际应用的电解质之一。

　　另外，添加剂的加入对电解液的性能有显著的改善。添加剂有助于在两个电极上形成高质量的电极-电解液界面，并使电解液阻燃。氟化碳酸乙烯酯（FEC）是使用最广泛的电解液添加剂。根据研究，FEC 添加剂可以促进每个循环的库仑效率，这是因为它抑制了在 Na^+/Na 电对电极上生成的碳酸丙酯钠的氧化分解。最近，有研究者提出了一种通过将 FEC、prop-1-ene-1,3-sultone（PST）和 1,3,2-二氧硫杂环戊烷-2,2-二氧化物（DTD）等多种电解质添加剂（称为三元添加剂 FPD）溶解在功能性电解质 $NaPF_6$/PC:EMC 中，他们发现三元添加剂 FPD 具有最强韧的 SEI 膜，并且他们认为 PST 和 DTD 的加入有利于负极和正极，它们分别在负极形成有机化合物丰富的 SEI 膜，在正极形成致密而厚的 SEI 膜。此外，与单一 FEC 电解液添加剂相比，三元添加剂还提高了电池的容量保持率（高达 92.2%）。PST 和 DTD 添加剂在硬质碳负极上的存在可以生成更多的有机分子（如 $ROCO_2Na$、$ROSO_2Na$ 和 $ROSO_3Na$），并显著抑制电解质溶剂的不可逆分解过程。在 $NaNi_{1/3}Fe_{1/3}Mn_{1/3}O_2$ 正极上，不溶性过渡金属硫酸盐/亚硫酸盐是通过过渡金属离子与 RSO_3^-、$ROSO_3^-$ 和 SO_3^-（从 PST 和 DTD 二次离子分解）结合形成的。正极 SEI 膜的形成可以减少电解质溶剂的不可逆氧化过程和过渡金属离子的不溶解过程。在室温钠硫电池研究中，由共溶剂（PC 溶剂和 FEC 添加剂）、高浓度钠盐（NaTFSI）和 InI_3 添加剂组成了高电化学性能和高安全性的电解质体系。观察到 FEC 和高浓度钠盐有助于抑制多硫化钠的溶解，并在循环过程中形成稳定的富氟 SEI 膜和无枝晶表面。随着 FEC 的加入，电池的库仑效率显著提高。此外，InI_3 添加剂中的 In^{3+} 离子的存在促进了钝化层的形成，钝化层的出现阻止了多硫化物的腐蚀，提高了循环性。

　　目前，"盐中水"（water in salt electrolyte, WiSE）电解液被应用于开发高电压、安全、低成本的水性钠离子电池。根据研究，水性钠离子电池在高浓度 $NaClO_4$ 电解液中有效地抑制了析氢，并且可逆放电比容量为 113mA·h/g。此外，在 $NaClO_4$ 电解液（17mol/L）中，水溶液的比容量可逆地保持 200 次以上。更有趣的是，据报道，在 1mol/L 电解液中，当电压高于 1.8V 时，不可逆反应发生，而对于 17mol/L 电解液，在相似的电压下没有观察到副反应的发生。因此，浓电解质有利于循环稳定性。基于他们的研究，这些性能的改善是由于离子溶剂化结构的改变、水的活性减弱及在负极活性物质上形成 SEI 膜。但是，WiSE 的实际应用受到高浓度电解液在室温附近结晶的影响，这可能导致电池失效。Reber 等[46]报道了使用对称阴离子抑制高浓度水电解质结晶。使用这种电解液，电池可以在-10℃的温度下工作，在 C/5 下循环 500 次后，电池的容量保持率为 74%。

近年来，离子液体电解质由于其优良的性能，在钠离子电池中越来越普及。在使用离子液体丁基甲基吡咯烷双(三氟甲基磺酰基)酰亚胺(BMPTFSI)与 NaClO$_4$ 混合作为电解质的室温体系中，离子导电性随着钠溶质的增加而降低，这是因为黏度增加。另外，NaClO$_4$/BMPTFSI 离子液体电解质在室温下的循环性比 NaClO$_4$/EC:DEC 电解液的循环性要好。此外，利用不同浓度的 NaBF$_4$(0.1～0.75mol/L) 的 EMIBF$_4$ 离子液体，研究离子液体电解质中钠盐浓度对电化学性能的影响。发现不同浓度的 NaBH$_4$ 对应的电化学窗口为 4.0～4.5V，随钠盐浓度的增加而增大，而离子电导率随钠盐浓度的增加而降低。Arnaiz 等[47]提出了用非质子离子液体 1-丁基-1-甲基吡咯烷双(三氟甲磺酰基)酰亚胺(Pyr14TFSI)和钠盐 NaTFSI 制备新型离子液体电解质。这种新型电解液保证了高容量和良好的循环稳定性。不幸的是，由于添加剂 FEC 不能阻止 Pyr14$^+$ 的分解，因此基于 Pyr14TFSI 的电解质不能与硬碳电极一起使用。新设计的离子液体凝胶膜电解质 SILGM 被认为是作为钠离子电池固体电解质有吸引力的替代品，在 150 次充放电循环后具有 92% 的容量保持率和 99.9% 的库仑效率，以及高度的灵活性和安全性。值得注意的是，高黏度的电解液在高倍率性能方面并不理想。研究人员试图通过与有机溶剂混合来降低离子液体的黏度，因为有机溶剂能显著降低离子液体的黏度，同时保持其电化学性能。由于离子相互作用较弱，在 ATFSI/EMITFSI 电解液中添加 EC:PC 可以提高离子电导率，同时降低传导活化能。EC 的加入不影响离子液体基电解质的氧化和热稳定性。

随着近年来合成具有高电化学性能的新型主体聚合物，如聚氧化乙烯(PEO)、聚丙烯腈(PAN)、聚乙烯醇(PVA)和聚甲基丙烯酸甲酯(PMMA)等的发展，固体聚合物电解质(SPE)是钠离子电池的另一个有前途的选择。如 PMMA/PEG 基复合聚合物电解质，该电解质由 PMMA、聚乙二醇(PEG)、5%表面酸性纳米 Al$_2$O$_3$ 和 NaClO$_4$ 合成。新型复合聚合物电解质(CPE)具有良好的电化学性能，包括高离子电导率(70℃时为 0.146mS/cm)、宽的电压窗口和较高的机械强度。纳米 Al$_2$O$_3$ 被用作无机填料来降低结晶度，SEM 研究表明 CPE 存在超光滑和柔软的表面。此外，以多孔聚偏氟乙烯-六氟丙烯(PVDF-co-HFP)为基础的分离凝胶电解质具有高离子导电性(室温下为 1.13mS/cm)和宽的电化学窗口(4.8V vs. Na$^+$/Na)。

使用固体电解质(Al$_2$O$_3$ 和 NASICON)和熔融电极的全固态电池，如钠硫(Na-S)和过渡金属卤化物钠电池(ZEBRA)，已经成功商业化并用于大规模储能，这得益于固体电解质可以抑制电解质的分解和枝晶的形成。近年来，关于全固态电池的固体电解质已有研究。然而，这些固体电解质的实际应用需要较高的工作温度，这就降低了储能系统的效率。因此，近年来，越来越多的其他类型的固态电解质被开发出来，以满足室温固态钠电池的需求。值得注意的是，高钠离子导

电性和良好的电解质-电极界面形成能力或低温电解液是未来钠离子电池发展的
必要条件。

3.6　钠离子电池的应用与发展趋势

电动汽车和储能电池的需求逐年增加，二次电池市场的规模以每年 12%左右
的速度增长。尽管锂离子电池具有可扩展性，但锂资源主要集中在南美、钴资源
主要集中在澳大利亚和非洲刚果，其分布不均是亟待解决的问题。目前使用高容
量富镍正极材料来减少钴的使用，但仍然有争议。因为未来将需要更多的正极材
料，除锰以外的每种金属价格预计会进一步上涨。学术界和工业界提出了替代性
钠离子电池可充电电池来实质性地替代现有的锂离子电池。自 2010 年钠离子电池
的研究趋势集中在电极材料而不是电池系统上。

正极材料的发展一直朝着层状和多阴离子结构材料的方向发展。不管是锂电
系统还是钠电系统，层状氧化物正极材料一直都是研究热点。现在成功大量商业
化用于手机等 3C 电子产品的锂离子电池正极材料就是 O3 结构的层状氧化物
$LiCoO_2$，用于新能源电动汽车的锂离子电池的正极材料也是使用 O3 结构的层状
氧化物三元材料 $LiNi_xCo_yMn_{1-x-y}O_2$（NCM）。

钠离子层状过渡金属氧化物常写作 Na_xTMO_2，TM 对应过渡金属离子。其结
构是由共边的八面体过渡金属层和钠离子层堆垛而成，一层过渡金属层，一层钠
离子层，故称层状。不同于锂电系统，钠离子层状氧化物正极材料不仅有 O 型堆
积，还有 P 型堆积。O3 型结构的氧原子是以 “ABCABC” 方式立方密排堆积的，
钠离子占据了过渡金属层之间的八面体位置，该结构也被分为 3R 相，其空间群
为 $R\bar{3}m$，属于菱方晶系（三方晶系）。当 Na^+ 脱出后，O3 型结构会经历一系列复
杂的相变，即 O3→O′3→P3→P′3，这也导致了 O3 型结构的材料循环稳定性差。
在某些情况下，也可以通过固相反应直接合成 P3 相，例如，$P3-Na_{2/3}[Ni_{1/3}Mn_{2/3}]O_2$
和 $P2-Na_{2/3}[Ni_{1/3}Mn_{2/3}]O_2$ 分别称为低温相和高温相。P2 型结构的氧原子是以
“ABBA”方式排列的，Na^+ 占据的位置有两种，一种称为 Nae 位置，一种称为 Naf
位置，都是占据三棱柱位置，Nae 占据的三棱柱是与相邻过渡金属层的六个 TmO_6
八面体共享边，Naf 占据的三棱柱是与上下相邻过渡金属层的两个 TmO_6 八面体
共享面。根据泡利第三定律，共享边比共享面能量更稳定，这也是 P2 型结构非化
学计量组成的原因（在 Na_xTmO_2 中 x 通常接近于 0.67）。因为钠的含量低，所以 P2
型的容量比 O3 型的容量低。P2 型结构通常被分为 2H 相，其空间群为 P63/mmc，
属于六方晶系。P3/O3 型转变为 P2 相在钠离子电池中是不可能的，因为它的相变
只通过破坏 Me—O 键来实现，需要高温环境。大部分 P2 型结构正极材料合成时
需要淬火，因为需要保持高温相结构。当 Na^+ 脱出后，Na^+ 在八面体位置更稳定，

可能会发生过渡金属层滑动，氧堆积排列从"ABBA"变为"ABAC"，即转变为O2相。虽然P2型结构的可逆容量比O3型结构小，但是由于P2型结构的Na层间距更宽、Na^+的迁移路径更好，P2型结构拥有更好的钠离子电导率和更好的结构完整性，从而拥有高的能量密度和良好的循环稳定性。当晶格内发生面内畸变时，通常会在缩写命名中加入符号"′"，例如，O3型$NaMnO_2$发生畸变变成属于单斜晶系的O′3型结构(空间群为C2/m)和P2型Na_xMnO_2发生畸变变成属于斜方晶系(正交晶系)的P′2型Na_xMnO_2(空间群为Cmcm)。

负极材料中，硬碳材料具有工作电压低、循环稳定性好等特点，早期被认为要优越于其他负极材料。同时，锂离子电池实用化也采用硬碳作为负极材料，因此即使在钠离子电池中，硬质碳也可以成为商业化负极材料。然而需要注意的是，在低电压下，钠金属容易沉积在硬碳表面而非嵌入，从而引起安全问题。此外，硬碳的比容量为300mA·h/g，不利于提高钠离子电池的能量密度。因此，人们更倾向于转化和合金化机制材料，这两类材料具有高比容量、放电时无钠金属沉积等优点。而两类材料的缺点也很明显，Na^+离子半径大而引起电极体积膨胀；首次循环库仑效率低。到目前为止，硬碳因其工作电压低、循环稳定性好、首次循环时库仑效率高依然被认为是实际应用中的最佳选择。综上所述，O3型正极和硬质碳负极组件的实际应用无疑是目前最优化的全电池体系。

目前，一些领先的公司正在推广商业化钠离子电池原型。住友化学株式会社在2013年展示了O3型$NaNi_{0.3}Fe_{0.4}Mn_{0.3}O_2$正极的软包全电池。法国CNRS推出了首个商用18650圆柱形钠离子电池，实现2000次循环且能量密度为90Wh/kg。2015年，FRADION开发了电动自行车用钠离子电池。夏普实验室还推广采用O3型或普鲁士白正极、硬质碳负极和传统碳酸盐基电解质的高能量密度钠离子电池。然而，第一个商用18650圆柱形钠离子电池的实际能量密度低于100W·h/kg。因此，在开发高比容量正极和负极材料及稳定的电解质(包括在高压区工作的添加剂)时，如何提高钠离子电池系统的能量密度，特别是最大化能量密度，应该是首先考虑的问题。此外，应加强对活性材料表面改性的系统研究，以减少与电解质、黏合剂、集电器和其他组分的副反应，使其朝着实际的储能应用方向发展。

参 考 文 献

[1] Zhang Y, Xia X, Liu B, et al. Multiscale graphene-based materials for applications in sodium ion batteries. Advanced Energy Materials, 2019, 9: 1803342.

[2] Delmas C. Sodium and sodium-ion batteries: 50 years of research. Advanced Energy Materials, 2018, 8: 1703137.

[3] Hwang J Y, Myung S T, Sun Y K. Sodium-ion batteries: Present and future. Chemical Society Reviews, 2017, 46: 3529-3614.

[4] Liu J, Woll C. Surface-supported metal-organic framework thin films: Fabrication methods, applications, and challenges. Chemical Society Reviews, 2017, 46: 5730-5770.

[5] Chen M, Liu Q, Wang S W, et al. High-abundance and low-cost metal-based cathode materials for sodium-ion batteries: problems, progress, and key technologies. Advanced Energy Materials, 2019, 9: 1803609.

[6] Newman G H, Klemann L P. Ambient temperature cycling of an Na-TiS$_2$ cell. Journal of the Electrochemical Society, 1980, 27: 2097-2099.

[7] Kubota K, Komaba S. Review-practical issues and future perspective for Na-ion batteries. Journal of the Electrochemical Society, 2015, 162: A2538-A2550.

[8] Niu J, Gao H, Ma W, et al. Dual phase enhanced superior electrochemical performance of nanoporous bismuth-tin alloy anodes for magnesium-ion batteries. Energy Storage Materials, 2018, 14 : 351-360.

[9] Ma W, Yin K, Gao H, et al. Alloying boosting superior sodium storage performance in nanoporous tin-antimony alloy anode for sodium ion batteries. Nano Energy, 2018, 54: 349-359.

[10] Nam K H, Jeon K J, Park C M. Layered germanium phosphide-based anodes for high-performance lithium- and sodium-ion batteries. Energy Storage Materials, 2019, 17: 78-87.

[11] Pan Q, Zhang Q, Zheng F, et al. Construction of MoS$_2$/C hierarchical tubular heterostructures for high-performance sodium ion batteries. ACS Nano, 2018, 12: 12578-12586.

[12] Dunn B, Kamath H, Tarascon J M. Electrical energy storage for the grid: A battery of choices. Science, 2011, 334: 928-935.

[13] Yabuuchi N, Kubota K, Dahbi M, et al. Research development on sodium-ion batteries. Chemical Reviews, 2014, 114: 11636-11682.

[14] Chayambuka K, Mulder G, Danilov D L, et al. Sodium-ion battery materials and electrochemical properties reviewed. Advanced Energy Materials, 2018, 8: 1800079.

[15] Gür T M. Review of electrical energy storage technologies, materials and systems: Challenges and prospects for large-scale grid storage. Energy and Environmental Sciences, 2018, 11: 2696-2767.

[16] Song J, Xiao B, Lin Y, et al. Interphases in sodium-ion batteries. Advanced Energy Materials, 2018, 8: 1703082.

[17] Dai Z, Mani U, Tan H T, et al. Advanced cathode materials for sodium-ion batteries: What determines our choices? Small Methods, 2017, 1: 1700098.

[18] Lee J M, Singh G, Cha W, et al. Recent advances in developing hybrid materials for sodium-ion battery anodes. ACS Energy Letters, 2020, 5: 1939-1966.

[19] Delmas C, Fouassier C, Hagenumuller P. Structural classification and properties of the layered oxides. Physica B+C, 1980, 99 (1-4) : 81-85.

[20] Mizushima K, Jones P C, Wiseman P J, et al. Li$_x$CoO$_2$ (0 < x~1) : A new cathode material for batteries of high energy density. Materials Research Bulletin, 1980, 15: 783-789.

[21] Abrahamk M. Intercalation positive electrodes for rechargeable sodium cells. Solid State Ionics, 1982, 7: 199-212.

[22] Xu Y, Wei Q, Xu C, et al. Layer-by-layer Na$_3$V$_2$(PO$_4$)$_3$ embedded in reduced graphene oxide as superior rate and ultralong-life sodium-ion battery cathode. Advanced Energy Materials, 2016, 6: 201600389.

[23] Xiao Y, Zhu Y F, Yao H R, et al. A stable layered oxide cathode material for high-performance sodium-ion battery. Advanced Energy Materials, 2019, 9: 1803978.

[24] Liu Q, Hu Z, Chen M, et al. The cathode choice for commercialization of sodium-ion batteries: Layered transition metal oxides versus Prussian blue analogs. Advanced Functional Materials, 2020, 30: 1909530.

[25] Delmas C, Carlier D, Guignard M. The layered oxides in lithium and sodium-ion batteries: A solid-state chemistry approach. Advanced Energy Materials, 2021, 11: 2001201.

[26] Xiao Y, Abbasi N M, Zhu Y F, et al. Layered oxide cathodes promoted by structure modulation technology for sodium-ion batteries. Advanced Functional Materials, 2020, 30: 2001334.

[27] Sun Y, Guo S, Zhou H. Adverse effects of interlayer-gliding in layered transition-metal oxides on electrochemical sodium-ion storage. Energy and Environmental Sciences, 2019, 12: 825-840.

[28] Boddu V R R, Puthusseri D, Shirage P M, et al. Layered Na_xCoO_2-based cathodes for advanced Na-ion batteries: review on challenges and advancements. Ionics, 2021, 27: 4549-4572.

[29] Xie J, Xiao Z, Zuo W, et al. Research progresses of sodium cobalt oxide as cathode in sodium ion batteries. Acta Chimica Sinica, 2021, 79: 1232-1243.

[30] Pang W L, Zhang X H, Guo J Z, et al. P2-type $Na_{2/3}Mn_{1-x}Al_xO_2$ cathode material for sodium-ion batteries: Al-doped enhanced electrochemical properties and studies on the electrode kinetics. Journal of Power Sources, 2017, 356: 80-88.

[31] Wang P F, You Y, Yin Y X, et al. An O3-type $NaNi_{0.5}Mn_{0.5}O_2$ cathode for sodium-ion batteries with improved rate performance and cycling stability. Journal of Materials Chemistry A, 2016, 4: 17660-17664.

[32] Hasegawa H, Ishado Y, Okada S, et al. Stabilized phase transition process of layered Na_xCoO_2 via Ca-substitution. Journal of the Electrochemical Society, 2021,168: 010509.

[33] Kim H, Shakoor R A, Park C, et al. $Na_2FeP_2O_7$ as a promising iron-based pyrophosphate cathode for sodium rechargeable batteries: A combined experimental and theoretical study. Advanced Functional Materials, 2013, 23: 1147-1155.

[34] Mao J, Luo C, Gao T, et al. Scalable synthesis of $Na_3V_2(PO_4)_3$/C porous hollow spheres as a cathode for Na-ion batteries. Journal of Materials Chemistry A, 2015, 3: 10378-10385.

[35] Jiang Y Z, Yu S L, Wang B Q, et al. Prussian blue@C composite as an ultrahigh-rate and long-life sodium-ion battery cathod. Advanced Functional Materials, 2016, 26: 5315-5321.

[36] Qian J, Wu C, Cao Y, et al. Prussian blue cathode materials for sodium-ion batteries and other ion batteries. Advanced Energy Materials, 2018, 8: 5315-5321.

[37] Gao H, Niu J, Zhang C, et al. A dealloying synthetic strategy for nanoporous bismuth-antimony anodes for sodium ion batteries. ACS Nano, 2018, 12: 3568-3577.

[38] Zheng F, Zhong W, Deng Q, et al. Three-dimensional (3D) flower-like $MoSe_2$/N-doped carbon composite as a long-life and high-rate anode material for sodium-ion batteries. Chemical Engineering Journal, 2019, 357: 226-236.

[39] Ruiz-Martínez D, Gómez R. The liquid ammoniate of sodium iodide as an alternative electrolyte for sodium ion batteries: the case of titanium dioxide nanotube electrodes. Energy Storage Materials, 2019, 22: 424-432.

[40] Janakiraman S, Padmaraj O, Ghosh S, et al. A porous poly (vinylidene fluoride-co-hexafluoropropylene) based separator-cum-gel polymer electrolyte for sodium-ion battery. Journal of Electroanalytical Chemistry, 2018, 826: 142-149.

[41] Sarkar A, Manohar C V, Mitra S. A simple approach to minimize the first cycle irreversible loss of sodium titanate anode towards the development of sodium-ion battery. Nano Energy, 2020, 70: 104520.

[42] Jache B, Adelhelm P. Use of graphite as a highly reversible electrode with superior cycle life for sodium-ion batteries by making use of co-intercalation phenomena. Angewandte Chemie-International Edition, 2014, 53: 10169-10173.

[43] Loaiza L C, Monconduit L, Seznecm V. Si and Ge-based anode materials for Li-, Na-, and K-ion batteries: a perspective from structure to electrochemical mechanism. Small, 2020, 16: 1905260.

[44] Ponrouch A, Dedryvère R, Monti D, et al. Towards high energy density sodium ion batteries through electrolyte optimization. Energy & Environmental Science, 2013, 6 (8): 2361-2369.

[45] Bhide A, Hofmann J, Katharina dürr A, et al. Electrochemical stability of non-aqueous electrolytes for sodium-ion batteries and their compatibility with $Na_{0.7}CoO_2$. Physical Chemistry Chemical Physics, 2014, 16(5): 1987-1998.

[46] Reber D, Kuehnel R-S, Battaglia C. High-voltage aqueous supercapacitors based on NaTFSI. Sustainable Energy & Fuels, 2017, 1(10): 2155-2161.

[47] Arnaiz M, Huang P, Ajuria J, et al. Protic and aprotic ionic liquids in combination with hard carbon for lithium-ion and sodium-ion batteries. Batteries & Supercaps, 2018, 1(6): 204-208.

第4章 铝离子电池

4.1 概　述

　　1857 年，铝首次被报道用作 Buff 电池的负极。一个世纪后，Sargent 和 Ruben 将水电解质用于带有铝负极和 MnO_2 正极的 Leclanche 电池。铝离子电池(AIBs)的概念于 20 世纪 70 年代提出，在 2011 年开始逐渐被人们关注。研究发现以 V_2O_5 为正极、Al 为负极的电池在室温下具有可逆循环特性(即可充电性)。此后，人们重新燃起了对开发和理解 AIBs 基本原理的兴趣。这种"铝热"同时还受到了全球可充电电池技术创新的推动。在非锂离子电池系统中，理论上铝离子电池具有非常广阔的前景[1-3]。第一，铝的惰性和在自然环境中操作的方便性(即稳定性)有望显著提高铝离子电池系统的安全性。第二，1 个铝原子在电化学过程中可以交换 3 个电子，因此可以提供大约四倍于锂离子电池系统($2062mA \cdot h/cm^3$)的体积比容量($8046mA \cdot h/cm^3$)。第三，铝的原子质量小($26.98g/mol$)，密度较活泼金属高($2.7g/cm^3$)，AIBs 的质量比容量较其他金属(如钠、钾、镁和钙)高。第四，地壳中铝的质量丰度(约 8%)远高于锂(约 0.0065%)，铝是地壳中丰度仅次于氧和硅的元素，铝元素含量的丰富性和低成本为大规模应用提供了可能。尽管铝比其他金属氧化还原电位[$-1.76V$(vs. SHE)]高，但是更高体积比容量和质量比容量的铝离子电池体系无疑将产生能量密度接近甚至高于使用其他金属的电池体系。因此，铝离子电池技术的营销预期比锂离子电池技术更容易[4,5]。

4.2　工 作 原 理

　　非水性铝离子电池通常以铝为负极，以氯铝酸盐离子液体等为电解质。铝离子电池在放电时，Al^{3+} 经电解液进入正极材料，电子由外电路流向正极材料，而负极材料铝则释放 Al^{3+} 至电解液中，如图 4.1 所示；充电时，发生上述过程的逆反应[6]。铝离子电池原理与锂离子电池相似，但在实际过程中，铝离子电池所发生的反应比理论过程要复杂得多，主要体现为 Al^{3+} 在嵌脱过程中以离子团的形式(如 $AlCl_4^-$)进行，而很少以单个离子的方式进行。非水体系比水体系更适合铝离子电池，这是由于铝相当低的标准电极电势($-1.662V$)，水体系的电化学反应过程中氢气比铝先发生还原，因此降低了负极的效率[7-9]。

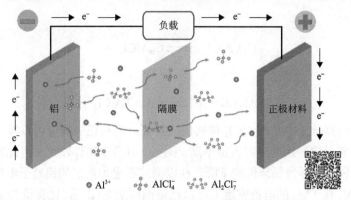

图 4.1　铝离子电池的放电机理示意图（扫码见彩图）

　　目前，研究较多的铝离子电池电解液体系是由 $AlCl_3$ 和不同烷基侧链的咪唑氯盐组成的离子液体，包括氯化-1-甲基-3-乙基咪唑（EMIC）和氯化-1-丁基-3-甲基咪唑（BMIC）。此体系的路易斯酸酸性可以通过改变 $AlCl_3$ 和离子液体的比例而调节。$AlCl_3$ 在体系中的物质的量比大于离子液体，则体系显酸性，反之则显碱性。在酸性体系中，主要的存在方式是 $Al_2Cl_7^-$，在中性体系中，仅有的阴离子是 $AlCl_4^-$，而在碱性体系中，$AlCl_4^-$ 和 Cl^- 共存。已报道的能够存储 Al^{3+} 的正极种类较多，如氧化物、硫化物、碳、氯化物、聚合物、聚阴离子化合物等[10-12]。

4.3　正 极 材 料

　　在铝离子电池中，正极材料在能量存储过程中有两种已知的机制：插层反应机制和转化反应机制。

4.3.1　插层机制正极材料

　　非水系铝离子电池的插层反应机制是指客体离子可逆地嵌入到层状宿主晶格中，这与很多二次电池一致。不一致的地方在于，铝离子电池中的客体离子除了铝离子之外，含铝的阳离子或阴离子也会成为插层离子进入晶格。根据插层离子的几何构型，插层反应通过宿主晶格的结构柔韧性和晶格层间间距的自由调整进行[13, 14]。因此，在充放电过程中，这种类型的反应伴随着宿主晶格中一系列可逆的结构变化。由于氯铝酸盐离子液体的特殊性，Al^{3+} 和 $AlCl_4^-$ 均可成为插层中的客体离子。因此可以根据客体离子的种类将插层正极材料分为两类，即 $AlCl_4^-$ 插入类和 Al^{3+} 插入类。

　　碳基材料在作为铝离子电池正极材料时，通常伴随着 $AlCl_4^-$ 的嵌脱，如反应式（4.1）和式（4.2）所示：

正极：

$$C_n + AlCl_4^- \rightleftharpoons C_nAlCl_4 + e^- \tag{4.1}$$

负极：

$$4\,Al_2Cl_7^- + 3e^- \rightleftharpoons Al + 7\,AlCl_4^- \tag{4.2}$$

此外导电高分子也呈现 $AlCl_4^-$ 插层反应特征。但从正极反应可以看出，此反应为单电子转移反应，因此实际容量不高。另外，由于 $AlCl_4^-$ 较大，因此容易引起宿主材料体积膨胀，导致循环性能下降。在以泡沫石墨为正极的铝离子电池中，工作电压可达 2V，在 5A/g 的电流密度下可以稳定循环 7500 次后，比容量为 70mA·h/g。对其性能较为可靠的解释为 $AlCl_4^-$ 在碳层中的迁移能垒较低。但 $AlCl_4^-$ 在碳层中的插入路径还有待深入研究。碳基正极的电化学性能在容量和倍率性能方面还有待提高。在倍率性能方面，改进离子扩散通道和增加导电性是改进其动力学过程的有效途径。例如，将 $AlCl_4^-$ 预先插入寡层石墨烯泡沫，扩大石墨层间距，减小 $AlCl_4^-$ 扩散阻力；增加导电性的方法如通过高温下提高石墨化程度。提高容量的方式有增加材料的缺陷数量，使用缺陷位置存储 $AlCl_4^-$ 并提供容量。

Al^{3+} 单独作为插层离子时，也许可以克服由 $AlCl_4^-$ 插层引起的性能下降。这一类型的材料包括氧化钒、钒酸锂、钒酸钼、硫化钼等[15, 16]，反应过程如式 (4.3) 和式 (4.4) 所示：

正极：

$$M + ne^- + 4/3n[\,Al_2Cl_7^-\,] \rightleftharpoons Al_{n/3}(M) + 7/3n[\,AlCl_4^-\,] \tag{4.3}$$

负极：

$$Al + 7[\,AlCl_4^-\,] \rightleftharpoons 4[\,Al_2Cl_7^-\,] + 3e^- \tag{4.4}$$

式 (4.3) 和式 (4.4) 中，M 代表正极材料。此外，聚阴离子化合物如 LFP 和 NVP 等也可以成为铝离子电池的正极材料。但其在插层反应过程中发生的为 Li^+ 或 Na^+ 嵌入，而负极仍然发生 Al 的沉积反应，因此被称为混合电池。

过渡金属硫化物或者硒化物在铝离子电池正极材料中的研究相对集中，主要是因为硫化物、硒化物的化学键相对氧化物较弱，利于 Al^{3+} 嵌入。Mo_6S_8 是最早用于铝离子电池的正极材料，以铝金属为负极，以 [BMIm]Cl-$AlCl_3$ 离子液体为电解液，Al^{3+} 出现 0.5V、0.36V 两个放电平台，其对应的充电平台为 0.4V 和 0.75V。通过结构分析，电化学反应被认为以式 (4.5) 和式 (4.6) 所示进行：

负极：

$$Al + 7\,AlCl_4^- \rightleftharpoons 4\,Al_2Cl_7^- + 3e^- \tag{4.5}$$

正极：

$$8Al_2Cl_7^- + 6e^- + Mo_6S_8 \rightleftharpoons Al_2Mo_6S_8 + 14AlCl_4^- \tag{4.6}$$

在 6mA/g 的电流密度下，材料仅有 80mA·h/g 的比容量。性能不佳的主要原因在于 Al^{3+} 在 Mo_6S_8 晶格中的扩散缓慢，动力学表现欠佳。恒电流滴定研究表明，Al^{3+} 在 Mo_6S_8 中的扩散系数约为 $10^{-18}cm^2/s$，比 Li^+ 和 Mg^{2+} 低很多。目前可以采用两种方式来减少硫化物正极的动力学障碍：①使用纳米级材料以增加比表面积，并提供更多的固态扩散通道；②与碳纳米管或石墨烯组成复合材料以增强电导性和电解液可湿润性。使用这些策略，Co_9S_8@CNT-CNF 正极材料在电流密度为 1A/g 的条件下，比容量可达为 100mA·h/g。但是，比容量衰减在硫化物中表现明显，研究表明，初始循环过程中产生的无定形层是导致比容量衰减的本质原因。

层状 V_2O_5 由共边和共顶点的 VO_5 金字塔结构交替构成，在 c 轴方向以范德瓦耳斯力结合形成层状结构，其中可以容纳离子甚至离子团，因此被认为是较好的铝离子电池正极材料。在有机电解液中，Al^{3+} 可逆地嵌脱于层状结构，首次放电比容量为 305mA·h/g，放电平台为 0.6V，但循环性能较差。使用离子液体电解液可将比容量提升至 442mA·h/g，对应最终产物为 AlV_2O_5。遗憾的是，后来的研究发现较高的比容量是由于 Fe 集流体参与了电化学反应过程带来的副反应贡献。即便如此，这一工作带来了开创性的进展。在此基础上，通过使用惰性 Ni、Mo 集流体证实了 V_2O_5 对 Al^{3+} 可逆的存储。锐钛矿 TiO_2 是性能优异的锂离子电池电极材料，锐钛矿型 TiO_2 纳米管阵列最早被研究，使用 1mol/L $AlCl_3$ 水系电解液。最大的实验容量为 0.074 个 Al^{3+}/单胞，放电比容量为 75mA·h/g，放电平台约为 1V（vs. 标准甘汞电极）。在电化学反应中，Cl^- 和 H^+ 也参与了这一过程。通过与石墨烯复合可以降低 Al^{3+} 在锐钛矿中的扩散能垒，放电产物为 Al_2Ti_5 和 $Al_2Ti_7O_{15}$。阳离子空位的 TiO_2 有利于提升 Al^{3+} 在体系中的扩散能力，比容量提升至 120mA·h/g。

4.3.2　转化机制正极材料

铝离子电池正极材料的转化机制与锂离子电池负极的转化机制类似[17-19]。即正极材料在获得 Al^{3+} 和电子后，生成了两种新的物质，可简约如式(4.7)所示：

$$Al^{3+} + MX + 3e^- \longrightarrow AlX + M \tag{4.7}$$

式中，M 代表过渡金属阳离子或其他更高价态阳离子（M=Fe^{3+}、Cu^{2+}、V^{3+}、Ni^{2+}等）；X 代表某些阴离子（X=Cl^-、S^{2-}等）。在电化学反应后，阳离子与铝离子发生交换，被置换出来的 M 则被还原。由于反应为多电子氧化还原反应，通常认为转化机制的非水铝离子电池可以实现较高能量密度。但是，由于金属氯化物或硫化物导电性较差，循环过程中结构崩塌和体积变化等问题，会造成性能衰减和较短的循环寿命。通常认为减小材料尺寸、改善结构和与高导电材料复合等方法可以有效减轻极化，

增强 Al^{3+} 的可逆嵌脱，因此通过以上方法来提高这些潜在正极的结构稳定性。

与其他转换材料相比，硫基正极在电化学过程中，1 个 S 有 2 个电子发生转移，使它们能同时具有质量比容量高和多电子转移的两个优势。由正极和铝组成的电池称为铝-硫电池（Al-S 电池）。与 Li-S 电池相似，非水系 Al-S 电池在电化学过程中也会产生从环状 α-S_8 到不同链长多硫化物的过渡过程，最终形成 Al_2S_3。而多硫化物也会在离子液体中发生部分溶解，导致硫的"穿梭效应"。与插层型正极相比，已报道的转换型正极较少，因此，转换型正极的研究具有十分广阔的前景。

4.3.3　复合机制正极材料

碳基材料尤其是石墨或石墨烯，由于其高达 2V 的工作电压被广泛作为铝离子电池的插层式正极。但是，这些材料的理论比容量（<100mA·h/g）相对较低，使它们的应用受到了一定的阻碍。因此，将碳材料与其他高比容量正极材料结合，如硫化物或氧化物，来设计高工作电压和高比容量电池体系是一种简单并有效的方法[20, 21]。

Ni_3S_2/石墨烯微片复合正极材料，以 $AlCl_3$ 的 EMIC 溶液为电解液，首次放电比容量高达 350mA·h/g。该材料在循环 100 次后仍有 60mA·h/g 的放电比容量。三维还原氧化石墨烯（rGO）支撑的 SnS_2 正极，在 0.68V 处观察到放电平台，比纯 SnS_2 0.45V 的放电平台有所提高。rGO-SnS_2 复合材料在 100mA/g 电流密度下初始比容量为 392mA·h/g，且循环性能优良。其良好的电化学性能可以归因于两个方面：第一，层状 SnS_2 材料的层间距能与 $AlCl_4^-$ 阴离子匹配，使在电化学循环过程中 $AlCl_4^-$ 阴离子的嵌脱高度可逆；第二，在 rGO 上均匀分布的 SnS_2 的精细结构提供更大的比表面积，有可以与 $AlCl_4^-$ 阴离子相互作用的活性位点。无定形 V_2O_5/C 复合材料的放电平台为 1V，初始比容量可达 200mA·h/g，相较于单独的 V_2O_5 比容量更高。这些结果表明将氧化物或硫化物与碳复合是提高电化学性能的有效方法。此外，有人报道了一种简单的自模板法，通过将硫颗粒作为模板和硫化剂来制备空心硫化物[22,23]。如图 4.2 所示，首先合成硫颗粒，然后负载羟基氧化镍前驱体，在热处理过程中，硫蒸发释放蒸气使前驱体硫化，最终形成空心的 NiS_2，在铝离子电池中表现出良好的性能。如图 4.3 所示，放电过程的平台由于 NiS_2 与 Al^{3+} 反应时转化为 Ni_3S_2 和 Al_2S_3 形成，由以下方程式表示：$9NiS_2 + 8Al^{3+} + 24e^- \rightleftharpoons 3Ni_3S_2 + 4Al_2S_3$。

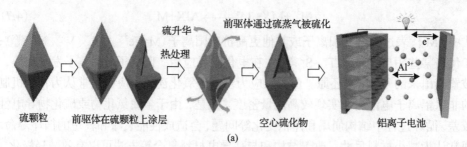

硫颗粒　　前驱体在硫颗粒上涂层　　　　　　空心硫化物　　　　　铝离子电池

(a)

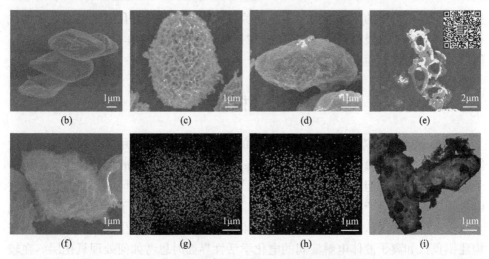

图 4.2　空心纳米结构的制备与形貌(扫码见彩图)

(a)自模板方法制备空心纳米结构及其铝离子电池应用示意图；(b)硫颗粒；(c)S@NiOOH 前驱体；(d)空心 NiS$_2$ 的 SEM 图；(e)空心 NiS$_2$ 样品被打碎以显示空心；(f)NiS$_2$ 的 SEM；(g)、(h)Ni、S 元素面扫图；(i)TEM 照片

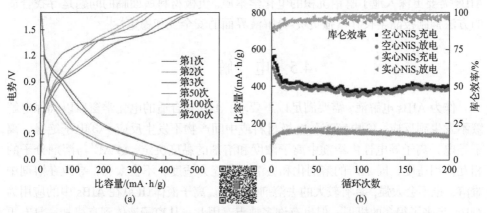

图 4.3　空心 NiS$_2$ 铝离子电池正极在 1A/g 电流密度下循环的充放电曲线(a)及空心 NiS$_2$ 和实心 NiS$_2$ 球的循环对比性能图(b)(扫码见彩图)

在电流密度为 1A/g 时，200 次循环后比容量仍有 383mA·h/g，并且在倍率性能测试后依然具有比容量上的可恢复性。

铝离子电池正极材料的开发目前还处在初始阶段，在容量、工作电压、倍率性能等方面还有很大的提升空间。性能提升的主要方向包括以下几个方面：①增大层状材料的层间距。将有机分子/聚合物插入范德瓦耳斯力构建的层间，达到类似于支柱的目的，但这种插入也有可能带来层状结构的剥离，使电极材料损坏。②材料纳米化。纳米尺度有利于提高电子/离子的传输能力，实现动力学提升。③非晶化材料。高度无序材料具有很多缺陷，这些空位、空隙、位错、晶界等缺陷可以提升离子在材料中的传输能力。④非层状氧化物。具有三维孔道结构的氧化物材料在锂离子电池正极材料中已有研究,在铝离子电池中动力学过程虽然相对缓慢,但作为备选材料有望实现较高的可逆性。

4.4　负极材料

AIBs 最大的优势是金属铝作为负极的使用,可以完全利用其较好的电化学性能。自然状态下金属铝被 Al_2O_3 钝化层保护,钝化层约为 5nm 厚。钝化层使铝易于在空气中处理,但同时限制了活性表面的暴露。一些研究证明,在前几次充放电过程中氧化层会产生不利影响,例如,正极的放电电压低于理论值;容量快速衰减等。但也有人认为氧化层可以有效抑制 AIBs 中枝晶的生长。因此,需要在构建铝负极和离子液体电解液间的电化学活性界面时思考如何处理氧化层。在较大的电流密度下,有研究发现铝枝晶致密地沉积在玻璃纤维隔膜上,甚至在低电流密度下,$NaAlCl_4$ 电解液中也有这种情况发生。设计更安全和更稳定的非水系 AIBs 需要更深入地了解铝沉积的电化学本质。负极材料所面临的问题是寻找合适的方法抑制枝晶生长并增强负极-电解液界面的安全性和稳定性[12,24]。

4.5　电　解　液

作为 AIBs 电解液,需要满足以下要求:①具有合适的电化学窗口以确保电解液不发生副反应。②电解液与电极材料或中间产物不发生反应。③电子绝缘、离子导电,离子导电性由溶剂中离子浓度和溶剂的黏度决定。④Al^{3+} 与溶剂分子的相互作用适度,即 Al^{3+} 的溶剂化和去溶剂化能力适度,不会太弱,导致在溶剂中难溶,也不会太强,具有较大的去溶剂化能垒。离子液体(ILs)在 AIBs 中的应用为 AIBs 带来了很多的机遇,但也有许多缺点,因此,从离子液体到有机盐,具有更好的动力学特性、更稳定、非腐蚀性的电解液,应该被引入到 AIBs 体系中。

4.5.1　有机电解液体系

由于尝试用的含 $AlCl_3$ 的咪唑基离子液体黏度高、对水分敏感、有腐蚀性、氧化电位低,急需寻找一种可将其替代的电解液,多样化的 ILs 因此得到研究,如 1-乙基-3-甲基咪唑(EMIm)$Tf_3N/AlCl_3$、1-(2-氧基乙基)-3-甲基咪唑氯化物、BMIC/$AlCl_3$、EMIC/$AlCl_3$、(BMP)Tf_2N、(EMIm)$Tf_2N/AlCl_3$ 等混合体系,以及 1-丁基-1-磺酸盐-乙基三氟甲基吡咯烷酮[(EMIm)TfO]、哌啶-烷基卤化物[(C3mpip)Tf_2N]或盐酸三乙胺[25,26]。此外,许多新型的有机电解液被引入到 AIBs 体系中作为传统氯铝酸盐 ILs 的替代品,这些新型的电解液可以被大致分为两类。

用溴代替氯是加快 Al-S 电池电化学过程动力学的有效策略之一。Al-S 电池在氯铝酸盐 ILs 电解液中可逆性较差，主要是由于 $Al_2Cl_7^-$ 与 Al^{3+} 的解离所造成的缓慢动力学过程。通过密度泛函理论（DFT）计算表明，$Al_2Cl_6Br^-$ 发生解离反应较 $Al_2Cl_7^-$ 更容易，这是由 $Al_2Cl_6Br^-$ 的解离能垒较低所决定。因此，通过用 Al_2ClBr^- 取代原先电解液中使用的 $Al_2Cl_7^-$，解离速度提高了 15 倍。此外，用 *N*-丁基-*N*-甲基-哌啶（NBMP）阳离子代替 ILs 电解液中的 EMI^+ 离子，可以进一步避免 EMI^+ 与多硫化物之间的副反应，通过使用 S@介孔碳作为正极成功在 NBMPBr/AlCl₃ 电解液实现了加快 Al-S 电池动力学的目的[27]。基于这种 Br 取代的 ILs 电解液，充放电可能的反应机理可以由反应式（4.9）和式（4.10）表示：

正极：

$$3S+8Al_2Cl_6Br^-+6e^- \Longrightarrow Al_2S_3+8AlCl_3Br^- + 6AlCl_4^- \qquad (4.8)$$

负极：

$$2Al+8AlCl_3Br^- + 6AlCl_4^- \Longrightarrow 8Al_2Cl_6Br^- + 6e^- \qquad (4.9)$$

常用的防腐策略是用其他离子来取代具有腐蚀性的 Cl^-，如 Br^-。在基于双（三氟甲基磺酰）亚胺基（$TFSI^-$）和三氟甲基磺酸基（OTF^-）的铝盐中，性能一定程度上超过氯铝酸盐 ILs。例如，通过将 1-丁基-3-甲基咪唑三氟甲基磺酸盐（[BMIm]OTF）与含有相同阴离子的 [Al(OTF)₃] 混合得到一个非腐蚀性和水稳定的 ILs。这个 ILs 电解液有高氧化电压（3.25V）、高离子传导性和较好的电化学性能。由于 Al 的抗腐蚀性，铝箔常被用作集流体。但是，在使用前必须除去氧化膜。因此，有人提出了一种新的策略，首先使用腐蚀性的 AlCl₃ 基电解液在 Al 负极上为 Al^{3+} 构建通道，然后使用非腐蚀性的 Al(OTF)₃ 基电解液获得稳定的 Al/电解液界面。Al^{3+} 沉积/溶解过程在未处理的 Al 负极表面上会被 Al₂O₃ 氧化膜阻碍，但是，在除去氧化膜后会消除反应过程中的阻碍。通过设计合适的界面调节材料可以达到改善离子扩散和沉积过程的目的，使以前不被看好的材料变成高性能的二次电池材料。此外，其他有机体系，如砜基电解液和三氟甲基磺酸盐（Al[OTF]₃）/*N*-甲基乙酰胺/尿素体系被广泛研究，但是由于其高成本和复杂的中间产物限制了商业化。

另一种降低水对氯铝酸盐 ILs 影响的策略是将它们浸入聚合物基体中。例如，使用凝胶电解液作为保护层来隔绝水分。以 AlCl₃/聚丙烯酰胺复合物为功能单体，以 EMIC 和 AlCl₃ 的混合物为酸性 ILs，成功地制备了一种聚合物凝胶电解液，有很大的市场前景。通过这种方法不仅能降低水对氯铝酸盐 ILs 的影响，且有利于柔性非水系铝离子电池的发展[26]。

4.5.2　无机盐电解液

现有的非水系 AIBs 的电解质使用 ILs 或有机溶剂相对昂贵。此外，持续减少成本意味着 AIBs 有机会实现大规模商业化储能。这一体系的新电解液可以包括任何能够可逆使铝沉积和溶解的电解液。无机盐以其低成本和非腐蚀性而备受关注，有些甚至表现出比传统 ILs 电解液更好的性能。

尿素共晶体系：一种新的 ILs 通常由具有强 Lewis 酸性的金属卤化物和 Lewis 碱性配体的混合物形成，称为 ILs 类似物或深共晶溶剂，引起了人们的关注，因为它们的电化学和物理性能与现有的 ILs 相当，同时成功降低了成本且环境友好。这样的共晶体系，特别是 $AlCl_3$/尿素体系，Al 在其中表现出了可逆的电化学过程[28]。由于 $AlCl_3$/尿素体系中的阳离子物种 $[AlCl_2 \cdot (尿素)_n]^+$，该体系可以作为一种应用于 AIBs 低成本和无毒的电解液，有着极其广阔的潜力。

以碳纸为正极，铝为负极，使用 $AlCl_3$/尿素电解液，建立了一种新型的 AIBs 体系。由于该体系的电导率较低，该体系在 120℃下工作，$AlCl_3$/尿素物质的量比为 1:1.5，该体系具有较高的放电电压平台（1.9V）和较高的库仑效率（>99%）。为使这一体系可以在低温下工作，可以通过使用添加剂提高电导率，降低工作温度。有报道使用石墨作为正极，铝作为负极，通过在 $AlCl_3$/尿素电解液（物质的量比为 1:1.3）中加入乙基二氯化铝使电池在室温下正常工作，放电电压平台为 1.9V，在 100mA/g 的电流密度下，比容量可达 73mA·h/g，同时，库仑效率高达 99.7%，这一数值远高于在氯铝酸盐 ILs 中的库仑效率（97%~98%）。在 $AlCl_3$/尿素电解液体系中，已经证明 $AlCl_4^-$、$Al_2Cl_7^-$ 阴离子和 $[AlCl_2 \cdot (尿素)_n]^+$ 阳离子可以同时存在。因此，在该体系中铝沉积存在两条途径，一种涉及 $[AlCl_2 \cdot (尿素)_n]^+$ 阳离子，另一种涉及 $Al_2Cl_7^-$ 阴离子。这一体系将是一种十分有前景的高性能、低成本能源存储体系。

钠氯共晶体系：另一种无机熔体电解液基于 $AlCl_3$/NaCl 体系，仅由在熔融状态的氯铝酸钠组成[29]。近期有报道在 AIBs 中使用这种新型的熔融盐电解液，其方法是将 $AlCl_3$ 和 NaCl 按照 1:1.63 的物质的量加热熔化，在此条件下，混合物表现出最低熔化温度（接近共晶温度 108℃）。因此，该电解液体系在 120℃的工作条件下，$AlCl_4^-$ 和 $Al_2Cl_7^-$ 都存在，从而达到相对较高的离子电导率。在 Al/石墨电池体系中，由于 $NaAlCl_4$ 熔融盐中 Al^{3+}、$AlCl_4^-$ 和 $Al_2Cl_7^-$ 之间的动态平衡，使 Al 可以发生可逆的电化学沉积/溶解过程。

4.5.3　固态电解质

由于液态电解液的高反应性、腐蚀性和易泄漏性，使 AIBs 的实际应用一直存在一些问题。使用固态电解质作为液态电解液的替代品，有着安全、低成本、简化电池装配工艺等优点[26,30]。最近，报道了一种有希望应用的导电聚环氧乙烷(PEO)基杂化固体电解质，其中通过使用纳米尺寸的 SiO$_2$ 和离子液体 1-乙基-3-甲基咪唑双(氟磺酰基)酰亚胺[(EMI)FSI]对 PEO 链进行塑化，提高杂化固体电解质的离子电导率，在室温下电导率高达 9.6×10^{-4}S/cm，同时观察到在 3V 电压下依然能保持电化学稳定。然而，并没有在该体系中发现铝的沉积/溶解过程，这可能是因为 PEO 中的醚键与 Al$_2$Cl$_7^-$ 的配位降低了电化学反应活性，若想将这种固态电解质实际应用于 AIBs，就必须实现可逆的铝沉积/溶解。

离子在固态电解质中如何迁移是多价离子电池所面临的一个重要问题。目前有人怀疑具有大离子半径的多价离子与能量/畸体陷阱的相互作用阻碍了离子的迁移。由于这些原因，迄今为止虽然有许多针对电极材料的研究，但很少关于应用于 AIBs 中的固体电解质的报道。因此，固体电解质的研究值得期待。

4.6　隔膜材料

作为电池的隔膜，必须要满足以下条件：①与电解液无反应发生；②充足的孔洞结构；③厚度适中，过厚的隔膜会降低电池的能量密度；太薄的隔膜则强度不能达标。目前很少有对 AIBs 中隔膜的报道。在非水系 AIBs 中普遍使用的隔膜是玻璃纤维(GF)隔膜。但其高厚度和较低的机械性能限制了在实际 AIBs 中的使用。其他的隔膜大部分在高活性的 EMIm Cl：AlCl$_3$ 溶液中是不稳定的。由 Elia 等[31]在 2017 年报道了一种新型高稳定的聚丙烯腈(PAN)隔膜，该隔膜通过在 N,N-二甲基甲酰胺(DMF)中静电纺丝，使用 10%PAN 溶液(质量分数)可以制备出直径为 500nm 的均匀纤维。相比于传统的 GF 隔膜，PAN 隔膜在形貌、热稳定性和透气性方面得到了较大的提升。在 Al/石墨体系中使用 PAN 隔膜的容量略高于使用 GF 隔膜，进一步证实了 PAN 隔膜作为新兴非水系 AIBs 隔膜的优势。

4.7　铝离子电池的应用与发展趋势

在过去的几十年里，AIBs 的发展较为缓慢。直到离子液体被作为电解液使得AIBs 得到了迅速发展。作为一种新型电池，AIBs 在成本、安全性、储量、寿命、快速充放电等方面优势明显。AIBs 有希望应用在小型电子设备、电力网、电动汽车等方面。2015 年报道可用于手机的新型 AIBs，只需 1min 就可充入使用锂离子电池 1h 才能充入的电量。而且 AIBs 的可折叠性使其可以用于柔性电子设备，成为未来可穿戴电子设备产品的备选。虽然 AIBs 的电压较低，与锂离子电池的工作电压还有一定差距，但是通过研究合适的正极材料有望解决这一问题。

太阳能和风能取之不尽，用之不竭，将这两种能源转化为电能不仅对环境友好而且成本低廉，是十分具有前途的两种可再生能源，其丰富的储量完全可以满足全球的能量消耗。但是，太阳能和风能都不可以随时随地取用，受到外界环境的影响，只有在刮风和阳光普照的时候才能产生充足的电量，因此可以将过剩的能量存储起来留待后续使用。而 AIBs 可以将电能快速转化为化学能存储，并实现电能与化学能之间的循环转换，而且超长的寿命使得 AIBs 可以用来将风能、太阳能等可再生资源存储在电网内。

传统的汽车使用化石燃料作为燃料，但化石燃料的大量使用一方面产生大量有害气体会影响人体健康，另一方面，化石燃料不是取之不尽、用之不竭的。因此发展新能源汽车势在必行。电动汽车的出现不仅缓解了对化石燃料的依赖，减轻汽车尾气带来的各种污染问题，也为汽车工业开辟了一条新的道路。电动汽车是完全由可充电电池提供动力源的汽车，由于其他各种可充电电池的价格昂贵、寿命短、充电时间长等严重缺点，导致电动汽车的发展比较缓慢。AIBs 相对于其他电池充电时间短，更好地适用于电动汽车。除此之外，AIBs 的安全性也为其用于电动汽车提供了优势。由于离子液体不易燃，AIBs 即使在钻穿之后，也不会发生爆炸或者燃烧，大大降低了由于电池故障导致的危险。同时，将 AIBs 用于电动汽车，可以减少电动汽车由于发生碰撞或者高温导致的爆炸。

成本低、安全性高、储量丰富、环境友好等是探索新一代可充电电池的研究方向。AIBs 作为一种新型电池具有许多优势，但同时缺点也是不可忽略的，例如，AIBs 的工作电压仅有传统锂离子电池的一半。这一点使对 AIBs 的正极材料的研发变得十分必要。但是 AIBs 的复杂的机理需要同时考虑正极材料、负极材料、电解质和循环条件等，所以目前 AIBs 的装配工艺及使用条件还需要进一步的优化。AIBs 已引起研究人员的广泛关注，虽然目前还处于实验室研究阶段但在可以预计的未来，当设计出合适的正负极材料与电解液时，将大力推动 AIBs 应用。

参 考 文 献

[1] Wu F, Yang H, Bai Y, et al. Paving the path toward reliable cathode materials for aluminum-ion batteries. Advanced Materials, 2019, 31(16): 1806510.

[2] Chen J, Chua D H C, Lee P S. The advances of metal sulfides and *in situ* characterization methods beyond Li ion batteries: Sodium, potassium, and aluminum ion batteries. Small Methods, 2020, 4(1): 900648.

[3] Li C X, Dong S H, Tang R, et al. Heteroatomic interface engineering in MOF-derived carbon heterostructures with built-in electric-field effects for high performance Al-ion batteries. Energy and Environmental Science, 2018, 11(11): 3201-3211.

[4] Elia G A, Marquardt K, Hoeppner K, et al. An overview and future perspectives of aluminum batteries. Advanced Materials, 2016, 28(35): 7564-7579.

[5] Xu X L, Hui K S, Hui K N, et al. Engineering strategies for low-cost and high-power density aluminum-ion batteries. Chemical Engineering Journal, 2021, 418: 129385.

[6] Kravchyk K V, Seno C, Kovalenko M V. Limitations of chloroaluminate ionic liquid anolytes for aluminum-graphite dual-ion batteries. ACS Energy Letters, 2020, 5(2): 545-549.

[7] Cai T, Zhao T, Hu H, et al. Stable CoSe$_2$/carbon nanodice@reduced graphene oxide composites for high-performance rechargeable aluminum-ion batteries. Energy and Environmental Science, 2018, 11(9): 2341-2347.

[8] Ai Y F, Wu S C, Wang K Y, et al. Three-dimensional molybdenum diselenide helical nanorod arrays for high-performance aluminum-ion batteries. ACS Nano, 2020, 14(7): 8539-8550.

[9] Yang H C, Li H C, Li J, et al. The rechargeable aluminum battery: Opportunities and challenges. Angewandte Chemie-International Edition, 2019, 58(35): 11978-11996.

[10] Xing L L, Owusu K A, Liu X, et al. Insights into the storage mechanism of VS$_4$ nanowire clusters in aluminum-ion battery. Nano Energy, 2021, 79: 105384.

[11] Wei T T, Peng P P, Qi S Y, et al. Advancement of technology towards high-performance non-aqueous aluminum-ion batteries. Journal of Energy Chemistry, 2021, 57: 169-188.

[12] Shen X J, Sun T, Yang L, et al. Ultra-fast charging in aluminum-ion batteries: Electric double layers on active anode. Nature Communications, 2021, 12(1): 820.

[13] Zhao Z C, Hu Z Q, Liang H Y, et al. Nanosized MoSe$_2$@carbon matrix: A stable host material for the highly reversible storage of potassium and aluminum ions. ACS Applied Materials and Interfaces, 2019, 11(47): 44333-44341.

[14] Wang L, Lin H N, Kong W H, et al. Controlled growth and ion intercalation mechanism of monocrystalline niobium pentoxide nanotubes for advanced rechargeable aluminum-ion batteries. Nanoscale, 2020, 12(23): 12531-12540.

[15] Wang H L, Bai Y, Amine K, et al. Binder-free V$_2$O$_5$ cathode for greener rechargeable aluminum battery. ACS Applied Materials and Interfaces, 2015, 7(1): 80-84.

[16] Tong Y X, Gao A, Zhang Q, et al. Cation-synergy stabilizing anion redox of chevrel phase Mo$_6$S$_8$ in aluminum ion battery. Energy Storage Materials, 2021, 37: 87-93.

[17] Gao Y N, Yang H Y, Wang X R, et al. The compensation effect mechanism of Fe-Ni mixed Prussian blue analogues in aqueous rechargeable aluminum-ion batteries. Chemsuschem, 2020, 13(4): 732-740.

[18] Zhang B, Zhang Y, Li J L, et al. *In situ* growth of metal-organic framework-derived CoTe$_2$ nanoparticles@ nitrogen-doped porous carbon polyhedral composites as novel cathodes for rechargeable aluminum-ion batteries. Journal of Materials Chemistry A, 2020, 8(11): 5535-5545.

[19] Tu J G, Lei H P, Wang M Y, et al. Facile synthesis of Ni$_{11}$(HPO$_3$)$_8$(OH)$_6$/rGO nanorods with enhanced electrochemical performance for aluminum-ion batteries. Nanoscale, 2018, 10(45): 21284-21291.

[20] Wang S, Yu Z J, Tu J G, et al. A novel aluminum-ion battery: Al/AlCl$_3$-EMIm Cl/Ni$_3$S$_2$@graphene. Advanced Energy Materials, 2016, 6(3): 1600137.

[21] Hu Y X, Luo B, Ye D, et al. An innovative freeze-dried reduced graphene oxide supported SnS$_2$ cathode active material for aluminum-ion batteries. Advanced Materials, 2017, 29(48): 1606132.

[22] Liu J Y, Zhang M, Han T L, et al. A general template-induced sulfuration approach for preparing bifunctional hollow sulfides for high-performance Al- and Li-ion batteries. Energy Technology, 2020, 9(2): 2000900.

[23] 张敏. 模板法制备核壳与空心纳米结构新型复合材料及其可充电电池储能特性研究. 芜湖: 安徽师范大学硕士学位论文, 2021.

[24] Choi S, Go H, Lee G, et al. Electrochemical properties of an aluminum anode in an ionic liquid electrolyte for rechargeable aluminum-ion batteries. Physical Chemistry Chemical Physics, 2017, 19(13): 8653-8656.

[25] Kao Y T, Patil S B, An C Y, et al. A quinone-based electrode for high-performance rechargeable aluminum-ion batteries with a low-cost AlCl₃/urea ionic liquid electrolyte. ACS Applied Materials and Interfaces, 2020, 12: 25853-25860.

[26] Wang K, Li X, Xie Y, et al. Artificial thiophdiyne ultrathin layer as an enhanced solid electrolyte interphase for the aluminum foil of dual-ion batteries. ACS Applied Materials and Interfaces, 2019, 11(27): 23990-23999.

[27] Zhang Y, Liu S, Ji Y, et al. Emerging nonaqueous aluminum-ion batteries: Challenges, status, and perspectives. Advanced Materials, 2018, 30(38): 1706310.

[28] Liu Z, Wang X, Liu Z, et al. Low-cost gel polymer electrolyte for high-performance aluminum-ion batteries. ACS Applied Materials and Interfaces, 2021, 13(24): 28164-28170.

[29] Hu Z, Zhang H, Wang H, et al. Nonaqueous aluminum ion batteries: Recent progress and prospects. ACS Materials Letters, 2020, 2(8): 887-904.

[30] Hibino T, Kobayashi K, Nagao M. An all-solid-state rechargeable aluminum-air battery with a hydroxide ion-conducting Sb(V)-doped SnP₂O₇ electrolyte. Journal of Materials Chemistry A, 2013, 1: 14844-14848.

[31] Elia G A, Ducros J B, Sotta D, et al. Polyacrylonitrile Separator for High-Performance Aluminum Batteries with Improved Interface Stability. ACS Applied Materials and Interfaces, 2017, 9(44): 38381-38389.

第5章 锌离子电池

5.1 概　述

电池经过了从不可逆的一次电池到可循环利用的二次电池的发展历程,目前,锂离子电池广泛应用在移动式电子设备如手机、笔记本电脑、电动汽车等。但金属锂和某些材料(如钴资源)的匮乏、昂贵的成本及有机电解液的毒性和易燃性,在经济增长和环境保护方面存在明显的弊端,也从根本上限制了锂离子电池的应用和发展。因此,锂离子电池在环境的影响和经济成本方面没有达到最理想的水平。为了缓解锂离子电池的压力,研究人员从一价(K、Na 等)或二价及以上(Mg、Ca、Zn、Al 等)的阳离子中寻找可代替锂离子电池的二次电池体系。例如,钠离子电池由于其相对低的成本而蓬勃发展;还有近几年兴起的锌离子电池(ZIBs),因为其安全性有保障、价格低廉、环境友好等优势也受到科研工作者们的广泛关注。因此,锌离子电池在未来储能应用上有着很广阔的发展前景。

锌(Zn)的原子序数是 30,是一种过渡金属,储量丰富(远高于锂的储量)且成本低廉,电导率高,对环境友好。基于锌的诸多优点,锌片作为电池负极很早就投入到电池的应用中。但在 20 世纪 70 年代,对锌的应用主要集中在锌锰干电池等一次电池领域,这是一次碱性电池技术上的延伸,但其循环寿命短、性能稳定性低且不能大电流充放电,在使用后存在回收处理等问题,造成很大的资源浪费和环境污染。若能将这种用量巨大的一次电池变为能够产业化的二次电池,锌基电池产业将更加符合当前的能源高效利用和环境保护政策。因此,进一步提高锌基电池的可充性、循环寿命和大电流放电性能,新型的可充电锌离子电池必将拥有巨大的发展潜力。现研究的几种锌电池主要包括锌锰电池(Zn/MnO_2 电池)、锌银电池(Zn/AgO 电池)、锌镍电池(Zn/NiOOH 电池)和锌空气电池(Zn/Air 电池)等。这几种锌基电池都具有较高的工作电压及容量,但由于在充放电过程中会产生不可逆的副产物及锌枝晶,进而导致循环寿命较低等问题,导致无法扩展其应用。为了克服这些困难,研究工作者们又陆续开展对更安全、更稳定的水系锌离子电池的研究。

锌离子电池基于水系电解液,具备比有机电解液更高的离子电导率、更好的环境稳定性和使用安全性。水系电解液的离子电导率远高于有机电解液(约高 2 个数量级),可以保证电荷传输顺畅,有利于高功率密度充放电。锌负极在水系电解液里具有较低的氧化还原电位(相对于标准氢电极为–0.76V),使电池具有较高的工作电压，且 Zn^{2+} 能在锌箔表面进行可逆溶解与沉积(理论比容量高达 $820mA \cdot h/g$)。在电化学反应中 1 个锌原子失去 2 个电子，由于氧化还原反应中涉及多个电子，采用高价离子原则上能够实现比单电子反应的锂离子等携带更多的电荷，更有利于电池功率密度和能量密度的提升。与其他类型的电池相比，主要有以下几点优势：①兼具高能量密度和高功率密度及良好的倍率性能。根据一系列计算公式，可计算出功率密度最高可达 $12kW/kg$，远高于市场上的普通电池，能量密度最高可达 $320W \cdot h/kg$，是超级电容器的 15 倍左右；且既能在大电流密度下快放电，也可以在小电流密度下慢放电，展现出优良的倍率特性。②电解液采用中性或弱酸性($pH=3.6\sim6.0$)电解液。在碱性电解液的锌离子电池中，锌枝晶和 ZnO 的形成导致电池容量衰退严重及库仑效率较低等问题，若使用非碱性电解液(硫酸锌、乙酸锌等水溶液)就基本不存在该问题。③具有易于制造和回收简单、便宜、环境友好的特点。当然水系锌离子电池的研究还处于起步阶段，在循环充放电过程中仍存在着锌枝晶生长、缓慢腐蚀和钝化等问题，导致电池发生短路或胀气，极大地降低了可逆容量与循环寿命，且存在安全隐患，制约了其进一步应用。但其由于优异的性能在许多电子设备行业展示出广泛的应用前景，近年来仍受到越来越高的重视，并有望成为今后大规模储能的候选者。

5.2　工作原理

　　同锂离子电池一样，水系锌离子电池的构成也主要包含四个部分，即正极材料、负极材料、电解液和隔膜；其中隔膜一般采用玻璃纤维或者滤纸，与锂离子电池稍有不同。锌离子电池作为二次锌基电池，通常以金属锌作为负极，以含有锌离子的中性(或弱酸性)水溶液作为电解液，正极材料则多种多样。锌离子电池的工作原理如图 5.1 所示，与目前较成熟的基于锂/钠离子等一价碱金属阳离子储能机理不同，水系锌离子电池系统的反应机制尚存争议。主要涉及三种反应机制：Zn^{2+} 嵌脱、化学转化反应和 Zn^{2+}/H^+ 嵌脱，一般我们认为是 Zn^{2+} 在金属锌的表面上沉积和溶解，在正极结构中进行嵌脱来充放电。充电时，Zn^{2+} 从正极材料的隧道结构中脱出，通过隔膜移动到负极周围并在锌电极表面沉积；放电时，锌失去电子变成 Zn^{2+}，嵌入到正极材料的隧道结构中。因此也可把锌离子电池形象地比喻成"摇椅电池"，即 Zn^{2+} 在电池的正负极"来回奔跑"。但其反应机理至今仍存在一定的争议，有待进一步研究。若以金属锌为负极，MnO_2 为正极的锌离子电池为例，其电池反应如下：

　　正极反应：$2MnO_2+Zn^{2+}+2e^- \rightleftharpoons ZnMn_2O_4$

　　负极反应：$Zn \rightleftharpoons Zn^{2+}+2e^-$

电池反应：$Zn + 2MnO_2 \rightleftharpoons ZnMn_2O_4$

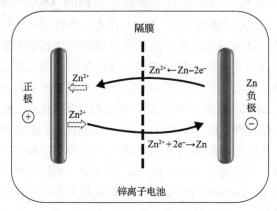

图 5.1　锌离子电池工作原理示意图[1]

5.3　正极材料

结构稳定并能提供高容量的正极材料是锌离子电池中必不可少的一部分，且Zn^{2+}在嵌脱过程中存在强静电相互作用，这对正极材料提出了更高的要求。优良的正极材料需要具有以下特点：①具有较好的氧化还原性且氧化还原电位较高，这样在组装全电池后，会有更高的输出电压；②在充放电的情况下，化合物主体结构保持稳定或发生微小的变化，保证循环稳定性；③有较高的电子电导率和离子电导率，可以进行安全、稳定的高倍率充放电循环；④具有较高的理论容量，保证电池有较高的能量密度；⑤具有较好的环境适应性、价格便宜、制备工艺简单、对环境友好等。经过研究人员的探索研究，水系锌离子电池正极材料的发展取得了重大进展。目前有许多不同种类的材料被研究并用于水系锌离子电池的正极，它们主要包括锰基化合物、钒基化合物、普鲁士蓝类化合物及其他化合物等。其中，锰基化合物具有高放电容量和比能量，但存在锰溶解和倍率性能欠佳等问题；钒基化合物具有良好的倍率性能和循环特性，但导电性能较低；普鲁士蓝类化合物有较高的放电电压，但比容量较低。由此可以看出，已开发的正极材料虽各有千秋，但均存在一些问题。因此，开发出有利于锌离子快速嵌脱的高性能正极材料及其改性研究具有重要意义。该部分将从材料的性质、结构、优缺点、改性等方面介绍这几类正极材料。

5.3.1　锰基正极材料

自然界中的锰含量较丰富，且环保污染小，毒性较小，价格也低，具有多种价态，是一种十分有潜力的电极材料。在锰的若干氧化物中，被认为最可能成为水系锌离子电池的正极材料主要有不同晶体结构的 MnO_2、Mn_2O_3、Mn_3O_4、$ZnMn_2O_4$ 等，其中 MnO_2 的研究最多。MnO_2 作为一次锌锰电池的正极材料已有一百多年的历史，然而其可逆性不好，且有很严重的环境污染和废弃处理问题，但我们是否可以借鉴其反应过程，将原先的一次电池改造为二次电池？由于 MnO_2 材料隧道状或层状结构有利于 Zn^{2+} 的可逆嵌脱，早期在水系锌离子电池的研究在理论上是可行的。MnO_2 有许多种晶型，所有晶型的 MnO_2 基本结构单元都为 $[MnO_6]$ 八面体[2]。在这种八面体结构中，氧原子占据八面体的 6 个角，锰原子位于八面体的中心，八面体之间通过共用顶点或共用棱相互连接，可以构成不同晶型，如图 5.2 所示。当然对于 MnO_2 嵌 Zn^{2+} 的原理，不同晶型反应过程也不尽相同。在众多的晶型中，$\alpha\text{-}MnO_2$ 和 $\gamma\text{-}MnO_2$ 是研究最多也是相对最适合水系锌离子电池体系的正极材料。

$\gamma\text{-}MnO_2$ 属于斜方晶系[图 5.2(c)]，每个晶胞中有 4 个 MnO_2 分子，存在(1×1)和(1×2)隧道，呈不规则交替生长，使晶体中存在大量的缺陷（如空位、堆垛层错、非理想配比等），利于 Zn^{2+} 嵌入和占位；因此可预测 $\gamma\text{-}MnO_2$ 在水系电池中应具有良好的电化学性能。2003 年，$\gamma\text{-}MnO_2$ 首次应用于水系碱性锌离子电池正极材料。之后使用原位 X 射线吸收近边结构（XANES）和原位同步辐射 X 射线衍射等测试手段证明其放电过程是一个逐步阶段（图 5.3），在放电早期，部分 $\gamma\text{-}MnO_2$ 发生向尖晶石型 $ZnMn_2O_4$ 的转变，在中期阶段，由于 Zn^{2+} 不断嵌入，出现了隧道型 $\gamma\text{-}Zn_xMnO_2$，到了最后阶段，有一部分转变成分层型的 $L\text{-}Zn_xMnO_2$，并且这些相在 $\gamma\text{-}MnO_2$ 结构中共存。在整个过程中，几乎所有放电产物在再充电后都能恢复到原来的 $\gamma\text{-}MnO_2$，这表明 Zn^{2+} 可以可逆地嵌脱在 $\gamma\text{-}MnO_2$ 中。与此同时，该作者[3] 还通过电化学测试发现，在 $0.05mA/cm^2$ 的电流密度下，初始比容量为 $285mA\cdot h/g$，并且在 1.25V 左右呈现一个稳定的电化学平台；在 $0.5mA/cm^2$ 下、电位区间在 $0.8\sim1.8V$ 循环 40 次后，比容量为 $158mA\cdot h/g$。

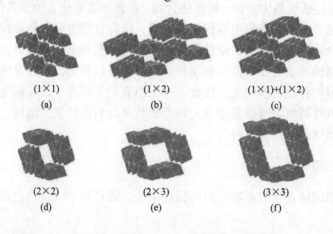

(1×1)　　　　　　(1×2)　　　　　　$(1\times1)+(1\times2)$
(a)　　　　　　　　(b)　　　　　　　　(c)

(2×2)　　　　　　(2×3)　　　　　　(3×3)
(d)　　　　　　　　(e)　　　　　　　　(f)

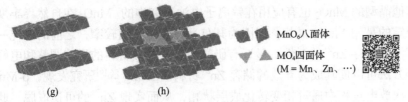

图 5.2　不同晶型的 MnO_2 结构示意图[2]（扫码见彩图）

(a) β-MnO_2（软锰矿）；(b) R-MnO_2（斜方锰矿）；(c) γ-MnO_2（六方锰矿）；(d) α-MnO_2（锰钡矿）；
(e) 钡硬锰矿结构的 MnO_2；(f) 钡镁锰矿结构的 MnO_2；(g) δ-MnO_2（水钠锰矿）；(h) λ-MnO_2（尖晶石结构）

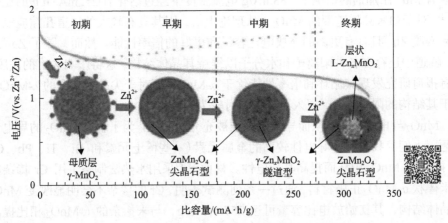

图 5.3　Zn^{2+} 嵌入 γ-MnO_2 结构示意图[3]（扫码见彩图）

α-MnO_2 具有双链结构［图 5.2(d)］，属四方晶系，每个晶胞含有 8 个 MnO_2 分子，具有 (1×1) 和 (2×2) 的隧道结构，Zn^{2+} 可在 (2×2) 的隧道内有快速可逆的嵌脱行为。2009 年，α-MnO_2 首次应用于水系锌离子电池正极材料，比容量达 210mA·h/g。Xu 等[4]研究了 α-MnO_2 在 0.1mol/L $Zn(NO_3)_2$ 电解液中的电化学性能；在 0.5C 时首次比容量达 210mA·h/g，在 45C 大电流时仍能保持约 90mA·h/g；且在 6C 电流下循环 100 次，放电容量几乎保持在 100%。Pan 等[5]研究了 α-MnO_2 纳米纤维作为正极，在传统的 $ZnSO_4$ 电解液中加入 0.lmol $MnSO_4$ 作为添加剂。结果发现，在 5C 经历 5000 次循环后，容量仅损失了 8%。结果表明，α-MnO_2 纳米纤维在温和的 $ZnSO_4$ 水溶液中具有很高的可逆性和稳定性，但对于 $MnSO_4$ 添加剂的作用现在还没有一个明确的原理，一般认为它可以抑制 α-MnO_2 的溶解和在充电过程中可以充电转化为 α-MnO_2。现阶段对于 α-MnO_2 的电化学反应机理一直都存在争议，目前报道的主要有三种说法：第一种是 Zn^{2+} 可逆嵌脱；第二种是认为生成了 $Zn_4(OH)_6SO_4\cdot nH_2O$ 可逆沉积与 H^+ 可逆嵌脱；第三种是 Zn^{2+} 和 H^+ 的共嵌脱。其具体反应机理仍需要进一步研究和探索。不过总地来说，虽然机理仍存在争议，但目前材料的研究取得了很大的进展。开发成本低、操作简便快速、环境友好的 α-MnO_2 材料，会成为很有前途的新型储能材料。

　　其他晶型的 MnO_2 也有应用在锌离子电池研究中的。MnO_2 在自然界丰度最高且最稳定的是 $\beta\text{-}MnO_2$ 晶相，但因为其 (1×1) 隧道孔道较窄，之前的研究一般都认为其没有储存 Zn^{2+} 的活性。最近有研究通过对电极材料的形貌调整和电解液的优化等方法可以使其成为有效的储存 Zn^{2+} 材料。Zhang 等[6]研究发现，$\beta\text{-}MnO_2$ 可以在首次放电过程中通过相变转化成层状相，从而实现 Zn^{2+} 的可逆嵌脱。此外，研究发现该材料展现出较高的可逆比容量，其放电比容量大约为 $225mA\cdot h/g$，循环 2000 次后仍有 94%的容量保持率。层状结构的 $\delta\text{-}MnO_2$ 也是一种很重要的晶型；在含有 Mn^{2+} 添加剂的情况下，$83mA/g$ 电流密度下经过活化有 $252mA\cdot h/g$ 的比容量[7]。对于 (3×3) 隧道型的 MnO_2，从理论上讲，因其具有较大的隧道孔隙应该更容易嵌脱 Zn^{2+} 且具有更高的充放电比容量和更好的倍率性能。然而，除了 Zn^{2+} 之外，隧道中还存在各种阳离子和水分子以维持其晶体结构，这将影响 Zn^{2+} 的嵌脱。也有报道研究发现其循环和倍率性能优于 $\alpha\text{-}MnO_2$。而对于尖晶石结构的 $\lambda\text{-}MnO_2$，由于其结构的限制，Zn^{2+} 嵌入在其中相对较为困难。

　　MnO_2 导电性较差，从而导致其很难被充分地利用。为了解决 MnO_2 的导电性问题，人们寻找了一些导电性较高的金属元素（一些稀土元素和 Bi、Ti、Pb、Cu 等）掺杂到 MnO_2 中从而提高其导电性。肖酉等[8]采用水热法制备了用 Cr 掺杂的纳米棒状 $\alpha\text{-}MnO_2$ 正极材料，通过一系列测试表明，Cr 的掺杂不会明显改变 MnO_2 的晶体结构，其初始放电比容量可达 $257mA\cdot h/g$，与未掺杂的 $\alpha\text{-}MnO_2$ 相比提高了 27.9%左右。还有利用一些方法将其沉积（或插入等方式）在导电材料（碳材料、导电聚合物等）上，以此来提高其导电性。Islam 等[9]首次报道了以马来酸为碳源通过凝胶法合成的碳包覆的二氧化锰（$\alpha\text{-}MnO_2@C$），并将其用作水性锌离子电池的正极材料。进行电化学测试时，在 $66mA/g$ 电流密度下，$\alpha\text{-}MnO_2@C$ 的初始放电比容量为 $272mA\cdot h/g$，而原始样品显示的初始放电比容量为 $213mA\cdot h/g$。此外，与纯 $\alpha\text{-}MnO_2$ 电极相比，$\alpha\text{-}MnO_2@C$ 电极不仅提高了比容量，还显著改善了循环性能。Huang 等[10]设计了导电聚合物聚苯胺（PANI）插层二氧化锰（图 5.4），大大提高了其可循环性，其中二氧化锰的聚合物强化层状结构和纳米尺寸有助于消除相变和促进电荷存储。在 $280mA\cdot h/g$ 的高比容量下（即 MnO_2 理论容量的 90%）实

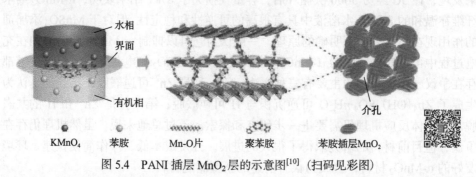

水相　　界面　　有机相　　介孔

KMnO_4　　苯胺　　Mn-O片　　聚苯胺　　苯胺插层MnO_2

图 5.4　PANI 插层 MnO_2 层的示意图[10]（扫码见彩图）

现了 200 次循环的稳定性，并在 40%利用率下实现了 5000 次循环的长期稳定性。为了让 MnO_2 的比容量更加充分地利用起来，还可以对 MnO_2 进行复合（如与碳纳米管、石墨烯等材料）或者让 MnO_2 生长成纳米多孔结构。

　　除了 MnO_2 之外，还有其他类型的锰氧化物也可以应用在水系锌离子电池中，现阶段主要有 Mn_3O_4 和 Mn_2O_3。之前的研究中 Mn_3O_4 在碱性电解液电池中并没有电化学活性，但采用中性的 $ZnSO_4$ 电解液后取得了优异的电化学性能。值得注意的是，因为大多数 Mn_3O_4 在几个循环后晶型会转变为 $\delta\text{-}MnO_2$ 晶型，所以其电化学性能实际上是由层状结构的 $\delta\text{-}MnO_2$ 提供的，而不是尖晶石型 Mn_3O_4 的容量。Zn^{2+}也能插入到 $\alpha\text{-}Mn_2O_3$ 中，使方镁石型 Mn_2O_3 转变为层状钠锰矿（图 5.5）。在放电过程中，伴随着 Zn^{2+} 的插入，原来的 $\alpha\text{-}Mn_2O_3$ 转变为层状相，锰由 Mn^{3+}还原为 Mn^{2+}，在充电过程中，当 Zn^{2+} 从主体中脱出，Mn^{2+} 又氧化成 Mn^{3+}时，相态也回到原来方镁石型 Mn_2O_3 结构。可以说 Zn^{2+}能够在 $\alpha\text{-}Mn_2O_3$ 中可逆地嵌脱。除了单纯的锰氧化物，尖晶石型的锰酸锌（$ZnMn_2O_4$）也能用作水系锌离子电池的正极。关于理想的尖晶石型 $ZnMn_2O_4$，由于晶格中 Zn^{2+}之间的静电排斥力较大似乎不适合 Zn^{2+}插入，因此有研究者大规模地合成了具有大量阳离子缺陷的尖晶石型 $ZnMn_2O_4$，内部的大量缺陷可以提升 Zn^{2+}在尖晶石结构中的嵌脱动力学，实现锌的可逆嵌脱。然而所有锰基氧化物的缺点都非常致命，就是在放电过程中会有一部分 Mn^{4+}转换为 Mn^{2+}，使这一部分锰溶解于水中，导致电极材料流失。因此，目前，几乎所有针对以锰基正极材料为水系锌离子电池的研究，均会向溶液中加入一定浓度的锰盐。可以这样认为，长时间的充放电会使原先电极上的锰基本流失殆尽，之后具有活性的物质很可能是在后续充放电过程中新镀上的 MnO_2。而且锰基氧化物的导电性不好，电池体积比容量也小。综上所述，虽然锰基氧化物是一个具有良好商业化前景的材料，但不解决以上问题，还只能滞留在实验室阶段。

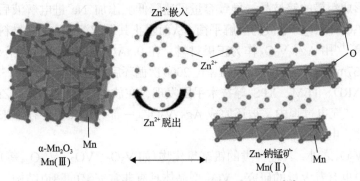

图 5.5　$\alpha\text{-}Mn_2O_3$ 正极材料工作机理示意图[11]

5.3.2　钒基正极材料

　　钒是过渡元素的一种，主要以+2～+5 价为主。在地壳中的储量有 1500 万 t 左右，我国储量占全球总储量的 34%左右。研究发现，钒基氧化物是一类具有研发前景的、可作为水系锌离子电池正极材料的代替物，目前研究的钒基氧化物绝大部分为 V_2O_5 及各类钒酸盐。

　　V_2O_5 是一种典型的层状结构钒基氧化物，其中的钒原子和氧原子构成的 [VO_5]四方棱锥通过共用棱和边连接成层，层间以范德瓦耳斯力连接。由于 Zn^{2+} 半径(0.074nm) 只比 Li^+半径(0.068nm)稍大，且外层 3d 电子使它具有较大的变形性，因此 Zn^{2+}可以在 V_2O_5 晶格中嵌脱[12]。Johnson 课题组[13]首次报道提出 Zn/V_2O_5 电池体系，合成了双层水合 V_2O_5，让它在有机相里可以实现对 Zn^{2+} 的嵌脱；在 0.1C 下，平均电压为 0.85V，放电比容量为 170mA·h/g，倍率性能也很好(在 20C 下依然有着 130mA·h/g 的放电比容量)，证实了 V_2O_5 作为锌离子电池正极材料的可能性及巨大的应用前景。之后大量的研究集中于针对 V_2O_5 的结构修饰，还考虑到 Zn^{2+} 的嵌入会导致原结构塌陷或不可逆相变，很多研究者提出了使用部分离子预先嵌入层状结构中，使在循环过程中保证结构和形貌的稳定，从而实现 Zn^{2+} 的可逆嵌脱，提升电池的循环性能。除了在 V_2O_5 层间插入水分子来增大 V_2O_5 的层间距促进 Zn^{2+}的嵌脱之外，现阶段已有的研究中嵌入的离子主要有 Li^+、Na^+、Zn^{2+}、K^+、Ca^{2+}等。Nazar 课题组[14]率先于 2016 年报道了 $Zn_{0.25}V_2O_5·nH_2O$/Zn 水系电池，在充放电过程中，层间水和预嵌入的 Zn^{2+}能够有效增强层间的结合力。此外，结晶水的电荷屏蔽作用可以降低 Zn^{2+}嵌入的有效电荷，从而提高电池容量和倍率性能。在 300mA/g 电流密度下，比容量约为 282mA·h/g，循环 1000 次后容量保持率在 80%以上；还发现在充放电过程中，Zn^{2+}和水分子在层状结构中同步的嵌脱过程。除了嵌入离子(分子)之外，还能通过优化电解液来改善钒基氧化物的电化学性能。Wan 等[15]发现 $NaV_3O_8·1.5H_2O$ 在 $ZnSO_4$ 水溶液中会快速溶解，而且还会在锌负极形成粗糙的锌枝晶，导致容量迅速降低。添加 Na^+进电解液后能够改变 Na^+从 $NaV_3O_8·1.5H_2O$ 电极的溶解平衡，从而阻止其继续溶解，提高材料电化学性能。Shan 等[16]用 $Ag_{0.4}V_2O_5$ 作为正极材料，在 0.5A/g 电流密度下循环 50 次放电比容量有237mA·h/g，在10A/g 电流密度2000 次循环后放电比容量仍有155mA·h/g。通过使用 XRD、TEM、XPS 等技术手段发现，在放电过程中出现了 $Zn_2(V_3O_8)_2$ 和单质银，在充电过程中又被还原成 $Ag_{0.4}V_2O_5$，一部分单质银保存下来提高了材料的导电性，电池性能也有了提升。

　　除了 V_2O_5 之外，其他种类的钒基氧化物(如 V_3O_7、VO_2、$V_{10}O_{24}$ 等)在水系锌离子电池中也有着大量的研究。VO_2 型晶体具有非常完整的隧道结构，该晶体由 [VO_6]八面体的基本单元共棱连接，可以提供 Zn^{2+}的嵌脱路径。由于较低的导电性能，人们开始寻求对其进行复合来提高其导电性能。Dai 等[17]合成了自支撑结构的石墨烯/VO_2 复合薄膜材料，拥有极高的倍率性能和循环性能，在 4A/g 电流密度下循环 1000 次后仍有 240mA·h/g 的放电比容量，容量保持率高达 99%。并且由于其自身的特殊结构，可以制成柔性电池，在不同弯曲度下都拥有良好的电化学性能。He 等[18]通过水热法合成了 $H_2V_3O_8$ 纳米线，并对 $H_2V_3O_8$ 电极的电化学性能进行了测试和研究，该材料在电流密度为 0.1A/g 时有 423.8mA·h/g 的可逆比容量，在 5A/g 时，循环 1000 次后容量保持率在 94.3%；还通过电子显微镜等测试手段发现纳米线形貌在 100 次循环后依旧保存完好，证明了这种层状结构的稳定。Shan 等[19]报道了 V_6O_{13} 作为正极材料展现了优良的电化学性能（在 10A/g、3000 次循环后仍能保持 206mA·h/g 比容量），还与 V_2O_5、VO_2 作循环性能比较（图 5.6）。通过实验说明，V^{4+} 的存在导致电化学性能更高；与不含 V^{4+} 的纯 V_2O_5 相比，其活性低、极化率低、离子扩散快、电导率高。

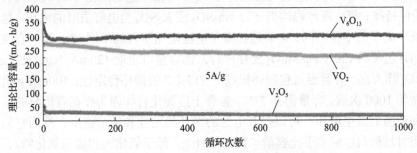

图 5.6　V_6O_{13}、VO_2 和 V_2O_5 循环性能对比图[19]

钒酸盐作为另一种重要的钒基氧化物，现已广泛应用于储能、电化学传感及光催化等领域。目前已投入到水系锌离子电池研究中的钒酸盐有钒酸锂、钒酸钠、钒酸钾、钒酸锌、钒酸铁等。层状钒酸盐具有单斜层状结构，[VO_5] 和 [VO_6] 基本单元连接形成层，层间被金属离子占据并通过离子键连接，拥有较强的结构稳定性和较高的储存 Zn^{2+} 容量。$Zn_3V_2O_7(OH)_2·2H_2O$、LiV_3O_8、$Na_2V_6O_{16}·1.63H_2O$、$K_2V_8O_{21}$ 等都被广泛研究。钒酸盐因其种类繁多，结构多样，很多都可以应用于水系锌离子电池中，具有光明的前景。

钒基氧化物拥有特殊的层状结构和隧道结构，有较好的理论容量、倍率性能和循环性能，成为水系锌离子电池正极材料研究的重要方向。但钒基氧化物的放电电位却很低（约为 0.9V 和 0.6V vs. Zn/Zn^{2+}），能量密度没有优势。同时，钒基氧化物有较强的毒性，还有着不太明显但确实存在的溶解，这样对于环境和使用者的健康也造成极大的隐患。因此相关研究只能停留在实验室阶段，距离产业化应用仍有很长一段路要走。

5.3.3 普鲁士蓝类正极材料

近年来，普鲁士蓝及其衍生物作为电极材料被广泛研究。其最早是作为一种染料使用的，因为其不同的物象具有不同的颜色，这也是普鲁士蓝及其衍生物的标志之一[20]。其基本通式可以写成 $AM_1[M_2(CN)_6]$，结构如图 5.7 所示。其中 A 代表碱金属离子，M_1 和 M_2 通常为过渡金属元素。其中 M_1 可以是 V、Mn、Fe、Co、Ni、Cu、Zn、In 等；M_2 最常见为 Fe，较少见于 Mn。普鲁士蓝及其衍生物的框架结构不仅能承受 Li^+ 等一价碱金属离子的嵌脱，还能承受二价或三价金属离子如 Zn^{2+}、Mg^{2+} 和 Al^{3+} 的嵌脱。目前已经有 NiHCF、CuHCF、立方结构的 FeCHF 和具有菱形框架的 ZnHCF 被应用在水系锌离子电池中。刘兆平课题组[21]以亚铁氰化锌（ZnHCF）为锌离子电池正极，以 0.5mol/L Na_2SO_4、0.5mol/L K_2SO_4 和 1mol/L $ZnSO_4$ 分别为电解液，当以 $ZnSO_4$ 为电解质时，在 60mA/g 电流密度下放电比容量为 65.4mA·h/g，材料的放电均压为 1.7V，其循环稳定性在 100 次后仅有不到 80%的保持率；氧化还原峰均低于以 Na_2SO_4 或 K_2SO_4 为电解质时的电压。这说明电解液中离子的半径不同，会导致锌离子电池电压平台的不同。Lu 等[22]合成了一种 MnO_2 包覆的 ZnHCF@MnO_2 复合材料，比容量可接近 120mA·h/g，比 ZnHCF 及 MnO_2 均要高，并且通过包覆还提高了 ZnHCF 的循环稳定性，500mA/g 电流密度下循环 1000 次后，容量仍有 77%。普鲁士蓝类化合物因为存在着优异的结构稳定性和较高的放电电压，可以提升电池的循环稳定性和能量密度，然而它们的比容量相对较低（1C 倍率下比容量＜100mA·h/g，低于氧化钒和锰基氧化物），以及作为正极材料的电压平台会随电解液中离子半径的变化而改变，难以实用。而且该类化合物在锌离子电池中的应用仍处于一个初级阶段，因此下一阶段的研究重点在于寻找更高容量的普鲁士蓝结构化合物。

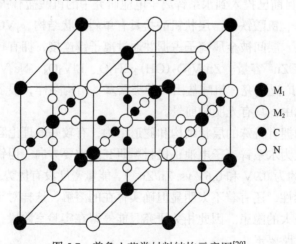

图 5.7　普鲁士蓝类材料结构示意图[20]

5.3.4　其他正极材料

除以上介绍的锰基、钒基氧化物以外，钴基氧化物也有应用。不过现有报道的仅有 Co_3O_4，早期研究使用碱性 KOH 水溶液作为电解液构建 Zn-Co_3O_4 水系电池，输出电压最高可达 1.73V。但 Co_3O_4 有催化水分解产氧的作用，在碱性溶液中这种现象会更加明显并且碱液也溶解锌，使电池自发放电失活。之后也有研究者组装成接近中性的水系 Co_3O_4/Zn 电池，其输出电压会有少许增大。但总体来看，钴基氧化物的报道还是较少，且容量不高，价格也比较昂贵，不如锰基氧化物的研究前景广阔。

还有常用于电极材料的镍基化合物也能应用于水系锌离子电池中，不同于以上介绍的几种，镍基化合物主要适用于碱性锌离子电池。与中性(弱酸性)水系锌离子电池 1.2～1.5V 的放电电压相比，碱性水系锌离子电池约 1.75V 的放电电压使其更具有商业化前途。高放电平台电压带来的高能量密度使得碱性水系锌离子电池具有很大的潜力来成为下一代大规模储能选择的能量存储单元。目前可应用于正极材料的镍基化合物包括氢氧化镍、氧化镍、镍基复合氧化物和硫化镍，已有商业化碱性水系锌离子电池采用的正极材料是 β-$Ni(OH)_2$。β-$Ni(OH)_2$ 是六方结构，具有良好有序的水镁石骨架，没有任何插入的分子；有良好的电化学稳定性和高理论比容量(达 289mA·h/g)。虽然 β-$Ni(OH)_2$ 的理论比容量高，但实际应用中的能量密度很小，而且由于 β-$Ni(OH)_2$ 的结构易在充放电过程中坍塌导致循环稳定性较差，这极大地限制了碱性水系锌离子电池的能量密度(约 70Wh/kg)和大规模储能中的应用。Parker 等[23]设计了一种 3D 海绵锌负极材料，这种 3D 海绵结构可以在充放电过程中将产生的锌枝晶有效地限制在海绵结构 3D 空隙里，有效解决了锌枝晶引起的安全问题。这种以 3D 海绵结构 Zn 负极与 β-$Ni(OH)_2$ 组成的碱性水系锌离子电池在 54000 次循环后非但没有发生 Zn 枝晶导致的电池失效，还表现出容量保持率高于 90%的循环性能。NiO 由于具有比 β-$Ni(OH)_2$ 更高的理论容量，被认为是最有希望替代 $Ni(OH)_2$ 成为碱性水系锌离子电池的正极材料。然而，在实际的研究中，研究者们发现 NiO 材料的离子和电子传导性不足严重限制了其容量的发挥。为了解决这些问题，近年来研究者们通过形态设计(如特殊的纳米结构)或材料复合(与碳材料、金属及其氧化物)等方法改善了 NiO 电极材料的电化学性能。在镍的硫化物中，Ni_3S_2 具有 5.5×10^{-4}S/cm 的高电子电导率，远远优于 $Ni(OH)_2$ 和 NiO 的电导率，初步研究认为 Ni_3S_2 是一种非常有前途的碱性水系锌离子电池正极材料。然而镍基电极的稳定性差和导电性仍令人不满意。为了解决这个问题，可以合成结构合适的材料，如设计异质结构或分层纳米材料，结合碳或其他过渡金属氧化物来复合等来提高性能。然而，由于正极的容量远小于锌负极的容量，镍基材料严重限制了碱性水系锌离子电池的进一步发展。尽管最近研究已经在导电性、稳定性和电化学性质方面取得了长足的进展，但仍存在某些技术问题如晶型转变和体积膨胀等妨碍其商业化。

聚阴离子化合物的电化学活性最早是由 Goodenough 课题组于 1997 年首次发现的。顾名思义，此类化合物是由过渡金属和聚阴离子组合成的三维结构框架化合物。过去对聚阴离子化合物的研究大部分集中在锂离子电池和钠离子电池的正极材料上；由于其具有较好的热力学稳定性，近年来也开始被研究用于水系锌离子电池电极材料，如 NASICON 型 $M_3V_2(PO_4)_3$(M=Li、Na)。黄云辉课题组[24]制备了 NASICON 型结构的 $Na_3V_2(PO_4)_3$(NVP)被碳包覆后用于水系锌离子电池正极材料。在水系 Zn-NVP 电池系统中 Na^+ 和 Zn^{2+} 在电解液里共存并相互配合以传导电荷。当电池充电时，Na^+ 会从 NVP 中脱出，而 Zn^{2+} 得到电子沉积在负极表面；放电时，负极的锌原子失去电子变为 Zn^{2+}，而电解液里的 Na^+ 则嵌入正极材料中。他们将双离子电解液和单一 Zn^{2+} 电解液作对比并进行电化学测试，其初始容量在 0.5C 下接近 $100mA\cdot h/g$，但衰减较快且输出电压也只有 1.15V 左右，不如 Na^+/Zn^{2+} 混合离子电池的输出电压(<1.35V)高。该类化合物优点十分明显，缺点也难以掩盖，最为突出的便是材料的电子电导率非常差，因此人们在制备这类化合物时，会在其表面包覆一层碳材料或与碳纳米管、石墨烯复合，或直接在导电集流体表面生长等方法来提高电化学性能。另外就是制备过程需要高温锻烧，温度或时间控制不当也会导致产物结晶性不好，进而对材料性能产生影响。还有原料中的某些金属化合物有着较大的毒性，不利于环境保护。因此种种缺点都制约着该类化合物在水系电池中的应用。

有机类材料也一直受到研究人员的关注。其主要优点为质量轻、原材料储量多、成本低、合成简单、容易调控基团等。这类材料主要以导电聚合物为主，如今研究应用的导电聚合物主要有聚对苯(PPP)、聚苯胺(PANI)、聚噻吩(PTh)、聚苯乙炔(PPV)、聚吡咯(PPy)、聚乙炔(PA)等；也有研究报道一些醌类物质(如对氯苯醌、7,7,8,8-四氰对醌二甲烷等)用于正极材料。导电聚合物的导电原理主要是由于导电高分子的主链上含有能使电子进行相对移动的线性 π 电子共轭体系，通过对导电聚合物进行掺杂能使其导电性能达到 $10^2\sim10^5S/cm$。PPy 具有非常高的导电性能，在空气当中有很好的稳定性，也具有很好的力学性能。PANI 是人们研究最多的导电聚合物，其具有很好的氧化还原性能，在完全氧化态和还原态的情况下处于不导电状态，而且在不同的氧化态和还原态都具有非常好的可逆性。根据已有文献，PANI 与 PPy 作为正极材料皆可用于二次电池。不同电流密度的充放电测试可表明电池在快速充放电中具有优异的性能，这可能是由于小尺寸质子的移动。现阶段有机电化学材料的研究整体还处于初期阶段，而且有机材料种类繁多，各种基团等对材料的影响较大，材料的电化学反应机理不清晰，热稳定性很差且动力学缓慢，很多有机材料还存在着在电解液中易溶解和结构不稳定等问题，这些缺点都极大地限制了其应用，因此相关的报道较少。但在未来的一段时间内依托于化学产业的发展，随问题的逐步解决，将渐渐成为研究的重点，并逐步走向产业化。

Chevrel 相化合物也可以作为正极材料，一般的化学式为 $M_xMo_6T_8$(M 为金属，T 为 S、Se 等)。在晶体结构中，T_8 组成的立方体环绕在八面体 Mo_6 结构四周，组成了一种三维晶体框架结构，从而可以应用在多种离子电池中。Chevrel 相 Mo_6S_8 被报道[25]可以作为嵌锌的客体应用在水系锌离子电池中。但也存在电位较低和容量较低的问题，在 45mA/g 的电流密度下，放电比容量为 79mA·h/g，而且放电电压不高于 0.4V，这些限制了其进一步的发展。二硫化钒(VS_2)是一种典型的过渡金属硫化物，在它的层状结构中钒直接和硫连接到一起并且形成了"三明治"结构。因为有比较高的电导性和较大的层间距，也有少数研究将它应用在锌离子电池中。

还有一些材料也能用于正极，例如，一些锂插层化合物(如 $LiMn_2O_4$、$LiFePO_4$)可以通过与双离子电解质和金属锌的耦合在水性混合锌离子电池中充当正极。目前锌离子电池的研究仍存在一定的局限性，主要受限于锌离子电池正极材料的选择。Zn^{2+} 的嵌脱对电极材料的要求不同于一价碱金属离子；与一价离子相比，大多数多价离子嵌入正极材料的晶体结构中需要的结合能更低，因此能够进行快速充电。综合高价离子的嵌脱特性，结合目前已报道的锌离子电池正极材料的晶体结构特点，可以认为锌离子电池正极材料需要有隧道结构或层间距较大的电极材料，如层状钒氧化物、钼氧化物、锰氧化物和金属硫化物等。

5.4　锌负极材料

与化合物相比，金属单质有着更高的比容量和更稳定的氧化还原电位，是最为理想的电池电极材料。锌离子电池的负极材料主要使用的是金属锌。锌是一种银灰色金属，有较低的熔点(419.5℃)和沸点(907℃)，密度为 7.14g/cm³，具有极高的储备量和低廉的成本、不易燃烧的特性、极低的毒性、高导电性(电阻率较低，为 5.91μΩ/cm)、易加工性及高兼容性等优势。锌晶体是密排六方结构，具有形变性和各向异性。由于锌原子的电子构型，Zn^{2+} 在水溶液中趋于形成 sp^3 杂化的四面体配合物，在水溶液中锌可逆电极附近范围的双电层电容值为 16~20μF/cm²。

金属锌作为负极材料还有以下优点：①锌是一种两性活泼金属，在水溶液中的平衡电位低，在不同的电解液中发生的氧化还原反应不同。在中性溶液中，主要发生 Zn 与 Zn^{2+} 之间的转换；对于碱性溶液，则为 Zn 与 $[Zn(OH)_4]^{2-}$ 的转换。这便是利用了锌的两性原理，本质上是金属的溶解及电镀过程。②锌的标准电极电位低[−0.763V(vs. 标准氢电极)]，析氢过电位高[1.2V(vs. 标准氢电极)]，可以最大限度地减少水的电解，减少氢气的析出，这对于电池的循环寿命和性能稳定非常重要。③金属锌不与水反应，在水溶液中稳定性好，其理论比容量高（达820mA·h/g）。目前锌电极主要有纯锌片电极、粉末多孔锌电极和锌镍合金电极这几种材料。纯锌片电极是最常用的，一般是纯度为 99.9%的金属锌，经金相砂纸打磨后简单清洗就可用于电池组装，这也是商业化锌箔处理的方式。锌金属本身具有一定的弹性，但其本身弹性有限，不能满足更大强度的弯曲，且锌具有形状记忆效应，这就导致锌的柔性远不能满足多次变形的需求。目前将锌箔（片）类材料与柔性基底结合是解决此类问题的主要方法，可以采用电沉积法直接在柔性基底上电沉积锌，也可以将其制成粉末锌。粉末多孔锌电极是将锌粉、导电剂及黏结剂按照一定比例混合，制成厚度均一的电极片。相比于纯锌片电极，其具有更高的比表面积，与电解液能充分接触，从而提高锌的利用率。锌镍合金电极是采用直流脉冲电镀的方法，在锌表面镀一层镍，以此来降低锌表面的孔隙率和内应力，从而提高锌电极的抗腐蚀性。

　　然而，金属锌负极在二次电池商用中受到限制，原因是其存在锌枝晶的产生、自腐蚀和钝化等缺点，易导致电极失效或循环寿命降低。

　　(1)锌枝晶产生的主要过程为液相传质，原因是电极反应过程中发生的浓差极化。在电池充放电过程中，Zn^{2+}在金属锌表面反复溶解沉积，易形成树枝状沉积物；随着循环次数增加，沉积物继续长大，形成锌枝晶。当枝晶生长到足够长后可以穿透隔膜与正极接触，导致电池短路，同时会造成锌电极厚度分布不均而引起电极形变，导致电池容量下降。而在溶解过程中，由于锌枝晶与基底的结合力较弱，有可能在其还未完全溶解之前就与基底脱落，成为"死锌"，也会造成电池的容量损失和寿命缩减。关于中性与弱酸性电解液体系中是否存在锌枝晶的问题一度引起争论，一部分学者断言锌枝晶存在且影响恶劣，而另一部分学者则声称锌负极在未加任何保护的情况下具有极好的循环稳定性。有研究认为，在较小的电流密度或负载量下，锌枝晶可能不会成为问题。

　　(2)锌电极自腐蚀的微观实质是表面不均匀的锌不同区域电位不同，构成无数个共同作用的腐蚀微电池。腐蚀使电池自放电，降低了锌的利用率和电池容量。所以不管电池是在循环还是静置过程中，锌负极都会与电解液中的水发生析氢反应，而且在电池的密封环境中，自腐蚀过程产生的氢气，会造成电池内压增加，累积到一定程度，会引发电解液的泄漏，严重则发生爆炸。

　　(3)锌电极的钝化是由于放电 Zn^{2+}与电解液反应生成了难溶性 ZnO 或 $Zn(OH)_2$等产物覆盖在电极表面，影响了锌的正常溶解，使反应表面积减少，电极失去活性变为"钝态"。在逐渐钝化的过程中，电极比表面积下降，相对来说，电极密度就会升高，造成电池的极化，使电池的循环性能下降。

　　对于锌负极，可以通过优化结构、增大电极表面积的方法有效地提高其电化学性能。较大的表面积可以降低锌在沉积过程中单位面积的电流密度，实现更加均匀的沉积。若要改善锌电池循环性能，目前采取对锌负极和电解液优化改性，可向其中加入电极添加剂和电解液添加剂等方法。电极添加剂主要针对锌电极性能进行改善，包括电极结构添加剂和金属添加剂等。电极结构添加剂通常为石墨、乙炔黑和活性炭等；与纯锌电极相比，循环容量保持率和可承受的最大电流密度值均有所提高。这是由于碳材料在锌电极内部形成三维导电骨架，使电流在电极内部及表面分布更均匀。这种三维导电骨架提高了电化学活性面积，延缓了锌电极的钝化。金属添加剂通常是在锌表面镀一层金属镍，发挥基底效应，降低锌电极表面孔隙率，有效阻止锌电极的自腐蚀，有效抑制锌枝晶和电极的内力形变，即上述提到的锌镍合金电极。在碱性锌离子电池中若对锌粉改性可以在其表面包覆一层金属氧化物膜(如 Li_2O 等)，可有效抑制析氢反应，提高了锌的利用率；还可以向锌负极中浸渍稀土元素，这样制得的锌电极耐腐蚀性能提高，能有效抑制枝晶生长。此外，金属基集流体也逐渐被使用；通过在常用的泡沫铜、铜箔和泡沫镍等基底上电镀锌，对锌电极的形貌进行可控调节，增加电极活性面积，抑制枝晶生长，这有望作为解决枝晶形成和电极利用率低的有效途径而应用于水系锌离子二次电池中。Wang 等[26] 在 ZIF-8 涂覆的镍网电极上电沉积锌制备的 Zn@ZIF-8 负极，由于 ZIF-8 的多孔结构和骨架中含微量锌及高析氢过电位优势，是一种理想的基底材料。在 $30.0mA/cm^2$ 电流密度下经过 200 次循环其库仑效率仍高达 99.8%。还可以在电解液中引入无机金属盐促使形成合金薄膜，像上述正极材料部分提到的 Parker 课题组[23]便使用的是含 KOH、LiOH 及少量 $Ca(OH)_2$ 并添加了少部分 In、Bi 等金属组成的电解液。他们认为 Li^+ 及 In、Bi 的作用分别是抑制 O_2 和 H_2 的产生，而 $Ca(OH)_2$ 的作用便是附着在负极表面，抑制枝晶产生；这对未来锌负极的发展提供了新的方向。在电解液中加入少许功能性添加剂也能有效改善锌负极的电化学性能，其主要作用还包括可以控制在水系电解液中正极材料的溶解。种类丰富、价格低廉的表面活性剂是常用的电解液添加剂，主要有聚乙烯亚胺(PEI)、聚乙二醇(PEG)、聚乙烯醇(PVA)、Triton X-100 等。聚合物可以抑制锌枝晶生长及电极腐蚀的机理主要是这些聚合物具有一定的机械强度和弹性可以阻碍枝晶在一些生长位点上继续生长，它们吸附在锌表面形成隔离层能抑制锌的腐蚀，同时可以调节电极表面突起处的电流分布，减慢锌的还原速率；添加剂还能改变锌负极表面的极化行为来抑制锌负极的腐蚀。研究表明，在碱性电解液中加入不同的添加剂可以调整电镀合成锌的结晶性能和形貌，而不同晶向主导的锌电极具有不同的电学性能，并能有效地抑制锌枝晶的生长。Sun 等[27]采用电镀法，通过在镀液中加入有机添加剂十六烷基三甲基溴化铵(CTAB)、十二烷基硫酸钠(SDS)、PEG-8000 或硫脲(TU)在黄铜箔上沉积晶态金属锌，这些不同的添加剂产生不同的晶体取向和表面形貌。结果表明，在这些电镀锌负极中，Zn-SDS以其低腐蚀速率、少枝晶形成和 1000 次循环后的大容量保持能力，最适用于水系锌离子二次电池。

除了以上两种方法，还可以建立多孔绝缘保护层，其本质是通过保护层对锌枝晶的形成和生长有抑制及诱导作用。Kang 等[28]发现隔膜的孔隙大小会直接影响锌枝晶的沉积位置和大小。在隔膜孔隙较大的位置枝晶会更容易在这里形成，直到锌枝晶贯穿整个隔膜与正极接触，发生短路。因此，选择孔径均匀细小的隔膜或夹层，将有助于电解液中 Zn^{2+} 均匀分布，抑制锌枝晶的产生。Kang 等还将纳米 $CaCO_3$ 涂在锌负极表面，形成一种纳米多孔保护层，这种纳米级的多孔结构可以缓解反应过程中的浓差极化，引导锌均匀地沉积。同时研究还发现这种保护层有很高的机械强度，即使产生锌枝晶，也可以将其压制在保护层以下，避免短路发生。实验结果表明，平整光滑的锌箔在经过 100 次沉积、溶解后表面出现大量的微尺寸突起，而纳米 $CaCO_3$ 涂覆的锌箔表面形貌保持光滑多孔，无明显突起，避免了隔膜穿孔引起的电池短路。在纳米 $CaCO_3$ 涂层和锌箔界面处锌沉积为致密均匀的微尺寸薄片层，锌箔和薄片层紧密相连的界面表明循环后"死锌"含量较少。纳米多孔 $CaCO_3$ 涂层促使锌的沉积过程具有自下而上的位置选择性，避免了可能导致极化和电池短路的大突起的形成，该实验组装的 $CNT-MnO_2/Zn-CaCO_3$ 电池充放电 1000 次后，容量比普通锌箔电池可高出 42.7%。

水系锌离子电池作为一种新型绿色环保电池，具有大功率充放电、高功率密度和能量密度、成本低、制备简单和安全性高等优点，有可能成为新一代绿色电池。目前，锌枝晶生长、腐蚀和利用率低等问题，一直困扰着锌负极的发展，在开发高性能、稳定性优异的锌负极方面研究进展较缓慢，锌离子电池的进一步应用还具有局限性。目前的研究对抑制锌枝晶生长、提高电极利用率、增强循环可逆性和提高库仑效率等方面具有重大突破，但仍有许多尚未解决的问题，例如，对锌负极的失效机制还没有非常明确的认识，希望能通过相关原位技术(如原位电镜、原位 X 射线衍射等)、模拟计算等对锌负极表面的反应机理和机制深入探究，进而提出提高锌负极稳定性的新方法。若能解决这些方面的问题，相信锌离子电池商业化就近在眼前了。

5.5 电解液与隔膜

由于电解液决定着电池的电化学性质，因此寻找合适的电解液体系对于开发高性能锌离子电池比较关键。水系电解液在电化学中起着至关重要的作用，因为它具有在传输离子能力的同时起到在正极和负极之间建立连接的功能。相对其他电解质而言，水系锌离子电解液更安全，能够提供更高的离子电导率，成本更低并且更方便用于电池组装，是目前锌离子电池研究领域的一个热门研究方向；然而也存在电化学窗口较窄、副反应较多等问题。选取的锌盐水溶液不同，组装成的锌离子电池的性能也不同。传统意义上的锌离子电池是使用 KOH 或 NaOH 碱性水溶液（LiOH 也可以），如开发的水系碱性 Zn-MnO$_2$ 或 Zn-Ni 电池。与中性和酸性电解液相比，碱性电解液对锌离子电池更具吸引力，因为它们具有较高的工作电压、更快的反应动力学和更高的离子电导率等优点。但是一系列副产物［如 ZnO、Zn(OH)$_2$ 等］的连续形成会导致锌离子电池严重的容量降低和库仑效率变差。因此，需要高浓度的碱性电解液来改善副产物的溶解性，因为在这种高浓度的电解液中，ZnO 可以通过配位络合转化为[Zn(OH)$_4$]$^{2-}$。其中由于锌盐的高溶解度及 K$^+$ 电导率比 Na$^+$ 和 Li$^+$ 高，且 KOH 电解液与 CO$_2$ 的副产物比 NaOH 的副产物具有更高的溶解度，可缓解锌离子电池的碳酸盐沉淀问题，所以通常采用 KOH 作电解液。然而，高浓度溶液可导致电解液的黏度增加和 ZnO 的形成，这可逆地降低了离子电导率并容易形成锌枝晶。因此，碱性电解质水溶液通常为 6mol/L KOH 溶液。还可以在碱性电解液中加入一些特殊添加剂。例如，硼酸盐（K$_3$BO$_3$）、氟化物（KF）、磷酸盐（K$_3$PO$_4$）等无机盐添加剂已被证明能有效地降低水系碱性锌离子电池的锌溶解度和提高其循环寿命。另一个策略是向其中引入有机物、表面活性剂或离子液体，如 CH$_3$OH、1-乙基-3-甲基咪唑二氰胺（EMI-DCA）、磷酸三乙酯（TEP）等，也被认为是通过控制锌的界面结构和电极钝化来降低锌负极溶解的另一种有效途径。

尽管含高浓度 KOH 电解液的锌离子电池有许多优势，但使用高浓度的电解液还是会带来一些问题，如锌枝晶的形成、正极材料的溶解及集流体的腐蚀等，从而导致容量降低和库仑效率变差。此外，高腐蚀性碱性电解液对环境也不友好，且构成安全隐患。这些棘手的问题就限制了碱性电解液的发展。考虑到锌的高腐蚀反应性，也排除了强酸电解液。因此，开发中性或弱酸性电解液便成了当下的研究热点。与碱性电解液相比，由于存在少量的 H$^+$，温和的酸性电解液(pH 在 3.6～6.0)可以减少副产物的形成，与锌负极有更好的相容性。这类电解液具有以下优点：①减少了锌枝晶的形成，库仑效率提高；②减少了对锌的腐蚀，有利于长期循环稳定性。③有较高的安全性、较高的离子电导率和低廉的成本。目前，对水系锌盐的研究主要集中在以下几类锌盐溶液：氧化锌盐[Zn(NO$_3$)$_2$、Zn(ClO$_4$)$_2$ 等]、卤化锌盐（ZnCl$_2$、ZnF$_2$ 等）、硫酸锌（ZnSO$_4$）和有机锌盐[Zn(CF$_3$SO$_3$)$_2$、Zn(CH$_3$COO)$_2$、Zn[N(CF$_3$SO$_2$)$_2$]$_2$ 等]。

在开发中性或弱酸性电解液的早期阶段，将 Zn(NO$_3$)$_2$ 盐溶液引入 Zn-ZnHCF 电池电解液体系中[29]。报道以典型的普鲁士蓝类化合物六氰合铁酸锌（ZnHCF）为正极材料来观察 Zn^{2+} 的嵌脱；发现在 NO$_3^-$ 存在的情况下，其循环性能并不理想，特别是在高压区域。这是由于 NO$_3^-$ 是强氧化剂，会侵蚀电极，导致锌负极和 ZnHCF 正极材料严重腐蚀。而 ClO$_4^-$ 会与锌片反应生成一层厚厚的 ZnO，阻碍电化学反应的进行，若 ClO_4^- 过量还会腐蚀锌电极。与常规的氧化锌盐相比，卤化锌与锌负极的相容性更高，这是由于较少的副反应及低氧化性卤素离子的存在。但 ZnF_2 电解液的应用受到在水中低溶解度的限制，循环性能会变差。相反，$ZnCl_2$ 是已知水溶性最好的无机锌盐之一；然而，狭窄的电化学稳定电势窗口及连续的副反应也限制了其在高性能水性锌离子电池中的可行性。目前，$ZnSO_4$ 和一些有机锌盐类电解液被认为有较大应用前景并被广泛研究；对锌离子电池电解液大量研究的重点都集中在调节锌盐的浓度或使用添加剂以促进锌离子电池表现出更好的电化学性能。与上述两类锌盐电解液不同，温和的酸性 $ZnSO_4$ 电解液因其低成本和良好的相容性而广泛用于水系锌离子电池。SO_4^{2-} 具有规则的四面体结构，其中四个氧原子位于顶点，而硫原子位于四面体的体心。此外，四个 S—O 键具有相似的化学性质，表明 SO_4^{2-} 具有极其稳定的结构。因此，基于 $ZnSO_4$ 水性电解质已经实现了卓越的电化学性能。值得注意的是，在这种温和的 $ZnSO_4$ 电解液中，锌负极具有较高的溶解/沉积反应动力学、轻微的枝晶生长和较弱的腐蚀作用，但在使用时总是伴随着碱性硫酸锌的形成，即 $Zn_4(OH)_6SO_4 \cdot nH_2O$ (ZHS)，这被认为是造成开始几个循环容量损失的原因。由 ZHS 形成引起的机理也仍在争论中，目前通常认为是 ZHS 在充放电过程中参与电化学反应，并实现可逆的溶解/沉积过程。ZHS 还可以直接用作锌离子电池的正极，表现出良好的电化学可逆性。但在基于 ZHS 的锌离子电池中，pH 在放电状态时升高，在充电状态时降低，这可能导致电池系统不稳定和库仑效率降低；在某些情况下，ZHS 只是在阴极表面形成副产物，导致在最初的几个循环中容量下降。因此，我们需要做出更多的努力来深入了解含 $ZnSO_4$ 电解液体系的机理，并改善锌离子电池的可回收性。

除 $ZnSO_4$ 溶液外，一些有机锌盐也有着杰出的电化学性能，例如，在锌锰离子电池中，$Zn(CF_3SO_3)_2$ 具有其他锌盐不具有的优势，可以抑制正极材料的溶解，促进锌盐的解离及提高锌负极的稳定性，利于电极反应的进行。Zhang 等[30]比较了 1mol/L $Zn(CF_3SO_3)_2$ 和 1mol/L $ZnSO_4$ 电解液中锌电极的 CV 曲线（图 5.8）。与 $ZnSO_4$ 相比，$Zn(CF_3SO_3)_2$ 电解液在 Zn 沉积/溶解之间表现出较小的峰间距，而峰值电流密度更高，表明 Zn 沉积/溶解的反应动力学增强，可逆性更好。这主要是由于庞大的 $CF_3SO_3^-$ 阴离子可以减少 Zn^{2+} 周围的水分子数量并降低溶剂化效应，从而促进 Zn^{2+} 的运输和电荷转移。此外，适当增加盐浓度可以降低水活度和减少水诱导的副反应，从而改善循环稳定性。但 $Zn(CF_3SO_3)_2$ 比 $ZnSO_4$ 和其他常规锌盐昂贵得多，这可能会妨碍其大规模应用。近年来还有研究[31]报道一种由 1mol/L $Zn(TFSI)_2$（双三氟甲基磺酰亚胺锌）和 20mol/L LiTFSI（双三氟甲基磺酰亚胺锂）组成的高浓度电解液(water-in-salt)。这种中性电解液能以近 100%的库仑效率促进无枝晶的锌镀层、剥离，表现出优良的循环性能，降低了溶剂化效应。也有许多研究工作集中在电解液优化上，通过将功能性添加剂添加到电解液中来改善电解液性能。由于"同离子效应"，添加剂的选择主要取决于正极材料和锌盐；例如，对于锰基正极材料，通常将 $MnSO_4$ 添加到 $ZnSO_4$ 电解液中。还有研究人员提出了一种电解液去耦合策略，即将电池的正、负极分别置于不同的电解液中。这种方法不仅可以显著提升电池的电压平台，同时为实现双电子氧化还原反应提供了一种可能性。这种去耦合策略可以为高电压、高能量密度水系锌离子电池的设计提供指导。

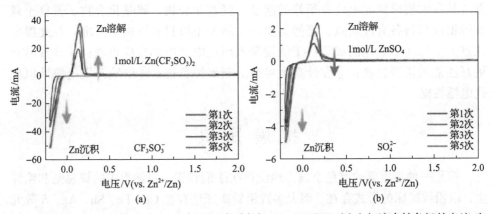

图 5.8 在 0.5mV/s 下的 1mol/L $Zn(CF_3SO_3)_2$(a) 和 1mol/L $ZnSO_4$(b) 电解液中锌负极的电流-电压曲线[30]

综上所述，氧化锌盐和卤化锌盐类电解液由于自身各种原因，导致基于这些电解液的水系锌离子电池电化学性能不尽如人意。但 $ZnSO_4$ 因其较低的成本、良好的相容性和优异的电化学稳定性而被广泛应用，但生成的一些副产物使其储能机理很复杂。之后还开发了有机锌盐电解液，由于较大的阴离子可降低 Zn^{2+} 溶剂化作用并促进其迁移和电荷转移，获得了较高的离子电导率、良好的相容性和出色的电化学稳定性。然而，这些电解液通常比常规电解液更昂贵，这限制了它们的工业规模应用。此外，由于液态电解液中含有大量高反应活性的水分子，存在着一些不可控的副反应，包括正极材料的溶解、锌负极腐蚀、枝晶生长等问题，凝胶电解质和全固态电解质应运而生，但也存在离子电导率低等问题。开发新型凝胶或全固态电解质可以有效降低活性水对电池体系的影响，是解决水系锌离子电池的正极溶解、锌腐蚀和枝晶生长等问题的一种有效途径，并能够更好地推动水系锌离子电池在柔性和可穿戴设备中的应用。

电池的安全性能是否良好、寿命长短等还与隔膜有很大的相关性。水系电池对隔膜的要求不是很高，为了实现水系锌离子电池的柔性性能，人们主要把对隔膜的研究放在具有很高柔韧性的高分子材料上面。如今用得比较多的隔膜材料主要有：玻璃纤维纸、聚烯烃、纤维素、纳米纤维素（CNF）、羧甲基纤维素钠（CMC-

Na)等，目前研究较多的是 CNF 与 CMC-Na。将 CNF 隔膜进行吸电解液处理，会发现其在吸水后变成了水凝胶状，具有很好的柔性。若把制备好的 CMC-Na 隔膜放在电解液中浸泡，吸饱电解液之后隔膜变得非常黏稠且柔韧性强，这样的隔膜在电池中可以起到对电极材料的包覆作用防止脱落。至于对各种类型隔膜的制备及改性研究，主要涉及高分子材料合成且相关报道较少，故该部分不再详述。

由于锌离子电池表现出高放电容量、良好的循环性能、可快速充放电等优点，其在大规模储能上将有很好的前景。锰基化合物、钒基化合物、普鲁士蓝类等正极材料各有优缺点，仍然需要开发新型正极材料以满足需求。在此提出几点关于锌离子电池的展望：①继续深入研究电池内部反应机理；②寻找具有更好性能的正极材料；③设计高度可逆的新型锌负极；④继续开发电解液以优化电池性能。

拓 展 知 识

锌是一种很重要的有色金属，地位仅次于铜和铝。自然界中的锌总是和铅伴生，以铅锌矿床的形式存在，而大多数铅锌矿床还存在 Cu、Fe、Sn、Ag、S 等元素。我国是全球第二大锌资源国，第一大消费国、生产国和进口国，锌对国民经济发展有着十分重要的意义。我国的锌资源储量虽有一定的优势，但锌资源存在生产较分散、矿床地质条件复杂、开采难度大、锌供应企业不强等问题。正因如此，我国锌资源从开采到加工冶炼，成本相对国际上较高。

近年来，我国一直是全球锌资源消费主体，且在未来较长一段时间内，这种格局仍基本不变。排除新冠肺炎疫情对全球的短期影响，未来长期而言，全球锌资源枯竭问题严峻，我国锌资源供需形势不容乐观，长期将处于资源紧缺状态。在当前深刻变革和复杂调整的国际政治与经济形势下，大国博弈的核心是对一系列战略性矿产资源的控制和争夺。国际政治经济格局的变动导致全球资源配置和经济全球化进程发生巨大变化及不可预计的风险。中国境外资源运输通道如果受制于人，对中国资源产业乃至于经济安全具有较大影响。

在较长时间内(至少到 2035 年经济发展的第一阶段)，矿产资源需求仍将保持高位，而中国未来各类矿产资源储量总体增量不足，供需矛盾突出，长期大量依赖进口的局面难以得到根本改善。面对当今复杂的国内外局势，国家急需厘清中国"卡脖子"与"被卡脖子"的矿产资源清单，为这些矿产资源的开发利用制定相应的政策，激励材料企业加大研发投入弥补技术短板，制定国家战略规划。加强科技领军人才、紧缺人才培养，强化人才梯队建设。完善相关体系标准规范，实现战略协同发展，增大产业全球竞争优势，积极面对国际市场的竞争。

参 考 文 献

[1] 俞翔, 刘天宇, 宋明. 柔性锌离子电池研究进展. 山东化工, 2020, 49 (1): 39-40.

[2] Song M, Tan H, Chao D L, et al. Recent advances in Zn-ion batteries. Advanced Functional Materials, 2018, 28 (41): 1802564.

[3] Alfaruqi M H, Mathew V, Gim J, et al. Electrochemically induced structural transformation in a γ-MnO₂ cathode of a high capacity zinc-ion battery system. Chemistry of Materials, 2015, 27 (10): 3609-3620.

[4] Xu C J, Li B H, Du H D, et al. Energetic zinc ion chemistry: the rechargeable zinc ion battery. Angewandte Chemie International Edition, 2012, 51 (4): 933-935.

[5] Pan H L, Shao Y Y, Yan P F, et al. Reversible aqueous zinc/manganese oxide energy storage from conversion reactions. Nature Energy, 2016, 1: 1-7.

[6] Zhang N, Cheng F Y, Liu J X, et al. Rechargeable aqueous zinc-manganese dioxide batteries with high energy and power densities. Nature Communications, 2017, 8 (1): 405.

[7] Qiu N, Chen H, Yang Z M, et al. Low-cost birnessite as a promising cathode for high-performance aqueous rechargeable batteries. Electrochimica Acta, 2018, 272: 154-160.

[8] 肖西, 李振, 赵芳霞, 等. 铬掺杂 α-MnO₂ 的制备及其在锌离子电池中的性能. 电源技术, 2018, 10: 1504-1506.

[9] Islam S, Alfaruqi M H, Song J J, et al. Carbon-coated manganese dioxide nanoparticles and their enhanced electrochemical properties for zinc-ion battery applications. Journal of Energy Chemistry, 2017, 26 (4): 815-819.

[10] Huang J H, Wang Z, Hou M Y, et al. Polyaniline-intercalated manganese dioxide nanolayers as a high-performance cathode material for an aqueous zinc-ion battery. Nature Communications, 2018, 9: 2906.

[11] Jiang B Z, Xu C J, Wu C L, et al. Manganese sesquioxide as cathode material for multivalent zinc ion battery with high capacity and long cycle life. Electrochimica Acta, 2017, 229: 422-428.

[12] Chen L, Gu X, Jiang X L, et al. Hierarchical vanadium pentoxide microflowers with excellent long-term cyclability at high rates for lithium ion batteries. Journal of Power Sources, 2014, 272: 991-996.

[13] Senguttuvan P, Han S D, Kim S, et al. A high power rechargeable nonaqueous multivalent Zn/V₂O₅ battery. Advanced Energy Materials, 2016, 6 (24): 1600826.

[14] Kundu D, Adams B D, Duffort V, et al. A high-capacity and long-life aqueous rechargeable zinc battery using a metal oxide intercalation cathode. Nature Energy, 2016, 1 (10): 16119.

[15] Wan F, Zhang L L, Dai X, et al. Aqueous rechargeable zinc/sodium vanadate batteries with enhanced performance from simultaneous insertion of dual carriers. Nature Communications, 2018, 9 (1): 1656.

[16] Shan L T, Yang Y Q, Zhang W Y, et al. Observation of combination displacement /intercalation reaction in aqueous zinc-ion battery. Energy Storage Materials, 2019, 18: 10-14.

[17] Dai X, Wan F, Zhang L L, et al. Freestanding graphene/VO₂ composite films for highly stable aqueous Zn-ion batteries with superior rate performance. Energy Storage Materials, 2019, 17: 143-150.

[18] He P, Quan Y L, Xu X, et al. High-performance aqueous zinc-ion battery based on layered H₂V₃O₈ nanowire cathode. Small, 2017, 13 (47): 1702551.

[19] Shan L T, Zhou J, Zhang W Y, et al. Highly reversible phase transition endows V₆O₁₃ with enhanced performance as aqueous zinc-ion battery cathode. Energy Technology, 2019, 7: 1900022.

[20] 张薇. 普鲁士蓝修饰的马脾铁蛋白的类酶活性及其在免疫组化检测中的应用. 南京: 东南大学硕士学位论文, 2012.

[21] Zhang L Y, Chen L C, Zhou X F, et al. Towards high-voltage aqueous metal-ion batteries beyond 1.5 V: the zinc/zinc hexacyanoferrate system. Advanced Energy Materials, 2015, 5 (2): 1614-6840.

[22] Lu K, Song B, Zhang Y X, et al. Encapsulation of zinc hexacyanoferrate nanocubes with manganese oxide nanosheets for high-performance rechargeable zinc ion batteries. Journal of Materials Chemistry, 2017, 5: 23628-23633.

[23] Parker J F, Chervin C N, Pala I R, et al. Rechargeable nickel-3D zinc batteries: An energy-dense safer alternative to lithium-ion. Science, 2017, 356 (6336): 414-417.

[24] Li G L, Yang Z, Jiang Y, et al. Hybrid aqueous battery based on $Na_3V_2(PO_4)_3$/C cathode and zinc anode for potential large-scale energy storage. Journal of Power Sources, 2016, 308: 52-57.

[25] Cheng Y W, Luo L L, Zhong L, et al. Highly reversible zinc-ion intercalation into chevrel phase Mo_6S_8 nanocubes and applications for advanced zinc-ion batteries. ACS Applied Materials & Interfaces, 2016, 8: 13673-13677.

[26] Wang Z, Huang J H, Guo Z W, et al. A metal-organic framework host for highly reversible dendrite-free zinc metal anodes. Joule, 2019, 3 (5): 1289-1300.

[27] Sun K E K, Hoang T K A, Doan T N L, et al. Suppression of dendrite formation and corrosion on zinc anode of secondary aqueous batteries. ACS Applied Materials & Interfaces, 2017, 9 (11): 9681-9687.

[28] Kang L T, Cui M W, Jiang F Y, et al. Nanoporous $CaCO_3$ coatings enabled uniform Zn stripping/plating for long-life zinc rechargeable aqueous batteries. Advanced Energy Materials, 2018, 8 (25): 1801090.

[29] Kim D, Lee C, Jeong S, et al. A concentrated electrolyte for zinc hexacyanoferrate electrodes in aqueous rechargeable zinc-ion batteries. Materials Science and Engineering, 2018, 284: 012001.

[30] Zhang N, Cheng F Y, Liu Y C, et al. Cation-deficient spinel $ZnMn_2O_4$ cathode in $Zn(CF_3SO_3)_2$ electrolyte for rechargeable aqueous Zn-ion battery. Journal of the American Chemical Society, 2016, 138: 12894-12901.

[31] Wang F, Borodin O, Gao T, et al. Highly reversible zinc metal anode for aqueous batteries. Nature Materials, 2018, 17: 543-549.

第6章 超级电容器

6.1 概 述

电化学储能是新能源研究领域重要的方向之一。利用电化学原理储能的器件中，二次电池的研究比较早而且应用也比较成熟。常用的二次电池有铅酸电池、镍氢电池和锂离子电池等。这些二次电池存在一些缺点，例如，铅酸电池的能量密度偏低，铅是有毒物质，易造成环境污染；锂离子电池的能量密度虽然较高，但是由于功率密度的限制，无法满足超大功率电器的使用需求；锂离子电池的循环使用寿命约为数百次，同时价格也较为昂贵，当其应用于电动汽车等大型能源设备时，在设备的生命周期内可能需要更换电池，从成本的角度来说不利于其大规模的应用。此外，目前锂离子电池还存在一定的安全性问题。因此，研究者将目光转向其他的一些能量转化与储存器件，如超级电容器。

超级电容器又名电化学电容器，它是介于常规电容器与二次电池之间的一种新型储能器件[1-3]。自从 20 世纪 50 年代 Becker 发表了一篇关于超级电容器的专利以来[4]，在世界范围内引发了一股电化学电容器的研究热潮。众多研究机构在电化学电容器研究上取得了令人注目的成就，并且已推出了基于碳材料的商业化产品。表 6.1 列出了超级电容器和锂离子电池的性能对比。超级电容器具有功率密度大、循环寿命长、使用温度范围宽、环境友好和安全性高等优点。例如，超级电容器的功率密度可达到锂离子电池的数百倍以上，循环寿命可超过 10 万次，使用温度范围较宽，可在-40~70℃的范围内稳定工作，电极材料大部分毒性较低或者无毒，对环境十分友好。因此，超级电容器可以作为二次电池的补充，应用于新能源发电、电动汽车、信息技术、航空航天、国防科技等场合，满足人类对电能存储的需求。例如，当超级电容器用于可再生能源分布式电网的储能单元时，可以有效地提高电网的稳定性。

表 6.1　超级电容器和传统电容器、锂离子电池的性能比较

储能装置	能量密度/(W·h/kg)	功率密度/(W/kg)	循环寿命/次	充电时间	使用温度/℃
传统电容器	<0.1	>10000	几乎无限	10^{-6}~10^{-3}s	-40~80
锂离子电池	20~180	50~300	500~2000	1~3h	-20~50
超级电容器	1~10	1000~2000	>100000	10~30s	-40~70

超级电容器也存在一些缺点，最典型的缺点是能量密度偏低。随着对超级电容器的研究不断深入，这些问题也将不断得到改善。

超级电容器的应用十分广泛。很多国家将其列为下一代潜在的新能源储能设备，作为重点项目来攻关。以下是超级电容器在各种不同领域的应用。

(1)国防军事领域：因为其充放电速度快、稳定性好、可在极端条件下使用等优点，可为一些要求快速充放电的武器设备提供高功率的电源。

(2)电动交通工具：传统化石能源的使用对环境产生严重的污染，且化石能源面临枯竭的危机，因此发展新型能源的要求越来越急迫。目前的交通工具中，新能源汽车越来越受到人们的欢迎。未来人们可将二次电池和超级电容器结合使用，来满足不同情形下交通工具对能源的需求。

(3)移动通信领域：超级电容器因为可制作成超薄、超小的体积，所以可应用于移动通信领域。

6.2 工作原理

6.2.1 超级电容器与传统电容器和二次电池的区别

在了解超级电容器前，首先简要了解传统电容器。电容器是电子设备中大量使用的电子元件之一。电容器通常由对置的两个电极中间夹一层不导电的绝缘介质所构成，例如，纸介电容器是由两个金属箔中间夹一层纸所构成，如图 6.1 所示。电解电容器是由铝、钽、铌、钛等金属箔作为负极，在金属箔的表面采用负极氧化法生成一薄层氧化物作为绝缘介质，以电解质作为正极而构成的电容器。在商业的电解电容器中，电解质通常吸附在电解纸上，并以正极金属箔作为电解质的集流体。当在电容器的两个电极之间加上电压时，电容器就会储存电荷。其中一个电极带负电荷，另一个电极则带正电荷。在直流电路中，电容器两端的电压达到外加电压后，其电荷即充满，电流归零，此时相当于断路。而在交流电路中，两极之间的电压大小和方向是随时间呈一定的函数关系变化的。因此，电容器在交流电路中一直处于不断充电和放电的状态，即电容器两极的电流也是随着外加电场的变化而相应变化。这就是通常所说的电容器隔直通交的特性。由于电容器充放电的过程需要一定的时间，所以通过电容器的电流相位与外加的交流电场的相位往往不同步。如果再加上电感等元件的辅助，电容器可广泛应用于隔直、耦合、旁路、滤波、调谐回路、能量转换、控制电路等方面。

超级电容器与电解电容器较相近，都利用电解质参与储存电荷，但是其容量比电解电容器大得多，故称为超级电容器。超级电容器主要用来储存电荷，并不像电容器那样主要作为电子元件使用。最初的双电层型超级电容器虽然也是通过静电储存电荷，但是与电容器在原理上还是有一定的区别的。双电层型超级电容

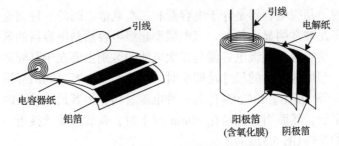

图 6.1　纸介电容器和电解电容器的结构

(a)纸介电容器；(b)电解电容器

器是利用电解液/电极界面形成的双电层来存储电荷，而电解电容器则是利用金属箔作为负极，电解质作为正极，金属箔表面的氧化膜作为绝缘介质储存电荷，其原理与纸介电容器本质上是一回事。后来发展的赝电容型超级电容器则采用法拉第反应来储存电荷，与传统电容器完全不一样了。

二次电池则是完全利用电化学反应来储存电能。例如铅酸电池，其工作原理基于如下的可逆电化学反应：

负极：$Pb + SO_4^{2-} \rightleftharpoons PbSO_4 + 2e^-$

正极：$PbO_2 + SO_4^{2-} + 4H^+ + 2e^- \rightleftharpoons PbSO_4 + 2H_2O$

总反应：$PbO_2 + Pb + 2H_2SO_4 \rightleftharpoons 2PbSO_4 + 2H_2O$

由于正、负极上的半反应都有确定的电极电势，因此二次电池在工作时有稳定的工作电压，表现为在充电和放电的过程中，其充放电曲线上有明显的平台，如图 6.2 所示。双电层型超级电容器工作时并不涉及电化学反应，仅仅依靠静电储能，其充放电曲线均近似为直线，两者合在一起呈现锯齿状。赝电容型超级电容器的工作原理虽然和二次电池类似，采用电化学反应储能，但是赝电容型超级电容器主要是基于发生在电极活性物质表面或近表面上的快速可逆的法拉第反应来储存电荷，其充放电曲线与双电层型超级电容器的较相似。

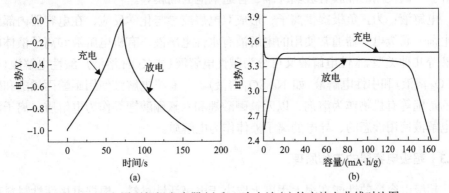

图 6.2　双电层型超级电容器(a)和二次电池(b)的充放电曲线对比图

总体来说，超级电容器是介于电容器和二次电池之间的一种储能设备，与二者的界限并不是非常明显，例如，双电层型超级电容器与电容器的区别主要是容量上的差异，赝电容型超级电容器与二次电池的区别主要在于其充放电特性。值得一提的是，当电池材料的尺寸足够小时，电池和赝电容之间的界限是模糊的。例如，Simon 等[3]指出，$LiCoO_2$ 作为一种电池材料，当其尺寸较大时，放电曲线显示明显的平台，然而当其粒径在 10nm 以下时，其放电曲线接近一直线，具有类似电容器的特性(图 6.3)。

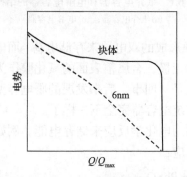

图 6.3　不同粒径的 $LiCoO_2$ 电极材料的放电曲线对比图

6.2.2　超级电容器的结构

目前已经制造出了多种类型的超级电容器，但其基本结构都相同，主要包括电极、隔膜和电解液三部分。超级电容器的核心部分是电极，一般由电极材料、导电剂和黏结剂以一定比例制作而成。

隔膜：和电池隔膜类似，主要作用是隔开正负极防止其因直接接触而短路，同时允许电解质中的离子能够在正负极之间迁移。对理想隔膜的要求如下：①超薄(减少超级电容器的体积)；②高孔隙率(为离子提供通道)；③对电解液的浸润性好。一般使用的隔膜有玻璃纤维、普通电池的隔膜等。

电解液：为正负极提供离子，形成双电层或参与化学反应，在电容器内部传输电荷。超级电容器通常使用的电解液有水性电解液、有机电解液和离子液体电解液等几种类型。水性电解液又可分为碱性电解液(如 KOH 溶液)、酸性电解液(如 H_3PO_4 溶液)和中性电解液(如 Na_2SO_4 溶液)等。有机电解液使用碳酸丙烯酯和碳酸乙烯酯等有机物作为溶剂，以四氟硼酸锂和六氟硼酸锂等作为电解质。离子液体电解液使用液态的、导电的离子液体作为电解质。

6.2.3　超级电容器的工作原理

超级电容器的性能在很大程度上取决于电极活性材料。根据电极活性材料存储电荷机理的不同，超级电容器可分为双电层电容器、赝电容电容器和混合型超级电容器等几种类型。

1. 双电层电容器

碳材料是典型的双电层电容器电极材料，它们通过在电解液/电极界面形成的双电层来存储电荷，其工作机理如图 6.4 所示[4,5]。充电前，当电极处于自然状态时，电解液中的离子处在混乱无秩序状态。当开始充电时，电容器的正负极板分别吸引负、正电荷。通过这种表面电荷迁移，能够在电极与溶液界面形成双电层，从而使正极电位升高，负极电位降低，达到储存电荷的目的。放电时，电极板上的电荷被外电路释放，界面上的电位渐渐回到初始状态，电解质中的离子也重新变成混乱无秩序的状态。图 6.5(a) 是活性炭作为电极材料，在三电极体系中测得的一个典型的循环伏安曲线，该曲线呈近似矩形。由于在整个充放电过程中发生的都是电荷的物理运动，没有发生化学变化。因此，双电层电极材料工作稳

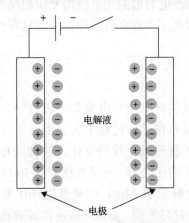

图 6.4　双电层电容器工作机理示意图

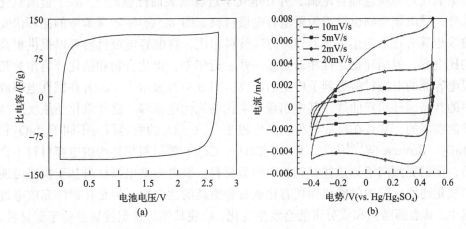

(a)　　　　　　　　　　　　　(b)

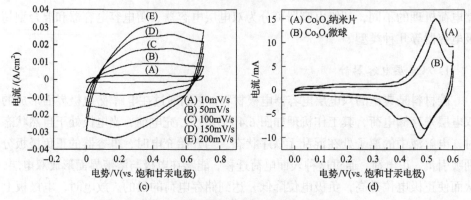

图 6.5　不同类型电极材料的 CV 曲线

(a)在乙腈基电解质中，在 20mV/s 下，活性炭在 1.5mol/L 四氟硼酸盐中的 CV 曲线；(b)α-MnO$_2$ 在 0.1mol/L Na$_2$SO$_4$
水溶液中以不同扫描速率的 CV 曲线；(c)聚苯胺纳米线在 1mol/L H$_2$SO$_4$ 中以不同扫描速率的 CV 曲线；(d)Co$_3$O$_4$
纳米片和 Co$_3$O$_4$ 微球在 3mol/L KOH 中，在 5mV/s 下的 CV 曲线

定，循环寿命长。双电层型电容器的正负极均使用相同的碳材料作为电极活性材料，整个器件的工作原理是基于双电层原理，因此具有性能稳定、使用寿命长等优点。

2. 赝电容电容器

赝电容电容器的电极材料采用赝电容型电极材料。与双电层型电极材料不同的是，赝电容型电极材料在工作过程中其表面会发生可逆而且快速的氧化还原反应，所以会引起电极材料氧化数的变化，这种变化使赝电容型电极材料能产生比双电层电容器更高的比电容。金属氧化物如 RuO$_2$ 和 MnO$_2$ 被视为典型的赝电容电极材料[6]。水电解质中 MnO$_2$ 的典型循环伏安曲线如图 6.5(b) 所示，其也呈近似矩形[7]。与碳材料不同，MnO$_2$ 通过在其表面或近表面发生的可逆法拉第氧化还原反应储存电荷，并且电化学过程是表面控制的[3]。除了金属氧化物外，导电聚合物也被视为赝电容电极材料。图 6.5(c) 所示聚苯胺的循环伏安曲线也具有近似矩形的形状[8]。与碳材料相比，赝电容电极材料可以提供更高的比电容，但循环稳定性相对要差一些。近年来，镍化合物和钴化合物作为超级电容器的电极材料得到了广泛的研究。图 6.5(d) 显示了 Co$_3$O$_4$ 在碱性电解液中的典型循环伏安曲线，其中出现了尖锐的氧化还原峰。这些氧化还原反应是扩散控制的，并且在反应过程中发生相变[9]。Co$_3$O$_4$ 的电容行为不同于 RuO$_2$ 和 MnO$_2$。Brousse 等[10]认为，将 Ni(OH)$_2$、Co$_3$O$_4$ 等材料描述为赝电容材料不合适，他们更倾向于称这些材料为电池型材料。赝电容型电极材料基于快速可逆的氧化还原反应的储能机理拥有比碳材料更高的比电容，但是在循环充放电过程中，其表面结构和成分可能会发生变化，致使其循环稳定性显著低于碳材料。

3. 混合型超级电容器

混合型超级电容器又称为非对称型超级电容器，其正负极是由不同类型的电极材料所构成，在充放电过程中，正负极储能机制不一样。相对而言，对称型超级电容器的电极材料都采用同样的材料，例如，都是双电层电容材料或赝电容材料，在充放电过程中发生同样的储能行为。目前，混合型超级电容器最常用的组合方式为负极采用碳材料，正极采用赝电容材料。这种组合方式可以实现较高的工作电压，通常可达到1.6V左右。图6.6列出了一些常见的电极材料在碱性电解液中的工作电势范围，可据此实现不同材料之间的匹配[11]。

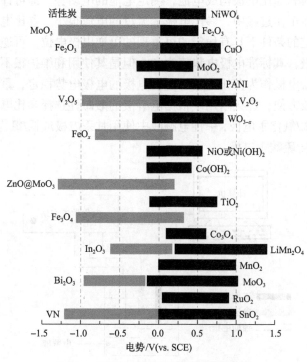

图 6.6　不同电极材料的工作电势区间

6.3　超级电容器电化学性能的测试方法

一般使用三电极的电解池测试电极材料的电化学性能，如图 6.7 所示。电解池连接到电化学工作站，电化学工作站连接电脑，用程序控制电化学工作站的运行。三电极包括工作电极、对电极和参比电极，三个电极同时浸入电解液中。工作电极就是负载了电极活性物质的电极，其制备方法有多种。通常的做法是将电极活性物质和乙炔黑(增强导电性)、聚偏氟乙烯(黏结剂)按照一定的质量比(如80∶10∶10)混合,加少量乙醇,研磨成浆状,涂到集流体(通常采用泡沫镍)上,干燥后得到工作电极。也可在制备电极活性物质时将集流体(如泡沫镍、碳布等)加入反应体系,在反应过程中电极活性物质直接生长在集流体上,经清洗后,裁剪成合适的大小,作为工作电极。利用此种方法时,注意防止集流体参与反应。对电极又称辅助电极,一般采用铂电极(铂丝电极或铂片电极)或者石墨电极。对电极的作用是与工作电极组成回路,以通过电流。在电化学测试过程中,对电极应不影响工作电极上的反应,故常选择铂或石墨这类稳定的物质作为对电极。参比电极在电化学测试过程中作为参照比较的电极测量工作电极的电极电势。其原理是将工作电极和参比电极构成电池,测定电池的电动势,即可计算出工作电极的电极电势。在工作过程中,参比电极上流过的电流很小。参比电极是可逆电极体系,它在规定的条件下具有稳定的可重现的可逆电极电位。可逆氢电极是一个理想的参比电极,其标准电极电势值为 0,但是其使用和维护很不方便。因此,通常使用难溶盐电极作为参比电极,这类电极的电极电势稳定,重现性也很好,使用和维护比较方便,经久耐用。根据电解液的酸碱性选择参比电极,一般碱性电解液中使用汞/氧化汞电极,中性电解液中使用甘汞电极或银/氯化银电极,酸性电解液中使用汞/硫酸汞电极。

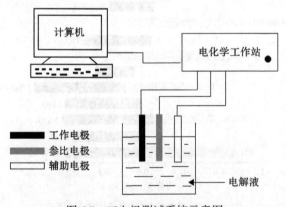

图 6.7　三电极测试系统示意图

6.3.1　循环伏安法

　　循环伏安法是一种常用的动电位暂态电化学测量方法,广泛应用于研究电极反应动力学、机理及可逆性。循环伏安法测试采用三电极体系,对工作电极在一定的电势范围内施加按一定速率线性变化的电位信号(三角波电势信号),当电位达到扫描范围的上(下)限时,再反向扫描。同时记录电位扫描过程中电极上的电流响应。每扫描一周,完成一个循环。将所得的电流-电位数据绘成图,即为循环伏安曲线。在选择测试的电势范围时，应尽量避免电解液的分解，例如，使用水溶液作为电解液时要避免出现析氢和析氧的现象。不同的电解液 pH 不同，在其中进行测试时析氢和析氧的电势就会不同。此外，不同的电极材料析氢和析氧的过电势也往往不同。综上所述，循环伏安法测试的电势范围需要根据所研究的对象及电解液的种类而设定。例如，对于碳材料，以甘汞电极为参比电极，在 1mol/L KOH 溶液中测试时，电势范围选择 $-1\sim0V$，而在 1mol/L H_2SO_4 溶液中测试时，电势范围则改为 $0\sim1V$。

　　通过循环伏安曲线可以了解电极材料的电化学行为，从是否发生电化学反应判断电极材料是双电层型还是赝电容型，电化学可逆性如何。通过改变扫描速率，可以考察电极材料的极化行为。此外，还可通过曲线的积分面积计算电极材料的比电容，相关公式如下：

$$C_s = \frac{1}{mv(V_b - V_a)} \int_{V_a}^{V_b} I dV \tag{6.1}$$

式中，C_s、m、v、I、V_b 和 V_a 分别代表质量比电容(F/g)、活性物质质量(g)、扫描速率(V/s)、放电电流(A)、扫描电势(V)的最高值和最低值。

6.3.2　恒电流充放电法

　　恒电流充放电(galvanostatic charge-discharge)测试是较精确的测量电极材料电容量的方法。其基本原理：对测试电极设定一个恒定的电流，使电极进行充放电，记录电位随时间的变化曲线，根据放电时间进行比电容的计算：

$$C = \frac{I \times \Delta t}{m \times \Delta V} \tag{6.2}$$

式中，C 为测试材料的比电容，F/g；I/m 为电流密度，A/g；Δt 表示材料在该电流密度下的放电时间，s；ΔV 为电势范围，V。ΔV 的选择以 CV 的测试结果为依据，要求在进行恒电流充放电测试的过程中，在电极上不发生电解液的分解。例如，以水溶液为电解质时，ΔV 的选择为在 CV 曲线中不出现析氢或析氧的电势范围。

　　一般来说，电极的比电容随着电流密度的增大而降低。这是由于当电流密度增大时，位于电极内部或近表面的电极活性材料来不及参与电化学反应，使比电容降低。

6.3.3　电化学阻抗谱图

　　电化学阻抗谱(EIS)是一种准稳态电化学技术。电化学阻抗测试用 Nyquist 曲线，能得到相应测试频率下电极材料的电阻值，阻抗图由实部 Zreal(x 轴)和虚部

Zim(y轴)组成，高频区在曲线左侧，低频区则出现在右侧。理想的电容器 Nyquist 曲线是一条垂直线，在电化学领域，一般而言，低频的弧线的半径越小，阻抗越小，则对应的电容就高。

阻抗测试的频率范围一般为 0.01～100kHz，设定电势为 5mV，可用 ZView 等拟合软件对结果进行处理。

6.3.4　能量密度和功率密度

能量密度和功率密度是用来衡量超级电容器器件性能的重要参数，一般不用于衡量三电极体系所测的单个电极。进行器件测试时，采用二电极体系对器件的比电容进行测试。二电极体系与三电极体系相比。根据测得的比电容可计算器件的能量密度和功率密度，公式如下：

$$E = \frac{CU^2}{2 \times 3.6} \tag{6.3}$$

$$P = \frac{3600E}{t} \tag{6.4}$$

式中，E 为测试材料的能量密度，W·h/kg；C 为比电容，F；P 为测试材料的功率密度，W/kg；t 为材料在该相应条件的放电时间，s；U 为器件的工作电压，V。

6.4　超级电容器的电极材料

在超级电容器中，电极材料对超级电容器的性能起着决定性的作用，因此它是超级电容器研究的重点。电极材料的性能对超级电容器的性能起决定性的作用。常用的超级电容器电极材料主要包括碳材料、过渡金属化合物和导电聚合物三大类，以及由这些材料构成的各种复合材料。

6.4.1　碳材料

超级电容器最初所使用的电极材料是碳材料。在 1957 年，Beck 就已申请了基于双电层原理储能的活性炭电极材料的专利。如今，已商业化的超级电容器所使用的电极材料主要为活性炭，这是由于活性炭材料具有比表面积大、孔隙结构可控、导电性良好、耐腐蚀性强、制备电极的工艺简单及价格低廉等优点。目前，应用于超级电容器的碳基材料主要有活性炭、碳纳米管和石墨烯及其衍生物等。

1. 活性炭材料

活性炭具有原材料来源丰富、比表面积大、电化学性能好、稳定性高、成本低等优点，是目前应用最为广泛的一种双电层电容器电极材料。活性炭的比表面积通常可达 $1000\sim3000m^2/g$，并具有较宽的孔径分布。

一般而言，在具有相对较低的比表面积时，活性炭的电容性能随着其比表面积的增大而递增，所以通常使用具有较大比表面积的活性炭来提高双电层电容器的电容量。然而，有研究表明，活性炭的电容性能与其比表面积并不呈直接的正比关系，影响活性炭材料电容性能的因素还有很多，如孔径分布、孔的形状和结构、导电性和表面官能团等，其中影响较大的因素为孔径分布和表面官能团。按照国际纯粹和应用化学联合会(IUPAC)的规定，孔道尺寸可以分为三类：小于 2nm 的为微孔，$2\sim50nm$ 的为介孔，大于 50nm 的为大孔。微孔的比例越高，则比表面积会越大。然而，如果孔的尺寸过小，则不利于离子在其中移动和形成双电层。Salitra 及其合作者[12]提出，在水电解质中，0.4nm 以上的孔径可贡献双电层电容。Beguin 及其合作者得出结论，在水电解质中，双电层电容的最佳孔径为 0.7nm。此外，同一碳材料在水电解质中的电容往往高于在有机电解质中的电容，其中一个重要的原因是有机溶液中电解质离子的有效尺寸比水中的大，使碳材料中存在为数众多的比有机电解质离子更小的孔难以参与双电层储能[13]。较大的孔结构更利于获得较好的电容器性能，但是会牺牲一定的比表面积。因此，如何协调孔结构和比表面积之间的矛盾，成为活性炭电极材料研究的难点。

除了孔径分布外，通过掺杂、氧化等方式对活性炭材料进行处理，在其表面引入有机官能团，也可以提高活性炭材料的电容性能，这是由于这些官能团会影响电解质离子对碳表面的润湿性，并产生额外的赝电容。例如，Mora 等[14]通过对碳表面引入有机功能团，得到高达 245F/g 的比电容。Chen 等通过掺 N，使所制备的活性炭的比电容达到 223F/g[15,16]。但是，有机官能团在长期的使用过程中会发生变化，导致性能的退化。Pandolfo 等[17]概述了具有各种官能团的活性炭材料，指出一些活性表面氧化物和微量水的存在导致电极的不稳定性和有机电解液的分解。因此，需要对活性碳材料的表面官能团进行优化，以提高其长期稳定性。

活性炭材料通常由各种类型的碳质材料(如木材、煤、生物质原料等)经过物理和/或化学活化的方式制备。物理活化通常是指在高温(600~1200℃)下，在水蒸气、二氧化碳和空气等氧化性气体的存在下对碳质原料进行处理。化学活化通常是指用 H_3PO_4、KOH 和 $ZnCl_2$ 等活化剂在较低温度(400~700℃)下对碳质原料进行处理。

物理活化法通常分为两个步骤进行：碳化和活化。首先，在惰性气体保护下，将原料加热碳化；然后，将碳化产物在氧化性气氛(如水蒸气、二氧化碳等)中和

600～1200℃条件下活化，使碳化产物中高反应活性位点部分与这些气体发生反应，从而形成多孔结构。物理活化法具有操作简单、生产工艺清洁、对设备的腐蚀小、对环境的污染也很小等诸多优点，因此当前工业上制备活性炭材料通常采用这种方法。在利用物理活化法制备活性炭的过程中，影响活性炭孔隙率的因素有很多，其中主要包括原料的性质、碳化和活化的条件(如碳化温度、碳化时间、活化温度、活化时间及活化剂种类等)。但是利用这种方法得到活性炭的电容性能并不太理想。比如，Tamai 等[18]利用乙酰丙酮钇和偏二氯乙烯的共聚物为碳前驱体及水蒸气和二氧化碳作为活化剂，通过物理活化法得到活性炭的比表面积分别为 $2400m^2/g$ 和 $2900m^2/g$。虽然得到的活性炭的比表面积很高，但是当电流密度为 $10mA/cm^2$ 时测定的质量比电容都很小。

　　近些年来，研究人员利用天然的生物质作为原料经高温碳化获得活性炭材料。由于这些天然的生物质本身结构较为疏松，因此无需进行物理活化即可获得具有较高比表面积的活性炭材料。例如，Pu 等[19]以莲蓬为原料，在氩气保护下，600℃煅烧 1h，获得活性炭材料(图 6.8)。SEM 观察显示所制备的碳材料均是由许多不

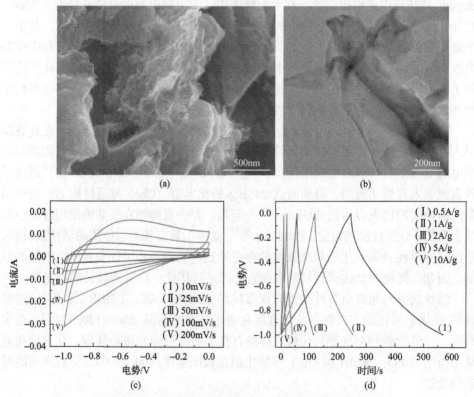

图 6.8　以莲蓬为原料所制备活性炭材料的 SEM 图(a)、TEM 图(b)、
循环伏安曲线(c)、恒流充放电曲线图(d)

规则的颗粒组成，进一步观察发现这些碳颗粒中存在很多小的薄片。高分辨 TEM
照片显示产物为非晶。氮气吸附-脱附测试显示产物具有多孔结构，比表面积为
$563.4m^2/g$，孔径平均为 2.2nm。该材料的循环伏安曲线显示了典型的双电层型材
料的电化学行为。在循环伏安曲线上看不到明显的氧化还原峰。恒流充放电曲线
类似锯齿形。经计算，在 1A/g 电流密度下，比电容为 138.7F/g。经过了 10000 次
恒电流充放电后，依然保持最初比电容的 95.4%。

化学活化法采用活化剂溶液浸渍含碳原料，在一定的温度下进行碳化和活化。
通常采用的活化剂有 KOH、NaOH、K_2CO_3、H_3PO_4、$ZnCl_2$ 等。虽然这些活化剂
的作用机理各不相同，但是都可以使原料中的氢和氧以水的形态分解。通常利用
化学活化法得到的活性炭具有活化温度低、活化时间短、比表面积高等特点。与
物理活化法相比，通过化学活化法得到的活性炭材料具有较大的比表面积和较高
的孔隙率，更适合用作超级电容器的电极材料。比如，Zhu 等[20]利用氧化石墨为
碳源和 KOH 为活化剂，通过化学活化法得到活性炭的比表面积高达 $3100m^2/g$，
电容性能较好。通过调节活化参数可以有效地控制活性炭的孔径分布、孔隙率和
表面性质。

模板碳化法是一种新近兴起的制备活性炭材料的方法。该方法采用纳米孔隙
结构的材料作为模板，向其孔隙中注入碳前驱体，并通过高温碳化和去除模板，
即可得到具有微观和宏观可控结构的活性炭材料。模板碳化法的最大特点是不需
要物理和化学活化，通过更改模板或者模板的孔结构，可以实现活性炭分级孔径
结构的调控。模板法应遵循以下三个原则：易于制备，稳定性好，易于去除。通
常按照模板的不同，模板碳化法可以分为硬模板法和软模板法。硬模板法采用具
有刚性骨架结构的材料如介孔二氧化硅、有机金属框架材料等作为模板制备活性
炭材料；软模板法利用结构导向剂的自组装作用得到有序的有机-无机和有机-有
机复合结构，通过高温热处理脱除模板，获得活性炭材料。

2. 碳纳米管

碳纳米管是由 Iijima 于 1991 年制备富勒烯时发现的一种新型管状纳米碳材
料。根据管壁的层数，碳纳米管一般分为单壁碳纳米管和多壁碳纳米管。由于具
有结晶度高、导电性好、热稳定性好、孔径集中且大小可控等优点，碳纳米管迅
速成为世界范围内研究的热点之一。

近些年来，碳纳米管在超级电容器领域受到了广泛的关注。对于超级电容器
的电极材料而言，良好的导电性是实现优秀电化学性能的前提。碳纳米管具有良
好的导电性及开放的管状结构，通常被认为是高功率电极材料的选择。碳纳米管
的孔径大多在 2nm 以上，特别有利于双电层的形成。然而，与活性炭材料相比，
碳纳米管的比表面积(通常为 $500m^2/g$)要小得多。例如，Niu 等[21]报道了一种基于

多壁碳纳米管的超级电容器电极，比表面积为 $430m^2/g$，在酸性电解液中显示出 $102F/g$ 的比电容。作为双电层型电极材料，碳纳米管较低的比表面积显然不利于获得高的比电容。此外，目前碳纳米管的生产成本高，导致其价格昂贵。这些缺点限制了碳纳米管作为超级电容器电极材料的应用前景。综合考虑碳纳米管的优缺点，目前碳纳米管主要是以复合材料的形式用于超级电容器领域。当碳纳米管与赝电容材料复合后，所形成的复合材料兼具有双电层电容和法拉第赝电容特性。同时，碳纳米管的高导电性也有利于提高复合材料的电化学性能。例如，Hu 等[22]将碳纳米管同聚吡咯复合在一起，所制备的产物比电容高达 $587F/g$；Fang 等[23]在碳纳米管中掺 Ni，使其比电容达到 $359F/g$。

3. 石墨烯及其衍生物

石墨烯(graphene)是一种由碳原子构成的单层片状结构的新型材料，被公认为世界上现有的最薄但最坚硬的材料。作为一种二维碳原子单原子层纳米材料，石墨烯是石墨的基本组成单元，大量研究表明石墨烯具有特殊的电子特性，同时，由于是单层的片状结构，石墨烯片层的两边均可以形成双电层，另外石墨烯的皱褶及叠加效果，可以形成纳米孔道和纳米空穴，这有利于电解液的扩散，因此石墨烯及其衍生物作为超级电容器电极材料具有良好的功率特性。Ye 等[24]用低温剥落法制备出片层状石墨烯，其比电容达到 $315F/g$；Lai 等[25]制备出三维结构的石墨烯和聚苯胺复合材料，作为电极材料时比电容提高到 $500F/g$。

6.4.2 过渡金属化合物

碳材料作为电容器材料利用的是双电层电容。过渡金属化合物用作电极材料时，电极活性物质发生了快速可逆的氧化还原反应，导致其电容大于双电层电容器，如过渡金属氢氧化物、过渡金属氧化物和过渡金属硫化物。

1. 过渡金属氢氧化物

过渡金属氢氧化物因其较高的理论电容量获得了广泛的关注。目前研究较多的过渡金属氢氧化物主要是基于钴和镍的氢氧化物。$Ni(OH)_2$ 的理论比电容为 $2082F/g$。Wang 等[26]合成出的 β-$Ni(OH)_2$ 多孔微球在 $2.2A/g$ 时的比电容达到了 $1028.5F/g$；Dubal 等[27]利用化学沉积法制备的 $Ni(OH)_2$ 纳米薄片，其比电容达到了 $462F/g$。

相对于单金属氢氧化物而言，层状双金属氢氧化物(LDH)具有组成高度可调等优点，在超级电容器领域获得广泛的关注。例如，Pu 等[28]通过水热法合成了 Ni-Co 双氢氧化物纳米片电极材料，如图 6.9 所示，在 $6A/g$ 电流密度下比电容为 $1733.8F/g$。但是，过渡金属氢氧化物电极材料的循环稳定性往往不够好，经几百次充放电循环后就会出现明显的容量衰减。为了解决这一问题，研究人员将过渡金属氢氧化物与其他材料形成复合材料，如石墨烯-双氢氧化物、金属硫化物-双氢氧化物等。例如，Zhang 等[29]通过水热结合电沉积的方法合成了负载在泡沫镍上的 CoAl-LDH/NiCo$_2$S$_4$纳米复合材料，该复合材料在 2mA/cm^2 的电流密度下表现出 760C/g 的比电容，当电流密度增大到 10mA/cm^2 时，倍率性能达到 78.94%，经 5000 次充放电循环后，容量保持率可达 96.39%，均大大优于 CoAl-LDH。Sun 等[30]通过浸涂法在泡沫镍负载的 NiMn-LDH 纳米片上修饰了一层还原氧化石墨烯。还原氧化石墨烯层作为电极上额外的集流体，带来了高效的电子和离子传输性能，并增强了 NiMn-LDH 的氧化还原反应活性。

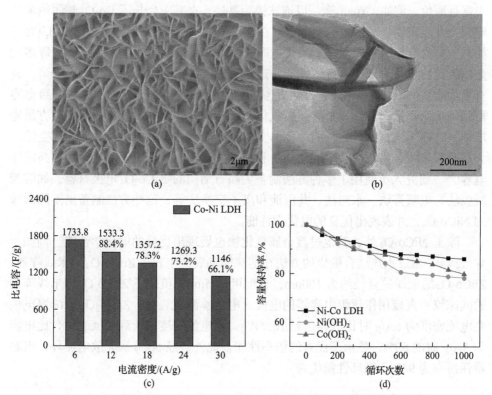

图 6.9　Ni-Co 双氢氧化物纳米片的形貌及电化学性能

(a) SEM 图；(b) TEM 图；(c) 比电容随放电电流密度的变化图；(d) 比电容保持率随充电循环次数的
变化图，包括 Co(OH)$_2$纳米片和 Ni(OH)$_2$纳米片的对比

2. 过渡金属氧化物

过渡金属氧化物是一类重要的超级电容器电极材料。其中，RuO$_2$ 和 MnO$_2$ 是典型的赝电容型电极材料。RuO$_2$ 是最早应用于超级电容器的赝电容材料。由于

RuO_2在工作电势范围内存在三种不同的氧化态,因此其循环伏安曲线和恒流充放电曲线均没有明显的氧化还原峰,而是显示出类似于碳材料的循环伏安曲线和恒流充放电曲线的形状。同时,RuO_2具有优良的导电性和离子传导性,因而表现出较好的倍率性能和循环稳定性。但是,Ru 是一种贵金属,储量稀少,导致 RuO_2价格昂贵,同时,RuO_2还有一定的毒性。以上这些缺点限制了 RuO_2在超级电容器领域的实际应用。MnO_2虽然有类似于 RuO_2的赝电容特性,但是其导电性较弱,因而 MnO_2实际表现出的性能,如比电容、倍率性能及循环稳定性等都较差。

近年来,一些第一过渡系金属的氧化物,例如 V_2O_5、Fe_3O_4、Co_3O_4和 NiO 等被广泛应用于超级电容器领域。相对于 RuO_2来说,这些过渡金属氧化物来源丰富且廉价。例如,Yuan 等[31]以泡沫镍为基底,在其上生长了 Co_3O_4超薄纳米片阵列,并直接用作超级电容器电极,在 2A/g 电流密度下测得比电容为 2735F/g。相对于只含有单一金属离子的氧化物而言,$NiCo_2O_4$、$ZnCo_2O_4$和 $NiMoO_4$等多元金属氧化物往往表现出更好的性能,这是由于这些多元金属氧化物阳离子多,具有更加丰富的氧化还原特性。其中,尖晶石型的 $NiCo_2O_4$是近些年来在超级电容器领域被研究最多的二元过渡金属氧化物,在其晶体结构中氧离子形成立方最密堆积,钴离子占据二分之一的八面体空隙,镍离子占据八分之一的四面体空隙。大量研究表明,$NiCo_2O_4$具有比 NiO 和 Co_3O_4这些单一阳离子的氧化物更高的比电容[32]。研究人员使用了多种方法制备尖晶石结构的 $NiCo_2O_4$电极材料,如溶胶凝胶法、电喷雾法、水热法、共沉淀和离子交换法等,这些方法制备出不同形貌的 $NiCo_2O_4$,并表现出优良的电化学性能。

除了 $NiCo_2O_4$外,其他过渡金属氧化物也展现出优异的电化学性能。例如,Wang 等[33]通过水热结合煅烧的方法在泡沫镍基底上生长了 $ZnCo_2O_4$纳米线阵列,$ZnCo_2O_4$纳米线的直径约为 100nm,长度可达 5μm。负载了 $ZnCo_2O_4$纳米线阵列的泡沫镍可直接用作超级电容器的电极。电化学测试表明,$ZnCo_2O_4$/泡沫镍电极在电流密度为 5A/g 时比电容达到 1625F/g,当电流密度增大到 80A/g 时,比电容为 5A/g 时的 59%,显示了优秀的倍率性能。此外,经 5000 次充放电循环,电容量保持率为 94%,循环性能优秀。

3. 过渡金属硫化物

过渡金属硫属化合物,包括硫化物和硒化物,也被广泛应用于超级电容器电极材料,尤其是过渡金属硫化物关注度非常高。相对于过渡金属氧化物和氢氧化物而言,过渡金属硫化物导电性好,有利于电极活性物质充分参与电化学储能过程。在过渡金属硫化物中,钴和镍的单金属硫化物如 NiS、Ni_2S_3、Co_9S_8和 Co_3S_4等,以及多元硫化物 $NiCo_2S_4$、$MnCo_2S_4$等被广泛地报道。其中,尖晶石型 $NiCo_2S_4$由于其优良的导电性、稳定性及出色的电化学性能,受到了尤其广泛的关注。尖

晶石型 $NiCo_2S_4$ 的晶体结构与 $NiCo_2O_4$ 十分相似,将氧离子换成硫离子即为 $NiCo_2S_4$ 的晶体结构。X 射线光电子能谱表明 $NiCo_2S_4$ 晶体中镍和钴的离子均有二价和三价两种价态[34]。2015 年,Xia 等[35]提出 $NiCo_2S_4$ 实际上具有金属的导电性而不是半导体的导电性。$NiCo_2S_4$ 优秀的导电性使其作为超级电容器电极材料时,能获得更加出色的电化学性能。与单一组分硫化物如硫化镍和硫化钴相比,$NiCo_2S_4$ 的性能明显更好。研究人员采用多种方法合成了 $NiCo_2S_4$ 并作为超级电容器的电极材料,如空心 $NiCo_2S_4$ 六角片、$NiCo_2S_4$ 纳米管阵列、海胆状 $NiCo_2S_4$、介孔 $NiCo_2S_4$ 纳米颗粒、$NiCo_2S_4$ 片状阵列。

　　虽然相对于过渡金属氧化物等而言,过渡金属硫化物具有较好的导电性,但是作为超级电容器电极材料,在大电流密度下,其导电性难以满足要求,且过渡金属硫化物的赝电容性能是基于其表面发生的氧化还原反应,而这些反应的动力学速率较慢,导致其倍率性能以及循环稳定性不佳。因此,研究人员通过设计特殊的纳米结构,以达到增大与电解液的接触面积,缩短电子/离子的传输路径等,进而提高其电化学性能。Kong 等[36]通过两步水热反应制备了负载在泡沫镍上的同质核壳结构的 $NiCo_2S_4$ 纳米材料。如图 6.10 所示,这种材料的核和壳的成分均为 $NiCo_2S_4$,其中核为 $NiCo_2S_4$ 纳米管,壳为 $NiCo_2S_4$ 纳米片。当作为超级电容器电极材料时,这种同质核壳结构相对于单一的纳米管或纳米片具有一定的优势。纳米管的比表面积相对偏小。纳米片虽然比表面积更大一些,但是很容易堆积或者团聚在一起,使其得不到充分的利用。而在同质核壳结构的 $NiCo_2S_4$ 纳米材料中,纳米片生长在纳米管的表面,纳米管能为纳米片提供有效的支撑,避免其相互之间发生堆积或团聚,从而提高其利用率。电化学测试结果显示,在电流密度为 1A/g 时,电极的比电容达 1948F/g,电流密度为 20A/g 时比电容为 1546F/g,经 5000 次循环充放电测试后比电容保持率为 94%。与 $NiCo_2S_4$ 纳米管相比,同质核壳结构 $NiCo_2S_4$ 纳米材料的电化学性能优势明显。He 等[37]以泡沫镍为基底,采用阴离子交换反应合成了三维多孔网状结构的 $Ni_3S_2/CoNi_2S_4$ 复合材料。该复合材料特殊的结构使其具有较大的比表面积。在 2A/g 的电流密度下比电容高达 2435F/g,将电流密度提高至 50A/g,比电容为 1440F/g,显示了良好的倍率性能。Guan 等[38]采用多步的离子交换反应制备了洋葱状的 $NiCo_2S_4$ 颗粒,该 $NiCo_2S_4$ 颗粒的壳是中空的,具有较大的比表面积且能与电解液充分接触,在电流密度为 2A/g 和 20A/g 的条件下,比电容分别为 1061F/g 和 802F/g。

　　然而,一些研究结果显示过渡金属硫化物的循环稳定性不够理想。造成这一结果的原因是在碱性电解液中硫化物容易被氧化,另外,在大电流密度下,一些纳米结构不够稳定,容易发生粉化并从集流体上脱落。针对这些问题,研究人员尝试将过渡金属硫化物与其他材料形成复合材料,充分发挥不同材料的优点及协同作用。例如,Chen 等[39]通过水热法合成了红毛丹状 $NiCo_2S_4@MnO_2$ 复合材料。

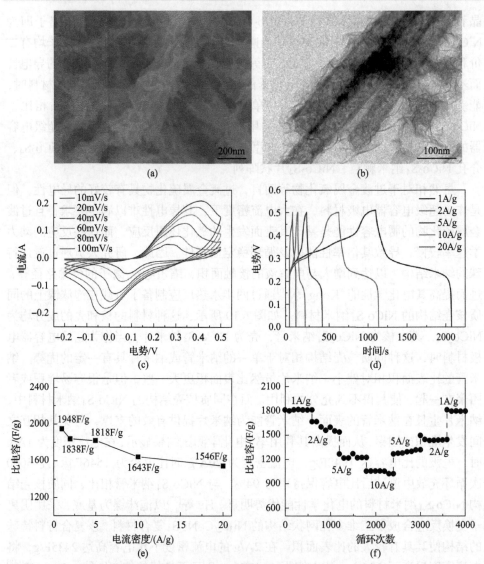

图 6.10　同质核壳结构的 $NiCo_2S_4$ 纳米材料的 SEM 图 (a) 和 TEM 图 (b)、不同电流
密度下的循环伏安曲线 (c)、不同电流密度下的充放电曲线 (d)、
比电容随电流密度的变化曲线 (e) 及循环性能 (f)

该复合材料相对于单一的材料具有更大的比表面积和丰富的活性位点。当电流密
度从 1A/g 增加到 10A/g 时，比电容保持率为 78.6%；并在此电流密度下持续循环
2000 次后其比容量保持率高达 86.8%，表现出良好的电化学性能。Gao 等[40]通过
水热方法制备了 $NiCo_2S_4$/石墨烯复合材料。该 $NiCo_2S_4$/石墨烯复合材料是通过将
微小的 $NiCo_2S_4$ 纳米粒子锚定在石墨烯片上而构建的。由于 $NiCo_2S_4$ 纳米粒子和
石墨烯的协同效应，$NiCo_2S_4$/石墨烯复合材料表现出比单纯的 $NiCo_2S_4$ 更好的电容

性能，如更高的比电容和更好的循环稳定性。Fan 等[41]通过水热法将 $NiCo_2S_4$ 纳米片与 rGO 结合在一起，构建了 $NiCo_2S_4$/rGO 复合材料。得益于复合材料精巧的结构和 rGO 优异的导电性，$NiCo_2S_4$/rGO 复合材料显示出比原始 $NiCo_2S_4$ 更高的比电容和循环稳定性。

4. 其他过渡金属化合物

其他过渡金属化合物，如过渡金属硒化物、碳化物和氮化物等也被尝试应用于超级电容器领域。与过渡金属硫化物类似，过渡金属硒化物也具有导电性良好的优点。Wang 等[42]采用牺牲模板法合成了 $Co_{0.85}Se$ 纳米管，并探究了其作为超级电容器电极材料的性能。首先通过水热法合成了 $Co(CO_3)_{0.35}Cl_{0.20}(OH)_{1.10}$ 纳米棒，然后以 $Co(CO_3)_{0.35}Cl_{0.20}(OH)_{1.10}$ 纳米棒为牺牲模板，与 NaHSe 溶液反应，获得 $Co_{0.85}Se$ 纳米管。该 $Co_{0.85}Se$ 纳米管在 1A/g 电流密度下比电容为 216F/g。Wang 等[43]使用化学气相沉积法合成了三维分级的 $GeSe_2$ 纳米结构并应用于柔性全固态超级电容器，该材料在 1A/g 电流密度下的比电容为 300F/g。在制作柔性全固态超级电容器时，使用了两种结构，包括叠层结构和平面结构，这两种结构的全固态柔性超级电容器器件均表现出优异的倍率性能和高可逆性，且电容损耗很小。此外，他们还成功地使用该柔性超级电容器为一个基于 CdSe 纳米线的光电探测器供电。童叶翔教授及其工作团队[44]采用先水热后氮化的方法在碳布上成功生长出 TiN 纳米丝阵列，并将其制备成固态超级电容器，该器件的单位体积能量密度达到了 $0.05mW \cdot h/cm^3$，经过 15000 次的充放电循环后，电容量保持率达到了 83%。

6.4.3 导电聚合物

对导电聚合物的研究可以追溯到 20 世纪 60 年代。2000 年，诺贝尔化学奖颁给了 A. G. MacDiarmid、A. J. Heeger 和 H. Shirakawa，以表彰他们通过碘掺杂显著提高聚乙炔导电性的贡献。导电聚合物具有金属导电性或者半导体的导电特性。此外，还有一些导电聚合物具有赝电容特性，可用于超级电容器，如聚吡咯(PPy)、聚苯胺(PANI)、聚噻吩(PTh)及其衍生物聚乙烯二氧噻吩(PEDOT)等，这些导电聚合物的赝电容特性由其 n 型或 p 型掺杂，或去掺杂的氧化还原反应来实现。这些反应也是快速和可逆的，因此与过渡金属氧化物的赝电容特性很相似。但是在电化学反应过程中，电荷进入导电聚合物内部发生反应，会伴随导电聚合物链条的持续溶胀和收缩过程，导致离子载体扩散能力不足，因此其性能相对于过渡金属化合物要差一些。

高分子导电聚合物具有导电性好、柔韧性好、易于合成且成本较低等优点，在超级电容器领域获得了大量的关注。但是，导电聚合物的循环性能往往较差。

研究人员将导电聚合物与其他电极材料复合，以改善其电化学性能。在复合材料中，导电聚合物不仅参与电荷储存，而且能形成导电网络，改善复合材料的导电性能。合成导电聚合物复合材料一般是通过多步反应实现的，其中电沉积法经常用于将导电聚合物沉积到其他物质的表面。He 等[45]通过水热反应和随后的化学氧化聚合反应制备了花瓣状 $NiCo_2S_4$@PANI 复合材料，所制备的 $NiCo_2S_4$@PANI 电极具有比 $NiCo_2S_4$ 更高的比电容和倍率性能。以 $NiCo_2S_4$@PANI 和活性炭分别作为正极和负极材料，制备了柔性全固态非对称超级电容器。该装置在功率密度为 0.79kW/kg 时能量密度达到 54.06W·h/kg，当功率密度为 27.1kW/kg 时能量密度为 15.9W·h/kg。Chen 等[46]通过水热反应和随后的电沉积方法制备了一种 $NiCo_2S_4$@PPy 复合材料。该 $NiCo_2S_4$@PPy 复合材料具有核壳结构，其中 $NiCo_2S_4$ 纳米片作为核，PPy 作为壳。这种核壳结构使其能充分接触电解液。该复合材料在 $5mA/cm^2$ 电流密度下比电容达到 $800mA·h/cm^2$。利用 $NiCo_2S_4$@PPy 和活性炭分别为正极和负极材料，组装了混合型超级电容器，该电容器在功率密度为 200W/kg 时的能量密度达到 60.8W·h/kg，功率密度为 4362W/kg 时能量密度为 31W·h/kg。

6.5　超级电容器电解液与隔膜

6.5.1　水系电解液

水系电解液是最早用于超级电容器的电解液，也是目前超级电容器电解液的重点关注对象。水系电解液一般是强酸、强碱或中性盐的水溶液，具有超高的电导率，可使超级电容器具有低的内部阻抗，有利于超级电容器的大电流充放电。此外，水系电解液中的无机离子半径小，很容易进入电极材料的微孔内，有利于在电极材料内的扩散和传输。但是，水的电化学稳定区间较窄，其理论分解电压仅 1.23V，因此采用水系电解液时，超级电容器的工作电压一般较低。

电解质的选择取决于电极材料的类型。对于双电层型超级电容器，其储存电荷的原理是基于在电极表面形成的双电层，而不发生电化学反应，因此，从理论上来说，酸性、碱性和中性的电解液均可以胜任。对于赝电容型超级电容器，其储存电荷的原理是基于在电极材料表面发生的电化学反应，电解液中的电解质是参与电化学反应的。不同类型的电极材料发生的电化学过程不尽相同，因此对于电解质的选择往往是个性化的。

1. 酸性水系电解液

常用的酸性水系电解液的电解质为硫酸。使用硫酸的水溶液作为电解液，具有成本低、电导率高、内阻低等优点。但是，稀硫酸腐蚀性较大，集流体不能用金属材料。除了硫酸之外，磷酸、甲烷磺酸等也被尝试作为水系电解液的电解质。有一些赝电容型电极材料，如过渡金属氧化物等，易与硫酸发生反应，因此采用这类电极材料时不能使用硫酸作为电解质。

2. 碱性水系电解液

常用的碱性水系电解液的电解质为 KOH。KOH 电解液同样具有成本低、电导率高、内阻低等优点。由于金属镍具有耐碱性，因此可以使用金属镍作为碱性电解液中的集流体。过渡金属氧化物和硫化物等赝电容材料在 KOH 溶液中是稳定的。碱性电解液的一个严重的缺点是爬碱现象，电解液易于从密封处渗漏出来，对器件造成腐蚀。

3. 中性水系电解液

中性水系电解液的电解质为中性的盐类，如 KCl、Na_2SO_4 等。这些电解质的腐蚀性相对于强酸和强碱来说弱得多，且同样具有成本低、电导率高、内阻低等优点。

6.5.2　有机电解液

有机电解液的电化学稳定区间相对于水溶液来说更宽一些，因此，使用有机电解液时，超级电容器能够获得更高的工作电压。一般商用的采用水系电解液的超级电容器的工作电压约 0.9V，而采用有机电解液的超级电容器较为普遍的工作电压约 2.7V。超级电容器的能量密度与工作电压的平方成正比，因此更高的工作电压也就意味着更高的能量密度。超级电容器使用的有机电解液采用有机溶剂溶解有机电解质的方式获得。有机溶剂与锂离子电池所使用的类似，主要有碳酸丙烯酯(PC)、碳酸乙烯酯(EC)、乙基甲基碳酸酯(EMC)、碳酸二甲酯(DMC)和 γ-丁内酯(GBL)等酯类溶剂，以及乙腈(AN)，N,N 二甲基甲酰胺(DMF)等。电解质主要有季铵盐和锂盐，如四氟硼酸锂($LiBF_4$)、六氟磷酸锂($LiPF_6$)、四氟硼酸四乙基胺($TEABF_4$)等。

6.5.3　隔膜

超级电容器的隔膜位于两个电极之间，与电极一起完全浸润在电解液中。隔膜的作用主要是两个，一是将正负极隔离，防止正负极之间发生电子的直接转移，即发生内部短路。二是作为离子通道，将正负极连接成一个有机的整体。因此，超级电容器隔膜需符合如下要求：①隔膜所用材料是电子导体的绝缘体，隔离性能好，可防止两极之间接触造成的内部短路，但电解液能顺畅通过；②隔膜厚度均一，孔径大小均匀；③隔膜在电解液中化学性质稳定，尺寸稳定，有一定的机械强度和热稳定性；④隔膜对电解液的浸透性能好，浸透率高，浸透速度快，且有储存电解液的功能；⑤隔膜的电解液离子通过能力强。

6.6　超级电容器展望

　　总体而言，超级电容器所具有的优越的循环稳定性和超快的充放电特性使其在电能存储领域拥有广阔的应用前景。然而，目前商业化的超级电容器主要使用碳材料作为电极材料，其能量密度大约为 $10W \cdot h/kg$，甚至低于铅酸电池的能量密度（$23 \sim 28W \cdot h/kg$）。如此低的能量密度大大制约了其实际应用。因此，迫切需要提高超级电容器的能量密度，同时保持其优秀的循环稳定性。以氧化还原反应为储能机制的赝电容电容器具有较高的理论电容量，是超级电容器研究的重点。然而，相对于碳材料而言，赝电容电极材料的循环稳定性则有一定的差距。针对这些问题，可从如下几个方面进行尝试。

　　(1)电极材料的纳米化。材料的尺寸越小，比表面积越大。超级电容器电极材料，无论是双电层型的还是赝电容型的，其储能过程均主要发生在材料的表面。因此，通过降低材料粒径，增加材料的比表面积，可提高其比电容。同时，较小的粒径还有利于实现短距离的离子输运和较快的电子传导。

　　(2)材料的复合。目前，研究报道的赝电容材料的实际电容量距离理论容量还有一定的差距。其中重要的阻碍来自电极材料较差的导电性，使实际参与电化学过程的活性物质的比例较低。通过不同材料的复合，可改善材料的导电性，提高其电化学性能。此外，不同材料之间还可产生协同效应，也有利于获得更好的电化学性能。

　　(3)非对称型超级电容器的研究。非对称型超级电容器具有比对称型超级电容器更高的工作电压，有利于实现更高的能量密度。目前所报道的非对称型超级电容器主要使用碳材料作为负极材料，赝电容型电极材料作为正极材料。然而，这些器件的能量密度并不令人满意。此外，通常在计算器件的能量密度时仅考虑了活性材料的总质量。事实上，超级电容器包含活性材料、集流体、电解液和外壳。因而，文献报道的超级电容器的实际能量密度低于所报道的值。由于非对称型超级电容器正负极材料是不同的，其中碳材料的比电容通常远低于赝电容材料的比电容，为了实现正负极容量的匹配，则需要使用较多的碳材料，这就限制了非对称型超级电容器的能量密度的进一步提升。为了有效解决这一问题，需要补足负极材料的短板。有两种可能的方法来解决这个问题。第一种方法是使用电解质添加剂，它可以在碳材料表面引入氧化还原反应，从而提高碳材料的比电容。第二种方法是寻找碳材料的替代物质。

　　总的来说，虽然目前超级电容器领域已经取得很大的进步，但是想要实现超级电容器的大规模商业化仍然需要研究者们付出更大的努力。

参 考 文 献

[1] Simon P, Gogotsi Y. Materials for electrochemical capacitors. Nature Materials, 2008, 7(11): 845-854.

[2] 江奇, 瞿美臻, 张伯兰, 等. 电化学超级电容器电极材料的研究进展. 无机材料学报, 2002, 17(4): 649-656.

[3] Simon P, Gogotsi Y, Dunn B. Where do batteries end and supercapacitors begin? Science, 2014, 343(6176): 1210-1211.

[4] Zhang L L, Zhao X S. Carbon-based materials as supercapacitor electrodes. Chemical Society Reviews, 2009, 38(9): 2520-2531.

[5] 孟庆函, 刘玲, 宋怀河, 等. 炭气凝胶为电极的超级电容器电化学性能的研究. 无机材料学报, 2004, 19(3): 593-598.

[6] Salanne M, Rotenberg B, Naoi K, et al. Efficient storage mechanisms for building better supercapacitors. Nature Energy, 2016, 1: 16070.

[7] Toupin M, Brousse T, Belanger D. Influence of microstucture on the charge storage properties of chemically synthesized manganese dioxide. Chemistry of Materials, 2002, 14(9): 3946-3952.

[8] Gupta V, Miura N. High performance electrochemical supercapacitor from electrochemically synthesized nanostructured polyaniline. Materials Letters, 2006, 60(12): 1466-1469.

[9] Xiong S, Yuan C, Zhang M, et al. Controllable synthesis of mesoporous Co_3O_4 nanostructures with tunable morphology for application in supercapacitors. Chemistry-A European Journal, 2009, 15(21): 5320-5326.

[10] Brousse T, Belanger D, Long J W. to be or not to be pseudocapacitive? Journal of the Electrochemical Society, 2015, 162(5): A5185-A5189.

[11] Yan J, Wang Q, Wei T, et al. Recent advances in design and fabrication of electrochemical supercapacitors with high energy densities. Advanced Energy Materials, 2014, 4(4): 1300816.

[12] Salitra G, Soffer A, Eliad L, et al. Carbon electrodes for double-layer capacitors - I . Relations between ion and pore dimensions. Journal of the Electrochemical Society, 2000, 147(7): 2486-2493.

[13] Raymundo-Pinero E, Kierzek K, Machnikowski J, et al. Relationship between the nanoporous texture of activated carbons and their capacitance properties in different electrolytes. Carbon, 2006, 44(12): 2498-2507.

[14] Mora Jaramillo M, Mendoza A, Vaquero S, et al. Role of textural properties and surface functionalities of selected carbons on the electrochemical behaviour of ionic liquid based-supercapacitors. RSC Advances, 2012, 2(22): 8439-8446.

[15] Zhang Z J, Chen C, Cui P, et al. Nitrogen-doped porous carbons by conversion of azo dyes especially in the case of tartrazine. Journal of Power Sources, 2013, 242: 41-49.

[16] 陈崇. 利用模板法合成氮掺杂多孔炭材料及超电容性能研究. 合肥: 合肥工业大学硕士学位论文, 2014.

[17] Pandolfo A G, Hollenkamp A F. Carbon properties and their role in supercapacitors. Journal of Power Sources, 2006, 157(1): 11-27.

[18] Tamai H, Kunihiro M, Morita M, et al. Mesoporous activated carbon as electrode for electric double layer capacitor. Journal of Materials Science, 2005, 40(14): 3703-3707.

[19] Pu J, Cui F, Chu S, et al. Preparation and electrochemical characterization of hollow hexagonal $NiCo_2S_4$ nanoplates as pseudocapacitor materials. ACS Sustainable Chemistry & Engineering, 2014, 2(4): 809-815.

[20] Zhu Y, Murali S, Stoller M D, et al. Carbon-based supercapacitors produced by activation of graphene. Science, 2011, 332(6037): 1537-1541.

[21] Niu C M, Sichel E K, Hoch R, et al. High power electrochemical capacitors based on carbon nanotube electrodes. Applied Physics Letters, 1997, 70(11): 1480-1482.

[22] Hu Y, Zhao Y, Li Y, et al. Defective super-long carbon nanotubes and polypyrrole composite for high-performance supercapacitor electrodes. Electrochimica Acta, 2012, 66: 279-286.

[23] Fang Y, Jiang F, Liu H, et al. Free-standing Ni-microfiber-supported carbon nanotube aerogel hybrid electrodes in 3D for high-performance supercapacitors. RSC Advances, 2012, 2(16): 6562-6569.

[24] Ye J, Zhang H, Chen Y, et al. Supercapacitors based on low-temperature partially exfoliated and reduced graphite oxide. Journal of Power Sources, 2012, 212: 105-110.

[25] Lai L, Yang H, Wang L, et al. Preparation of supercapacitor electrodes through selection of graphene surface functionalities. ACS Nano, 2012, 6(7): 5941-5951.

[26] Wang Y, Gai S, Li C, et al. Controlled synthesis and enhanced supercapacitor performance of uniform pompon-like β-Ni(OH)$_2$ hollow microspheres. Electrochimica Acta, 2013, 90: 673-681.

[27] Dubal D P, Fulari V J, Lokhande C D. Effect of morphology on supercapacitive properties of chemically grown β-Ni(OH)$_2$ thin films. Microporous and Mesoporous Materials, 2012, 151: 511-516.

[28] Pu J, Tong Y, Wang S, et al. Nickel-cobalt hydroxide nanosheets arrays on Ni foam for pseudocapacitor applications. Journal of Power Sources, 2014, 250: 250-256.

[29] Zhang X, Wang S, Xu L, et al. Controllable synthesis of cross-linked CoAl-LDH/NiCo$_2$S$_4$ sheets for high performance asymmetric supercapacitors. Ceramics International, 2017, 43(16): 14168-14175.

[30] Sun L, Zhang Y, Zhang Y, et al. Reduced graphene oxide nanosheet modified NiMn-LDH nanoflake arrays for high-performance supercapacitors. Chemical Communications, 2018, 54(72): 10172-10175.

[31] Yuan C, Yang L, Hou L, et al. Growth of ultrathin mesoporous Co$_3$O$_4$ nanosheet arrays on Ni foam for high-performance electrochemical capacitors. Energy & Environmental Science, 2012, 5(7): 7883-7887.

[32] Chen H, Jiang J, Zhang L, et al. Facilely synthesized porous NiCo$_2$O$_4$ flowerlike nanostructure for high-rate supercapacitors. Journal of Power Sources, 2014, 248: 28-36.

[33] Wang S, Pu J, Tong Y, et al. ZnCo$_2$O$_4$ nanowire arrays grown on nickel foam for high-performance pseudocapacitors. Journal of Materials Chemistry A, 2014, 2(15): 5434-5440.

[34] Pu J, Kong W, Lu C, et al. Directly carbonized lotus seedpod shells as high-stable electrode material for supercapacitors. Ionics, 2015, 21(3): 809-816.

[35] Xia C, Li P, Gandi A N, et al. Is NiCo$_2$S$_4$ really a semiconductor? Chemistry of Materials, 2015, 27(19): 6482-6485.

[36] Kong W, Lu C, Zhang W, et al. Homogeneous core-shell NiCo$_2$S$_4$ nanostructures supported on nickel foam for supercapacitors. Journal of Materials Chemistry A, 2015, 3(23): 12452-12460.

[37] He W, Wang C, Li H, et al. Ultrathin and porous Ni$_3$S$_2$/CoNi$_2$S$_4$ 3D-network structure for superhigh energy density asymmetric supercapacitors. Advanced Energy Materials, 2017, 7(21): 201700983.

[38] Guan B Y, Yu L, Wang X, et al. Formation of onion-like NiCo$_2$S$_4$ particles via sequential ion-exchange for hybrid supercapacitors. Advanced Materials, 2017, 29(6): 201605051.

[39] Chen H, Liu X L, Zhang J M, et al. Rational synthesis of hybrid NiCo$_2$S$_4$@MnO$_2$ heterostructures for supercapacitor electrodes. Ceramics International, 2016, 42(7): 8909-8914.

[40] Gao Y, Lin Q, Zhong G, et al. Novel NiCo$_2$S$_4$/graphene composites synthesized via a one-step *in-situ* hydrothermal route for energy storage. Journal of Alloys and Compounds, 2017, 704: 70-78.

[41] Fan Y M, Liu Y, Liu X, et al. Hierarchical porous NiCo$_2$S$_4$-rGO composites for high-performance supercapacitors. Electrochimica Acta, 2017, 249: 1-8.

[42] Wang Z, Sha Q, Zhang F, et al. Synthesis of polycrystalline cobalt selenide nanotubes and their catalytic and capacitive behaviors. Crystengcomm, 2013, 15(29): 5928-5934.

[43] Wang X, Liu B, Wang Q, et al. Three-dimensional hierarchical GeSe$_2$ nanostructures for high performance flexible all-solid-state supercapacitors. Advanced Materials, 2013, 25(10): 1479-1486.

[44] Lu X, Wang G, Zhai T, et al. Stabilized TiN nanowire arrays for high-performance and flexible supercapacitors. Nano Letters, 2012, 12(10): 5376-5381.

[45] He X, Liu Q, Liu J, et al. High-performance all-solid-state asymmetrical supercapacitors based on petal-like NiCo$_2$S$_4$/polyaniline nanosheets. Chemical Engineering Journal, 2017, 325: 134-143.

[46] Chen S, Yang Y, Zhan Z, et al. Designed construction of hierarchical NiCo$_2$S$_4$@ polypyrrole core-shell nanosheet arrays as electrode materials for high-performance hybrid supercapacitors. RSC Advances, 2017, 7(30): 18447-18455.

第7章 新兴电池及其储能材料

7.1 钠硫电池

7.1.1 钠硫电池工作原理

电池通常是由正极、负极、电解质、隔膜和外壳等几部分组成。一般二次电池如铅酸电池、镉镍电池等都是由固体电极和液体电解质构成，而钠硫电池则与之相反，它是由熔融液态电极和固体电解质组成，构成其负极的活性物质是熔融金属钠，正极活性物质是硫和多硫化钠熔盐。由于硫是绝缘体，所以硫一般是填充在导电的多孔的炭或石墨毡里，固体电解质兼隔膜是一种专门传导钠离子被称为 Al_2O_3 的陶瓷材料，外壳则一般用不锈钢等金属材料。固体电解质兼隔膜工作温度在 300～350℃，钠离子透过电解质隔膜与硫之间发生可逆反应，形成能量的释放和储存。

钠硫电池的工作原理与锂离子相似(图 7.1)。充电时，Na^+ 从正极材料中脱嵌，经过电解液嵌入负极材料，同时电子通过外电路转移到负极，保持电荷平衡；在放电过程中，Na^+ 从负极脱嵌，经过电解质嵌入正极，Na^+ 通过固体电解质与 S^{2-} 结合形成多硫化钠产物[1-3]。在正常的充放电情况下，Na^+ 在正负极间的嵌脱不破坏电极材料的基本化学结构。钠与硫之间的反应剧烈，因此两种反应物之间必须用固体电解质隔开，同时固体电解质又必须是钠离子导体。目前所用电解质材料为 $Na\text{-}\beta\text{-}Al_2O_3$，只有温度在 300℃以上，$Na\text{-}\beta\text{-}Al_2O_3$ 才具有良好导电性。因此，为了保证钠硫电池的正常运行，钠硫电池的运行温度应保持在 300～350℃，这个运行温度使钠硫电池作为车载动力电池安全性降低。

正极和负极的充放电过程如化学反应如式(7.1)～式(7.7)所示。

负极：

$$Na \rightleftharpoons Na^+ + e^- \tag{7.1}$$

正极：

$$nS + 2Na^+ + 2e^- \rightleftharpoons Na_2S_n \quad (4 \leqslant n \leqslant 8) \tag{7.2}$$

全电池：

$$S_8+2Na^++2e^- \rightleftharpoons Na_2S_8 \tag{7.3}$$

$$Na_2S_8+2Na^++2e^- \rightleftharpoons 2Na_2S_4 \tag{7.4}$$

$$Na_2S_4+2/3Na^++2/3e^- \rightleftharpoons 4/3Na_2S_3 \tag{7.5}$$

$$Na_2S_4+2Na^++2e^- \rightleftharpoons 2Na_2S_2 \tag{7.6}$$

$$Na_2S_2+2Na^++2e^- \rightleftharpoons 2Na_2S \tag{7.7}$$

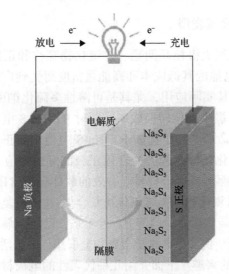

图 7.1　钠硫电池结构示意图

7.1.2　电池主要特点

钠离子电池的概念起步于 20 世纪 80 年代，与锂离子电池几乎相同。原理上，钠离子电池的充电时间可以缩短到锂离子电池的 1/5。钠离子电池最主要的特征是利用 Na^+ 代替了价格昂贵的 Li^+，为了适应钠离子电池，正极材料、负极材料和电解液等都要做相应的改变。相比于锂元素，钠元素的优势在于资源丰富，其约占地壳元素储量的 2.64%，获得钠元素的方法也十分简单，因此相比于锂离子电池，钠离子电池在成本上将更加具有优势。

钠硫电池作为一种新型化学电源，自问世以来已有了很大发展。钠硫电池体积小、容量大、寿命长、效率高，在电力储能中可以广泛应用于削峰填谷、应急电源、风力发电等储能方面。

优点：①钠硫电池作为一种二次电池，可以反复使用，制备这种电池成本低。而且钠硫电池的原材料十分容易获得，制备工艺简单，质量轻，使用方便。②钠硫电池产生的能量密度高, 其理论能量密度为 760W·h/kg, 实际已大于 150W·h/kg, 是铅酸电池的 3～4 倍。③钠硫电池可大电流高功率放电, 其放电电流密度一般可达 200～300mA/cm^2, 瞬时可放出其 3 倍的固有能量。④钠硫电池充放电效率高, 由于采用固体电解质, 所以通常没有采用液体电解质二次电池的自放电及副反应, 充放电电流效率几乎 100%。

缺点: ①钠硫电池最大的缺点就是安全性比较差, 由于原材料易燃, 所以安全问题特别突出。②在使用钠硫电池时还有一定的条件, 需要外部进行加热, 最好还要使用真空绝热技术。

7.1.3　典型电极材料及其发展

钠硫电池主要受到负极枝晶问题、多硫化物穿梭和正极低电导率的阻碍。室温钠硫 (RT Na-S) 电池因其低成本和高能量密度而受到广泛关注。然而, 各种问题仍然严重阻碍了其实际应用, 尤其是可溶性多硫化钠引起的穿梭效应及 S$_8$ 和 Na$_2$S$_2$/Na$_2$S 在硫正极中的低转换效率, 同时 RT Na-S 电池通常反应动力学缓慢、可逆容量低、寿命短。为了提高 RT Na-S 电池中硫正极的电化学动力学, 显著加速 (或改变) 氧化还原过程并减轻硫正极的穿梭效应, 往往将硫负载在一些独特的载体材料表面形成复合材料。有效的载体包括含碳材料 (石墨烯、碳纳米管、碳纤维)、金属氧化物、金属硫化物及金属-共价硫复合材料、催化金属改性载体、负载金属的碳质载体材料等[1]。近年来, 已将金属引入硫载体以进一步优化 Na/S 体系的性能。例如, 单原子金属和金属簇, 由于活性材料的高利用率而引起了研究人员广泛的兴趣。下面介绍几种代表性的电极材料。

由氮掺杂碳纳米纤维 (PCNFs) 包裹钴纳米颗粒 (Co@PCNFs) 组成的链式催化剂可以活化硫, 作为独立硫正极可以为硫和多硫化物的高质量负载提供空间。在充放电过程中, 电子可以快速从链式催化剂转移到硫和多硫化物, 从而提高其转化动力学。结合密度泛函理论计算, 表明 Co@PCNFs/S 可以有效改善多硫化物和 Na$_2$S 之间的转化动力学, 从而实现高效的硫氧化还原反应[4]。此外, 可以在多通道碳纤维中构建异质结构, 通过静电纺丝和氮化技术制备的 TiN-TiO$_2$@MCCFs 负载硫, 形成 S/TiN-TiO$_2$@MCCFs 作为 RT Na-S 电池的高稳定正极[5]。封装在多孔三维 (3D) 框架 FCNT@Co$_3$C-Co 中的开放氟化碳纳米管阵列的极性 Co$_3$C-Co 用作 Na-S 电池的硫载体。极性和多孔的 FCNT@Co$_3$C-Co 与 Na$^+$ 和 S 中间体具有强相互作用, 通过有效的物理/化学吸附和快速电催化转化, 提高了硫化物的利用率并抑制了穿梭效应。此外, FCNT@Co$_3$C-Co 中多孔立方体骨架和优异界面性能的协同作用减少了体积变化并降低了钠硫电池的能量壁垒[6]。

RT Na-S 电池的穿梭效应和体积变化明显, 降低了其性能, 严重阻碍了实际应用。设计多孔碳尤其是空心碳球可以作为硫载体, 由于其独特的结构特征, 如特殊的形状、大的空隙空间、可渗透的壳和容易功能化，因此可以有效缓解这些问题[7]。介孔氮掺杂碳纳米球用作硫载体，以提高硫的利用率，提高正极的整体电导率，并抑制多硫化钠的穿梭。此外，石墨烯和高度均匀的 Fe^{3+}/聚丙烯酰胺纳米球同时涂覆在隔膜的侧面，形成石墨烯功能化隔膜。介孔载体有效地锚定和阻挡多硫化钠，而大比表面积石墨烯消除了固有的机械脆性并提高了电池的整体导电性[8]。另外，可以利用金属有机骨架衍生的含钴氮掺杂多孔碳（CoNC）作为催化硫正极载体。基于双（氟磺酰基）亚胺钠、二甲氧基乙烷和双（2,2,2-三氟乙基）醚的浓缩钠电解质用于减轻多硫化物的溶解[9]。

石墨烯和金属-N_4@石墨烯（金属＝Fe、Co 和 Mn）作为硫正极的载体材料，通过第一性原理理论计算吸附多硫化钠，其中 Fe—S 和 N—Na 形成的化学键确保了多硫化钠的稳定吸附。此外，掺杂过渡金属铁不仅可以显著提高可溶性多硫化钠的电子电导率和吸附强度，还可以显著减少 Fe-N_4@石墨烯表面 Na_2S 和 Na_2S_2 的分解，有效促进钠硫电池放电[10]。有报道将负载有钴纳米颗粒的三维多孔气凝胶（由 $Ti_3C_2T_x$MXene 和 rGO 混合）应用于 RT Na-S 电池。将高导电性 MXene 和 rGO集成到交联的气凝胶结构中可以减轻充放电过程中硫的体积膨胀。此外，$Ti_3C_2T_x$的极性表面和钴颗粒的催化作用，可以促进可溶性多硫化物的强化学吸附和转化[11]。有研究人员研制了氮掺杂的碳骨架和可调的 MoS_2 亲硫位点组成的复合结构，除了氮掺杂碳质材料的物理限制和化学结合之外，MoS_2 活性位点在催化多硫化物氧化还原反应中也起着关键作用，尤其是从长链 Na_2S_n（$4 \leqslant n \leqslant 8$）到短链 Na_2S_2和 Na_2S。MoS_2 的电催化活性可以通过调节放电深度来调节，钠化的 MoS_2 表现出更强的结合能和电催化行为，有效地促进了 Na_2S 产物的形成，大大提升钠硫电池的性能[12]。

7.2 钾离子电池

7.2.1 钾离子电池工作原理与特点

钾离子电池的工作原理与锂离子电池类似，在充电过程中，钾离子通过电解液从正极迁移到负极，在外电路中等电荷的电子也从正极迁移到负极。在放电过程中，钾离子电池以相反的工作模式运转。但是，由于钾离子（$1.38Å^①$）的尺寸明显大于锂离子（$0.76Å$），在常规的锂离子电池材料中 K^+的嵌脱过程往往会引起材料结构的畸变甚至坍塌，导致较低的容量、较差的倍率性能和循环性能，甚至一些材料完全不具备储钾性能。

钾离子电池示意图，如图 7.2 所示。钾离子电池的优点包括低成本、电解液

---

① $1Å=10^{-10}m$。

中快的离子传导性、高的工作电压等。缺点包括固体电极中的低离子扩散性和较差的 K^+ 反应动力学、在嵌 K^+/脱 K^+ 过程中较大的体积变化、严重的副反应和电解质的消耗、枝晶生长、电池安全隐患、能量密度和功率密度有限。

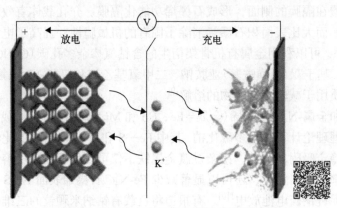

图 7.2　钾离子电池工作示意图(扫码见彩图)

7.2.2　典型的正极材料及其发展

代表性的钾离子电池正极材料主要有普鲁士蓝同系物、层状金属氧化物、聚阴离子化合物、有机晶体、无定形 $FeSO_4$、有机多环化合物、晶体化合物[$FeSO_4F$、$KTi_2(PO_4)_3$、$K_3V_2(PO_4)_3$、K_xMnO_2、$K_{0.7}Fe_{1/2}Mn_{1/2}O_2$ 和 K_xCoO_2 等]。

有报道采用第一性原理计算方法研究了 $KTiOPO_4$ 作为钾离子电池正极材料的性能,包括脱 K^+ 结构的稳定性、电子性质及 K^+ 的嵌脱扩散机制[13]。随着脱 K^+ 过程的进行,氧空穴极化子产生,深度脱 K^+ 后没有形成过氧化物或超氧化物。通过 Perdew-Burke-Ernzerhor(PBE)算法,显示其具有更可靠的杂化功能。当去除 $KTiOPO_4$ 中的所有 K^+,计算得到的体积压缩仅为 1.528%。在 300K 对 $KTiOPO_4$ 进行 Additive Increase Multiplicative Decrease(AIMD)仿真,验证了热稳定性。PBE 计算结果表明 $KTiOPO_4$ 作为钾离子电池的正极具有 0.29eV 的低离子扩散势垒、良好的充放电速率,体现出 $KTiOPO_4$ 是一种很有前途的钾离子电池正极材料。

层状锰钾氧化物具有容量大、成本低、合成方法简单等优点,但在材料合成中存在 Mn^{3+} 的 Jahn-Teller 效应。有人成功合成了具有抑制 Jahn-Teller 效应的层状 P3-型 $K_{0.67}Mn_{0.83}Ni_{0.17}O_2$ 材料[14]。$K_{0.67}Mn_{0.83}Ni_{0.17}O_2$ 在 20mA/g 第一次放电时比容量为 122mA·h/g,具有优良的倍率性能和循环稳定性(200 次循环后具有 75%的容量保持率)。此外,$K_{0.67}Mn_{0.83}Ni_{0.17}O_2$ 电极的 K^+ 扩散系数可达 $10^{-11}cm^2/s$。X 射线衍射和电子衍射分析表明,适当的镍可以抑制 Jahn-Teller 效应,减少结构变形,使 K^+ 有更多的迁移路径,从而提高倍率性能和循环稳定性。这些结果为开发高性能的钾离子正极材料提供了方法,并加深了对层状锰基氧化物结构形变的认识。

钾离子电池因其低成本而成为一种具有吸引力的大规模储能技术。然而，由于缺乏合适的正极材料，钾离子电池的发展仍处于起步阶段。有报道表明，$KFeC_2O_4F$ 是一种稳定的钾离子储存正极，在 0.2A/g 的放电比容量为 112mA·h/g，2000 次循环后容量保持率为 94%[15]。这种前所未有的循环稳定性归功于刚性框架和三通道的存在。此外，将该 $KFeC_2O_4F$ 正极与软碳负极配对，可以得到能量密度约 235W·h/kg 的钾离子全电池，在 200 个循环周期内具有良好的倍率性能和可忽略的容量衰减，这为低成本、高性能的储能设备开发提供了思路。

此外，$Na_{0.52}CrO_2$ 是一种潜在的钾离子电池正极材料。$O3-NaCrO_2$ 在含 K^+ 的电解质中第一次充电时原位生成的 1mol 化合物能够可逆地嵌脱 0.35mol K^+，而不受 Na^+ 的干扰[16]。除 Na^+ 嵌入导致的层间滑移外，K^+ 插入到 $Na_{0.52}CrO_2$ 中引起了相分离，最终在完全放电时形成了两相结构（无 K^+ 的 $O3-NaCrO_2$ 和富 K^+ 的 $P3-K_{0.6}Na_{0.17}CrO_2$）。在重复 K^+ 嵌脱过程中，该化合物保持了单相（$Na_{0.52}CrO_2$）和双相态之间的可逆过渡，表明其作为正极具有优越的电化学性能。与 K^+/K 相比，$Na_{0.52}CrO_2$ 的放电比容量为 88mA·h/g，平均放电电位为 2.95V。2020 年，有报道证明了层状 $KCrO_2$ 作为钾离子电池正极材料的可行性[17]。

K^+ 电池是由于钾资源丰富而发展起来的一种新型电化学储能技术，但大尺寸 K^+ 插入电极材料的困难阻碍了其发展。一种层状钒酸钾 $K_{0.5}V_2O_5$ 被认为可以作为钾离子电池的潜在正极材料。尽管 K^+ 的尺寸很大，但在 1.5～3.8V（vs. K^+/K）电压范围内，有报道该材料能够在 10mA/g 条件下提供大约 90mA·h/g 的可逆比容量，在 200mA/g 条件下，其比容量为 60mA·h/g；在 100mA/g 条件下，经过 250 次循环后，其容量保持率为 81%[18]。原位 X 射线衍射和 X 射线光电子能谱分析表明，层状钒酸钾在 K^+ 化/脱 K^+ 过程中表现出高度稳定和可逆的结构变化。普鲁士蓝及其类似物具有三维开放骨架结构、高稳定性和低成本等优点，也是非水系钾离子电池的潜在正极材料。有人合成了一系列不同 Co/Ni 比的 $K_2Ni_xCo_{1-x}Fe(CN)_6$ 三元电极用于钾离子电池[19]。通过优化 N 端连接 Ni 和 Co 的普鲁士蓝类似物，三元金属化合物 $K_2Ni_{0.36}Co_{0.64}Fe(CN)_6$ 表现出比二元金属化合物更高的性能。其中 $K_2Ni_{0.36}Co_{0.64}Fe(CN)_6$ 的初始比容量为 86mA·h/g，循环 50 次后容量保持率为 98%，远远高于 $K_2NiFe(CN)_6$ 和 $K_2CoFe(CN)_6$。300 次循环后，容量保留率高达 88%，表明该三元材料具有良好的稳定性。他们发现，连接—C≡N—基团 N 端的过渡金属离子的组成对普鲁士蓝类似物的正极性能有显著影响。

7.3 锂空气电池

7.3.1 锂空气电池的工作原理

锂空气电池是一种锂作负极、以空气中的氧气作为正极反应物的电池。锂空气电池比锂离子电池具有更高的能量密度，因为其正极(以多孔碳为主)很轻，且氧气从环境中获取而不用保存在电池中[20-22]。充放电过程如图 7.3 所示。

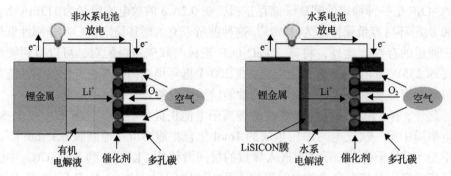

图 7.3　不同电解液体系的锂空气电池工作原理示意图

1. 放电时电极反应

1)负极反应($Li \longrightarrow Li^+ + e^-$)

金属锂以 Li^+ 的形式溶于有机电解液，Li^+ 穿过固体电解质迁移到正极的水性电解液中。

2)正极反应($O_2 + 2H_2O + 4e^- \longrightarrow 4OH^-$)

空气中的氧气和水在碳表面发生反应后生成氢氧根离子(OH^-)。在正极的水性电解液中与 Li^+ 结合生成水溶性的氢氧化锂($LiOH$)。

2. 充电时电极反应

1)负极反应($Li^+ + e^- \longrightarrow Li$)

Li^+ 由正极的水性电解液穿过固体电解质到达负极表面，在负极表面发生反应生成金属锂。

2)正极反应($4OH^- \longrightarrow O_2 + 2H_2O + 4e^-$)

氢氧根离子在碳表面发生反应，生成氧气和水，同时释放电子。

7.3.2　锂空气电池优缺点

优点：①成本低，正极活性物质采用空气中的氧气，空气电极使用廉价碳载体；②能量密度高，相比传统的锂离子电池，锂空气电池的能量密度达 5200W·h/kg，不计算氧气的质量，其能量密度更能达到 11140W·h/kg，超过现有电池体系一个数量级；③绿色环保，锂空气电池不含铅、镉、汞等有毒物质，是一种环境友好型电池体系。

缺点：①水分的控制问题。锂空气电池是一个开放体系，这是和锂离子电池不一样的，锂空气电池要用空气中的氧气，而空气中含有水，锂会与水反应。既要透氧又要防水，这是一个很难解决的问题。②氧气的催化还原。氧气的反应速度非常慢，要提高氧气的反应活性必须采用高效的催化剂，现在的催化剂主要是贵金属，因此，必须发展高效廉价的催化剂。③金属锂负极的枝晶问题。④放电产物再分解。锂空气电池放电产物是锂氧化物，将固态的锂氧化物再催化分解成氧气和锂的难度大。

7.3.3　典型正极材料及其发展

锂空气电池以其超高的理论能量密度、成本效益和环境友好等优点引起了越来越多的关注。然而，相对较低的库仑效率、较差的倍率性能，主要是由于析氧反应（OER）和氧还原反应（ORR）动力学缓慢引起的循环稳定性差，极大地限制了电池应用。锰基氧化物（具有不同晶体结构的 MnO_2、MnO、$MnOOH$、Mn_2O_3、Mn_3O_4、MnO_x、钙钛矿型和尖晶石型）及其复合材料在用作正极材料时可以表现出高 ORR 和 OER 活性，降低充放电过电位，并提高循环稳定性[23]。

氧化还原介质是基于溶液的添加剂，已广泛用于降低充电电位并提高锂空气电池的能效。然而，在存在氧化还原介质的情况下，实现锂空气电池的长循环寿命仍然是一个重大挑战。基于 InX_3（X = I 和 Br）双功能氧化还原介质、作为空气电极的二硫化钼纳米薄片、与作为溶剂的二甲基亚砜/离子液体混合电解质之间的协同作用，锂空气电池可以在干燥空气环境中以高充放电倍率循环[24]。具有 InI_3 的电池在 $1A \cdot h/g$ 的比容量下，电流密度为 $0.5A/g$ 时最多可运行 450 个循环，电流密度为 $1A/g$ 时最多可运行 217 个循环。使用 $InBr_3$ 的电池可在 $1A/g$ 的电流密度下循环 600 次，电池还可以在 $2A/g$ 的更高充电速率下工作，同时改善干燥空气中电池的倍率性能和循环寿命，为先进储能系统的研制开辟了新的方向。

实用化锂空气电池的关键挑战之一是锂金属负极的耐湿性差。在理论模型的指导下，据报道可通过高质量化学气相沉积石墨烯层钝化锂表面，这种导电且机械坚固的石墨烯涂层可用作人造固体/电解质中间相，引导均匀的锂电沉积/剥离，抑制枝晶和"死"锂的形成，以及钝化锂表面免受水分侵蚀和副反应影响[25]。采用钝化锂负极制备的锂空气电池在长达 2300h 循环中表现出优异的稳定性，而且回收的负极可以与新的正极重新耦合，连续运行 400h。此外，有人在不使用黏结剂和导电添加剂的情况下，通过控制还原和真空过滤工艺，成功合成了分散良好的 $\alpha\text{-}MnO_2$ 纳米线和钌纳米粒子的还原氧化石墨烯正极，显示出显著提高的氧还原反应[26]。电化学性能的提高不仅归功于钌和 $\alpha\text{-}MnO_2$ 的催化作用，而且纳米复合结构的良好堆积形态可以增加层间的氧流动，从而提高反应动力学。

另外，有研究人员合成了纳米孔嵌入的 $CoMn_2O_4$ 微球，并研究了它们作为锂空气电池正极氧还原/析出反应催化剂的电化学行为[27]。与常规纳米颗粒组成的电极相比，该电极在锂转化反应过程中表现出增强的容量保持和稳定的电荷转移。这些性能是由于孔嵌入互连的 $CoMn_2O_4$ 纳米颗粒，减轻了 $Li^+ \rightleftharpoons LiO_x$ 反应期间的体积变化，并促进了有效 Li^+ 和氧原子在多孔电极中的扩散。锂空气电池具有高的能量密度，一个重要挑战是探索有效的催化剂来分解 Li_2O_2 和副产物。有人研制了一种新颖正极，采用了锚固在碳纳米纤维（RNCs@CNFs）上的 $RuO_2 \cdot nH_2O$ 团簇，用于锂空气电池[28]。RNC 在氧释放反应过程中表现出对 Li_2O_2 和 Li_2CO_3 的优异氧化活性，电池表现出高容量、优异的倍率性能和循环稳定性，并且具有低的过电位。在泡沫镍上可以原位生长具有丰富磷空穴的蜂窝状异质结构（$Ni_2P/Ni_{12}P_5$），作为有效稳定的锂空气电池电极[29]。磷空穴能诱导 Ni—P 键附近的受约束电子离域，从而调节能带隙，提高氧电极反应的电导率和催化活性。此外，$Ni_{12}P_5$ 和 Ni_2P 之间的非均相界面对电子结构的调节优化了含氧中间体的吸附，有利于加速氧电极反应的界面反应动力学。

金属锂电极被认为是下一代可充电电池最有前途的负极候选材料。然而，不均匀的锂枝晶和不稳定的固体电解质界面导致的安全性和钝化问题、低库仑效率和短循环寿命阻碍了锂金属电池，尤其是锂空气电池的实际应用。有研究通过金属有机骨架的热解合成氮掺杂碳纳米立方体的 Co_4N 掺杂 Co 纳米粒子，并进一步将其用作锂电沉积基底[30]。Co/Co_4N 中高含量的亲锂 Co_4N、吡啶类和吡咯类 N 可以有效保障 Li 的均匀分布，石墨化碳中的嵌入反应与多孔骨架中的电沉积反应相结合，还可以进一步提高 Co/Co_4N 的储锂容量。此外，在镀锂过程中，Co/Co_4N 电极上形成了稳定的固体电解质界面膜，使 Co/Co_4N 电极可以有效抑制枝晶锂，在 300 次循环中显示出 98.5%的高库仑效率。也有研究通过调整催化剂层厚度来提高锂空气电池的性能，设计更薄的多孔正极，可以在固体电解质界面发生更少的副反应，最大限度地利用催化剂，并方便氧气进入正极。有研究结果表明，$Co/CeO_{1.88}$-氮掺杂碳纳米棒具有理想的正极结构，可以使表面积催化剂负载最少，质量能量密度最大[31]。

大量研究致力于纯氧或干燥氧气环境中循环的电池，而可以在自然环境中充放电的锂空气电池仍然面临巨大挑战[32]。最大的挑战是存在的 H_2O 和 CO_2，不仅会与放电产物（Li_2O_2）形成副产物，还会与电解质和锂负极发生反应。为此，了解锂空气电池在自然环境空气中的电化学反应至关重要。发展合适的氧气选择性膜、多功能催化剂和电解质替代品，为锂空气电池未来发展提出了新挑战和方向。例如，低密度聚乙烯薄膜可以抑制空气中 Li_2O_2 放电产物生成 Li_2CO_3 的副反应，而 LiI 可以促进 Li_2O_2 在充电过程中的电化学分解，从而提高锂空气电池的可逆性[33]。

7.4　双离子电池

锂离子电池由于在锂金属负极容易产生枝晶而刺穿隔膜产生安全隐患,因此不容易产生枝晶的镁负极受到了广泛关注。然而镁离子电池的研究始终受到两方面因素限制:第一,镁离子电池电解液的发展;第二,镁离子电池正极材料的选择较少。所以为了更好地利用锂离子电池和镁离子电池的优势,Yagi 等[34]提出了混合离子电池系统,即具有高价的金属(如镁、钙、铝)作为负极进行沉积-溶出,可嵌脱锂离子的材料作为正极,既含有高价金属离子又含有 Li^+ 的混合溶液作为电解液。混合 Mg^{2+}/Li^+ 电池结合了高容量、高电压且可以快速迁移的 Li^+ 嵌入正极材料和高容量、低成本且无枝晶的镁负极,是极具发展潜力的一种电池系统。以 Mo_6S_8 为例,其作为镁-锂双离子电池的正极材料时,工作原理如图 7.4 所示。

正极反应:$Mo_6S_8+4Li^++4e^- \rightleftharpoons Li_4Mo_6S_8$

负极反应:$2Mg \rightleftharpoons 2Mg^{2+}+4e^-$

总反应:$2Mg+Mo_6S_8+4Li^+ \rightleftharpoons Li_4Mo_6S_8+2Mg^{2+}$

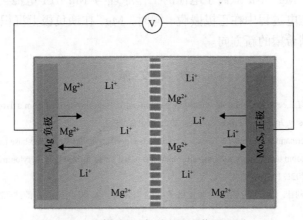

图 7.4　镁-锂双离子电池工作原理图

有人研究了一个具有新设计理念的电池系统,该电池由非贵金属的多价金属(如 Ca、Mg、Al)与已广泛用于锂离子电池正极组成。Mg 负极、$LiFePO_4$ 正极、两种盐($LiBF_4$ 和苯基氯化镁)的四氢呋喃溶液作为电解质组成电池。$LiFePO_4$ 正极材料可以优先嵌入锂离子,起到"锂通滤器"的作用。另有研究报道了由 Mg 金属负极、锂离子嵌入型正极和含有 Mg^{2+} 及 Li^+ 离子的双盐电解质组装而成的混合离子电池,能够同时结合锂和镁的电化学优点,具有出色的倍率性能(在 15C 倍率时容量保持率为83%)以及卓越的安全性和稳定性(3000 次循环后衰减率仅约为5%)[35]。基于 VS_2 纳米片的正极和全苯基配合物+ LiCl/四氢呋喃混合电解质组成的镁锂双离子电池，也表现出卓越的电池性能，具有高放电容量、高倍率性能和长循环稳定性(500 个循环周期中每个周期的衰减率为 0.04%)[36]。通过改善正极材料中高度极化的 Mg^{2+} 离子扩散/转移动力学，可以促进 Mg^{2+} 和 Li^+ 插入到正极材料中，例如，采用 VS_4 纳米晶作为正极材料可以大大提高镁锂双离子电池的电化学储能特性[37]。

基于锌和锂的双离子电池，已经开发了两种类型。一种使用 Li^+ 或 Na^+ 嵌脱材料作为正极[如 $LiMn_2O_4$、$Na_{0.95}MnO_2$、$Na_3V_2(PO_4)_3/C$]、锌金属作为负极，以及 Zn^{2+} 和含 Li^+/Na^+ 的溶液作为电解质。充放电过程通过同时在锌负极上沉积/溶解 Zn^{2+} 和在正极材料上嵌/脱出入 Li^+/Na^+ 来完成。另一种基于 Zn^{2+} 的混合电池是基于阴离子承载有机材料作为正极材料，如聚苯胺、聚(3,4-亚乙基二噻吩)、聚(5-氰基吲哚)作为正极材料。利用导电聚合物的可逆氧化还原性，将负离子引入其中，完成电池反应。然而，导电聚合物的逐渐降解阻碍了长期循环稳定性[38]。

地壳上有限的锂含量促使研究人员寻找替代金属离子电池，在这些电池中，钠离子电池也因其钠前体的高可用性和低成本而成为理想的候选者。与锂离子电池正极一样，钠离子电池正极也可以与镁离子电池一起以 Mg^{2+}/Na^+ 混合离子电池的形式使用[39]。Mg^{2+}/Na^+ 双离子电池的工作原理与 Mg^{2+}/Li^+ 电池类似，其中 Na^+ 离子在放电或充电过程中在正极嵌脱。同时，Mg^{2+} 在镁负极上沉积/剥离，相关研究也是一个充满希望的新方向。

参 考 文 献

[1] Jeon J W, Kim D M, Lee J, et al. Shuttle-effect-free sodium-sulfur batteries derived from a Troger's base polymer of intrinsic microporosity. Journal of Power Sources, 2021, 513: 230539.

[2] Murugan S, Klostermann S V, Frey W, et al. A sodium bis(perfluoropinacol) borate-based electrolyte for stable, high-performance room temperature sodium-sulfur batteries based on sulfurized poly(acrylonitrile). Electrochemistry Communications, 2021, 132: 107137.

[3] 周抒予, 靳晓哲, 刘佳, 等. 作为钠硫电池正极的碳约束 NiS_2 纳米结构中钠离子的储运特性. 材料研究学报, 2020, 34: 191-197.

[4] Yang H, Zhou S, Zhang B W, et al. Architecting freestanding sulfur cathodes for superior room-temperature Na-S batteries. Advanced Functional Materials, 2021, 31: 2102280.

[5] Ye X, Ruan J, Pang Y, et al. Enabling a stable room-temperature sodium-sulfur battery cathode by building heterostructures in multichannel carbon fibers. ACS Nano, 2021, 15: 5639-5648.

[6] Qin G, Liu Y, Han P, et al. High performance room temperature Na-S batteries based on FCNT modified Co_3C-Co nanocubes. Chemical Engineering Journal, 2020, 396: 125295.

[7] Yang J Y, Han H J, Repich H, et al. Recent progress on the design of hollow carbon spheres to host sulfur in room-temperature sodium-sulfur Batteries. New Carbon Materials, 2020, 35: 630-645.

[8] Li H, Zhao M, Jin B, et al. Mesoporous nitrogen-doped carbon nanospheres as sulfur matrix and a novel chelate-modified separator for high-performance room-temperature Na-S batteries. Small, 2020, 16: 1907464.

[9] Zhang R, Esposito A M, Thornburg E S, et al. Conversion of Co nanoparticles to CoS in metal-organic framework-derived porous carbon during cycling facilitates Na_2S reactivity in a Na-S battery. ACS Applied Materials & Interfaces, 2020, 12: 29285-29295.

[10] Yang K, Liu D, Sun Y, et al. Metal-N_4@graphene as multifunctional anchoring materials for Na-S batteries: first-principles study. Nanomaterials, 2021, 11: 1197.

[11] Yang Q, Yang T, Gao W, et al. An MXene-based aerogel with cobalt nanoparticles as an efficient sulfur host for room-temperature Na-S batteries. Inorganic Chemistry Frontiers, 2020, 7: 4396.

[12] Wang Y, Lai Y, Chu J, et al. Tunable electrocatalytic behavior of sodiated MoS_2 active sites toward efficient sulfur redox reactions in room-temperature Na-S batteries. Advanced Materials, 2021, 33: 2100229.

[13] Huang J, Cai X, Yin H, et al. A new candidate in polyanionic compounds for a potassium-ion battery cathode: $KTiOPO_4$. Journal of Physical Chemistry Letters, 2021, 12: 2721-2726.

[14] Bai P, Jiang K, Zhang X, et al. Ni-doped layered manganese oxide as a stable cathode for potassium-ion batteries. ACS Applied Materials & Interfaces, 2020, 12: 10490-10495.

[15] Ji B, Yao W, Zheng Y, et al. A fluoroxalate cathode material for potassium-ion batteries with ultra-long cyclability. Nature Communications, 2020, 11: 1225.

[16] Naveen N, Park W B, Han S C, et al. Reversible K^+-insertion/deinsertion and concomitant Na^+-redistribution in P'3-$Na_{0.52}CrO_2$ for high-performance potassium-ion battery cathodes. Chemistry of Materials, 2018, 30: 2049-2057.

[17] Kaufman J L, van der Ven A. Ordering and structural transformations in layered K_xCrO_2 for K-ion batteries. Chemistry of Materials, 2020, 32: 6392-6400.

[18] Deng L, Niu X, Ma G, et al. Layered potassium vanadate $K_{0.5}V_2O_5$ as a cathode material for nonaqueous potassium ion batteries. Advanced Functional Materials, 2018, 28: 1800670.

[19] Huang B, Shao Y, Liu Y, et al. Improving potassium-ion batteries by optimizing the composition of Prussian blue cathode. ACS Applied Energy Materials, 2019, 2: 6528-6535.

[20] 王相君, 高利, 许蕾, 等. 基于 $CoFe_2O_4$@C 锂空气电池正极催化剂的研究. 无机盐工业, 2021, 53: 96-99.

[21] Cao D, Bai Y, Zhang J F, et al. Irreplaceable carbon boosts $Li-O_2$ batteries: From mechanism research to practical application. Nano Energy, 2021, 89: 106464.

[22] 郑阳, 李强, 孙红. rGO/CNTs 复合正极对锂空气电池放电容量的影响. 电子元件与材料, 2020, 39: 60-65.

[23] Guo Z, W F, Li Z, et al. Lithiophilic Co/Co_4N nanoparticles embedded in hollow N-doped carbon nanocubes stabilizing lithium metal anodes for Li-air batteries. Journal of Materials Chemistry A, 2018, 6: 22096-22105.

[24] Rastegar S, Hemmat Z, Zhang C, et al. High-rate long cycle-life Li-air battery aided by bifunctional InX_3 (X = I and Br) redox mediators. ACS Applied Materials & Interfaces, 2021, 13: 4915-4922.

[25] Ma Y, Qi P, Ma J, et al. Wax-transferred hydrophobic CVD graphene enables water-resistant and dendrite-free lithium anode toward long cycle Li-air battery. Advanced Science, 2021, 8: 2100488.

[26] Oncu A, Cetinkaya T, Akbulut H. Enhancement of the electrochemical performance of free-standing graphene electrodes with manganese dioxide and ruthenium nanocatalysts for lithium-oxygen batteries. International Journal of Hydrogen Energy, 2021, 46: 17173-17186.

[27] Yun Y J, Park H, Kim J K, et al. Ant-cave-structured nanopore-embedded $CoMn_2O_4$ microspheres with stable electrochemical reaction for Li-air battery. Journal of The Electrochemical Society, 2020, 167: 080537.

[28] Zhao L, Xing Y, Chen N, et al. A robust cathode of $RuO_2 \cdot nH_2O$ clusters anchored on the carbon nanofibers for ultralong-life lithium-oxygen batteries. Journal of Power Sources, 2020, 463: 228161.

[29] Ran Z, Shu C, Hou Z, et al. Modulating electronic structure of honeycomb-like $Ni_2P/Ni_{12}P_5$ heterostructure with phosphorus vacancies for highly efficient lithium-oxygen batteries. Chemical Engineering Journal, 2021, 413: 127404.

[30] Liu B, Sun Y, Liu L, et al. Advances in manganese-based oxides cathodic electrocatalysts for Li-air batteries. Advanced Functional Materials, 2018, 28: 1704973.

[31] Hyun S, Kaker V, Sivanantham A, et al. The influence of porous $Co/CeO_{1.88}$-nitrogen-doped carbon nanorods on the specifific capacity of $Li-O_2$ batteries. ACS Applied Materials & Interfaces, 2021, 13: 17699-17706.

[32] Liu L, Guo H, Fu L, et al. Critical advances in ambient air operation of non-aqueous rechargeable Li-air batteries. Small, 2021,17: 1903854.

[33] Wang L, Pan J, Zhang Y, et al. A Li-air battery with ultralong cycle life in ambient air. Advanced Materials, 2018, 30: 1704378.

[34] Yagi S, Ichitsubo T, Shirai Y, et al. A concept of dual-salt polyvalent-metal storage battery. Journal of Materials Chemistry A, 2014, 2: 1144-1149.

[35] Cheng Y, Shao Y, Zhang J G, et al. High performance batteries based on hybrid magnesium and lithium chemistry. Chemical Communications, 2014, 50: 9644-9646.

[36] Meng Y, Zhao Y, Wang D, et al. Fast Li^+ diffusion in interlayer-expanded vanadium disulfide nanosheets for Li^+/Mg^{2+} hybrid-ion batteries. Journal of Materials Chemistry A, 2018, 6 : 5782-5788.

[37] Wang Y, Wang C, Yi X, et al. Hybrid Mg/Li-ion batteries enabled by Mg^{2+}/Li^+ co-intercalation in VS_4 nanodendrites. Energy Storage Materials, 2019, 23: 741-748.

[38] Pang Q, Yu X, Zhang S, et al. High-capacity and long-lifespan aqueous LiV_3O_8/Zn battery using Zn/Li hybrid electrolyte. Nanomaterials, 2021, 11: 1429.

[39] Zhang Y, Shen J, Li X, et al. Rechargeable Mg-M (M = Li, Na and K) dual-metal-ion batteries based on a Berlin green cathode and a metallic Mg anode. Physical Chemistry Chemical Physics, 2019, 21: 20269-20275.

(SCPC-BZBEZB14-0015)

电化学储能材料

www.sciencep.com

ISBN 978-7-03-073057-2

科学出版社互联网入口
能源与动力分社：（010）64008894 销售：（010）64031535
E-mail：wanqunxia@mail.sciencep.com
销售分类建议：储能/材料科学

定 价：98.00 元